高职高专"十三五"规划教材

建筑工程质量控制与验收

董 羽 刘 悦 张 俏 主编

U0205599

化学工业出版社

·北京·

本书根据高职高专人才培养目标以及专业教学改革的需要，结合工程建设质量管理的相关法律法规及标准规范编写而成，详细阐述了建设工程实施各阶段质量控制要点、验收方法、要求和工程中常见质量问题的分析、处理方法。在质量控制理论与施工项目质量计划、质量验收统一标准和地基与基础工程、砌体结构工程、混凝土结构工程、屋面工程、钢结构工程、建筑装饰装修工程、建筑节能工程质量控制与验收等方面做了深入细致的阐述。

　　全书力求实用，通过技能训练中的选择题和案例分析题，加强了对理论知识的实际应用。本书可作为高职高专建筑工程技术专业、工程监理专业及其相关专业的教材，也可作为成人教育及其他社会人员培训教材和参考书。

图书在版编目（CIP）数据

建筑工程质量控制与验收/董羽，刘悦，张俏主编 . —北京：化学工业出版社，2017.1（2023.2重印）
高职高专"十三五"规划教材
ISBN 978-7-122-28749-6

Ⅰ.①建⋯　Ⅱ.①董⋯②刘⋯③张⋯　Ⅲ.①建筑工程-工程质量-质量控制-高等职业教育-教材②建筑工程-工程质量-工程验收-高等职业教育-教材
Ⅳ.①TU712

中国版本图书馆 CIP 数据核字（2016）第 314859 号

责任编辑：李仙华　　　　　　　　　　　文字编辑：向　东
责任校对：边　涛　　　　　　　　　　　装帧设计：关　飞

出版发行：化学工业出版社（北京市东城区青年湖南街 13 号　邮政编码 100011）
印　　装：涿州市般润文化传播有限公司
787mm×1092mm　1/16　印张 15　字数 377 千字　2023 年 2 月北京第 1 版第 9 次印刷

购书咨询：010-64518888　　　　　　　售后服务：010-64518899
网　　址：http://www.cip.com.cn
凡购买本书，如有缺损质量问题，本社销售中心负责调换。

定　价：36.00 元

前 言

"建筑工程质量控制与验收"是土建类专业的一门主干专业课，它主要研究建筑施工过程中对施工质量的控制和各施工阶段的验收项目，其内容包括：地基与基础工程质量控制与验收，砌体结构工程质量控制与验收，混凝土结构工程质量控制与验收，屋面工程质量控制与验收，钢结构工程质量控制与验收，建筑装饰装修工程质量控制与验收，建筑节能工程的质量控制与验收，以及各工程常见质量问题的处理方法等。通过本课程的学习，培养高职高专院校学生掌握建筑工程施工质量的控制方法与验收方面的职业技能，提高施工现场质量管理人员的工作水平。根据《建筑工程施工质量验收统一标准》(GB 50300—2013)等现行国家标准规范，结合高等职业教育建筑工程专业《建筑工程质量控制与验收课程标准》，兼顾高职院校学生的特点，特编写此书。

本书采用了最新版规范、标准，注重理论联系实际，解决实际问题，既保证全书的系统性和完整性，又体现内容的先进性、适用性和超前性，便于学生自学和指导工程实践。

本书由董羽、刘悦、张俏担任主编，李胜楠、王萃萃、刘鑫担任副主编，董羽负责统稿，王鑫担任主审。参加编写的人员还有杨雪梅、张妤、周禅芳。

在本书的编写过程中，虽然反复斟酌修改，但是由于编者水平和经验有限，加之时间仓促，故书中难免存在疏漏之处，恳请读者批评指正。

本书提供电子教案，可登录网址 www. cipedu. com. cn 获取。

编者

目 录

项目一
质量控制理论与施工项目质量计划

【学习目标】

通过本项目内容的学习，使学生认知质量控制的基本原理、质量控制的基本原则，理解质量控制各阶段的基本内容，了解质量控制的方法和施工质量计划的编制要求。为学生将来从事工程设计、工程施工和管理工作奠定良好的基础。

【学习要求】

（1）要掌握 PDCA 循环质量控制理论，了解三全质量控制管理理论。

（2）掌握事前、事中、事后各阶段质量控制内涵及质量控制内容。

（3）了解质量控制方法，认识用于现场质量检验的常用工具。

（4）了解施工质量计划的编制原则、编制方法和编制要求。

任务一　质量控制理论认知

一、质量控制的基本原理

1. PDCA 循环原理

PDCA 循环，也称"戴明环"，是人们在管理实践中形成的基本理论方法，是质量控制的基本方法。

（1）计划（P）　可以理解为质量计划阶段。明确目标并制定显示目标的行动方案，在建设工程项目的实施中，"计划"是指各相关主体根据其任务目标和责任范围，确定质量控制的组织制度、工作程序、技术方法、业务流资源配置、检验试验要求、质量记录方式、不合格处理、管理措施的具体内容和做法的文件，"计划"还需对其实现预期目标的可行性、有效性、经济合理性进行分析论证，按照规定的程序与权限审批执行。

（2）实施（D）　包含两个环节，即计划行动方案的交底和按计划规定的方法与要求展开工程作业技术活动。计划交底目的在于使具体的作业者和管理者，明确计划的意图和要求，掌握标准，从而规范行为，全面地执行计划的行动方案，步调一致地去努力实现预期的目标。

（3）检查（C）　指对计划实施过程进行各种检查，包括作业者的自检、互检和专职管理者专检。

各类检查都包含两大方面：①检查是否严格执行了计划的行动方案；实际条件是否发生了变化；不执行计划的原因。②检查计划执行的结果，即产出的质量是否达到标准的要求，对此进行确认和评价。

（4）处置（A）　对于质量检查所发现的质量问题或质量不合格，及时进行原因分析，采取必要的措施，予以纠正，保持质量形成的受控状态。

处置包括纠偏和预防两个步骤。前者是采取应急措施，解决当前的质量问题；后者是信息反馈管理部门，反思问题症结或计划时的不周，为今后类似问题的质量预防提供借鉴。

2. 三阶段控制原理

三阶段控制原理就是通常所说的事前控制、事中控制和事后控制。这三阶段控制构成了质量控制的系统过程。

（1）事前控制　事前控制要求预先进行周密的质量计划。特别是工程项目施工阶段，制订质量计划或编制施工组织设计或施工项目管理实施规划，都必须建立在切实可行、有效实现预期质量目标的基础上，作为一种行动方案进行施工部署。

事前控制，其内涵包括两层意思：①强调质量目标的计划预控；②按质量计划进行质量活动前的准备工作状态的控制。

（2）事中控制　事中控制首先是对质量活动的行为约束，即对质量产生过程各项技术作业活动操作者在相关制度的管理下的自我行为约束的同时，充分发挥其技术能力，去完成预定质量目标的作业任务。

其次是对质量活动过程和结果，来自他人的监督控制，这里包括来自企业内部管理者的检查检验和来自企业外部的工程监理和政府质量监督部门等的监控。

（3）事后控制　事后控制包括对质量活动结果的评价认定和对质量偏差的纠正。质量活动过程中不可避免地会存在一些计划时难以预料的影响因素，包括系统因素和偶然因素。

因此当出现质量实际值与目标值之间超出允许偏差时，必须分析原因，采取措施纠正偏差，保持质量受控状态。

以上三大环节，不是孤立和截然分开的，它们之间构成有机的系统过程，实质上也就是 PDCA 循环具体化，并在每一次滚动循环中不断提高，达到质量管理或质量控制的改进。

3. 三全控制管理

三全管理是来自于全面质量管理 TQC 的思想，同时包含在质量体系标准中，它指生产企业的质量管理应该是全面、全过程和全员参与的。这一原理对建设工程项目的质量控制，同样有理论和实践的指导意义。

（1）全面质量控制　全面质量控制是指工程（产品）质量和工作质量的全面控制，工作质量是产品质量的保证，工作质量直接影响产品质量的形成。

（2）全过程质量控制　全过程质量控制是指根据工程质量的形成规律，从源头抓起，全过程推进。

（3）全员参与控制　从全面质量管理的观点看，无论组织内部的管理者还是作业者，每个岗位都承担着相应的质量职能，一旦确定了质量方针目标，就应组织和动员全体员工参与到实施质量方针的系统活动中去，发挥自己的角色作用。

二、 质量控制的基本原则

1. 坚持质量第一的原则

工程质量不仅关系到工程的适用性和建设项目投资效果，而且关系到人民群众生命财产的安全。因此，在进行进度、成本、质量等目标控制时，处理这些目标关系时，应坚持"百年大计，质量第一"，在工程建设中自始至终把"质量第一"作为对工程质量控制的基本原则。

2. 坚持以人为核心的原则

人是工程建设的决策者、组织者、管理者和操作者，工程建设中各单位、各部门、各岗位人员的工作质量水平和完美程度，都直接或间接地影响工程质量。因此在工程质量控制中，要以人为核心，重点控制人的素质和人的行为，充分发挥人的积极性和创造性，以人的工作质量保证工程质量。

3. 坚持以预防为主的原则

工程质量控制应该是积极主动的，应事先对影响质量的各种因素加以控制，而不能是消极被动的，等出现质量问题再进行处理会造成不必要的损失。所以，要重点做好质量的事先控制和事中控制，以预防为主，加强施工过程和中间产品的质量检查和控制。

4. 坚持质量的标准原则

质量标准是评价产品质量的尺度，工程质量是否符合合同规定的质量标准要求，应通过质量检验并和质量标准对照，符合质量标准要求的才是合格，不符合质量标准的就是不合格，必须返工处理。

5. 坚持科学、公正、守法的职业道德规范

在工程质量控制中，监理人员必须坚持科学、公正、守法的职业道德规范，要尊重科学，尊重事实，以数据资料为依据，客观、公正地进行处理质量问题。要坚持原则，遵纪守法，秉公办事。

三、 质量控制阶段

为了加强对施工项目的质量管理，明确各施工阶段管理的重点，可把施工项目质量控制分为事前控制、事中控制、事后控制三个阶段。

1. 事前质量控制

事前质量控制即对施工前准备阶段进行的质量控制，它是指在各工程对象正式施工活动开始前，对各项准备工作及影响质量的各因素和有关方面进行的质量控制。

（1）施工技术准备工作的质量控制应符合下列要求：

① 组织施工图纸审核及技术交底。

a. 应要求勘察设计单位按国家现行的有关标准和合同规定，建立健全质量保证体系，完成符合质量要求的勘察设计工作。

b. 在图纸审核中，审核图纸资料是否齐全，标准尺寸有无矛盾及错误，供图计划是否满足组织施工的要求及所采取的保证措施是否得当。

c. 设计采用的有关数据及资料是否与施工条件相适应，能否保证施工质量和施工安全。

d. 进一步明确施工中具体的技术要求及应达的质量标准。

② 核实资料。核实和补充对现场调查及搜集的技术资料，应确保可靠性、准确性和完整性。

③ 审查施工组织设计和施工方案。重点审查施工方法与机械选择、施工顺序、进度安排及平面布置等是否能保证组织连续施工，审查所采取的质量保证措施。

④ 建立保证工程质量的必要试验设施。

（2）现场准备工作的质量控制应符合下列要求：

① 现场平整度和压实程度是否满足施工质量要求。

② 测量数据及水准点的埋设是否满足施工要求。

③ 施工道路的布置及路况质量是否满足运输要求。

④ 水、电、热、及通信等的供应质量是否满足施工要求。

（3）材料设备供应工作的质量控制应符合下列要求：

① 材料设备供应程序的供应方式是否能保证施工顺利进行。

② 所供应的材料设备的质量是否符合国家有关法规、标准及合同规定的质量要求。设备应具有产品详细、产品说明书及附图；进场的材料应检查验收，验规格、验数量、验品种、验数量，做到合格证、化验单与材料实际质量相符。

2. 事中质量控制

事中质量控制即对施工过程中进行的质量控制。事中质量控制的策略是：全面控制施工过程，重点控制工序质量。其具体措施是：工序交接有检查；质量预控有对策；施工项目有方案、技术措施有交底，图纸会审有记录；配制材料有试验；隐蔽工程有验收；设计变更有手续；质量处理有复查；成品保护有措施；行使质控有否决（如发现质量异常、隐蔽未经验收、质量问题未处理、擅自变更设计图纸、擅自代换或使用不合格材料、无证上岗未经资质审查的操作人员等，均应对质量予以否决）；质量文件有档案（凡是与质量有关的技术文件，如水准、坐标位置，测量、放线记录，沉降，图纸会审记录，材料合格证明、试验报告，施工记录，隐蔽工程记录，设计变更记录，调试、试压运行记录，竣工图等都要编目建档）。

工序质量包含两方面：①工序活动条件质量，即每道工序的人、材料、机械、方法和环境的质量；②工序活动效果的质量，即每道工序完成的工程产品的质量。进行工序质量控制时，应着重做好以下四方面的工作。

（1）严格遵守工艺规范 施工工艺和操作规范，是进行施工操作的依据和法规，是确保工序质量的前提，任何人都必须严格执行，不得违反。

（2）主动控制工序活动条件的质量 工序活动条件包括的内容较多，主要是指影响质量的五大因素，即施工操作材料、施工机械设备、施工方法和施工环境等。只要将这些因素切实有效地控制起来，使它们处于被控制状态，确保工序投入的质量，避免系统性因素变异发生，就能保证每道工序质量正常、稳定。

（3）及时检验工序活动效果的质量 工序活动效果是评价工序质量是否符合标准的尺度。为此，必须加强质量检验工作，对质量状况进行综合统计与分析，及时掌握质量动态，一旦发生质量问题随即研究处理，自始至终使工序活动效果的质量满足规范和标准的要求。

（4）设置工序质量控制点 质量控制点是为了保证工序质量而确定的重点控制对象，如关键部位或薄弱环节。设置质量控制点是保证达到施工质量要求的必要前提，承包单位在施工前应根据施工过程质量控制的要求，列出质量控制点明细表，表中详细地列出各质量控制点的名称和控制内容、检验标准及方法等，提交监理工程师审查批准后，在此基础上实施质量预控。

建筑工程质量控制点设置的一般位置见表 1-1。

表 1-1　建筑工程质量控制点设置的一般位置

分项工程	质量控制点
工程测量定位	标准轴线桩、水平桩、龙门板、定位轴线、标高
地基基础（含设备基础）	基坑（槽）尺寸、标高、土质、地基承载力、基础垫层标高，基础位置、尺寸、标高、预留洞口、预埋件的位置、规格、数量，基础标高、杯底弹线
砌体	砌体轴线，皮数杆，砂浆配合比，预留洞口、预埋件位置、数量，砌块排列
模板	位置、尺寸、标高、预埋件位置，预留洞口尺寸、位置，模板强度及稳定性，模板内部清理及润湿情况
钢筋混凝土	水泥品种、强度等级、砂石质量、混凝土配合比、外加剂比例，混凝土振捣，钢筋品种、规格、尺寸、搭接长度，钢筋焊接，预留洞、孔及预埋件规格、数量、尺寸、位置，预制构件吊装或出场（脱模）强度，吊装位置、标高、支承长度、焊缝长度
吊装	吊装设备起重能力、吊具、索具、地锚
钢结构	翻样图、放大样
焊接	焊接条件、焊接工艺
装修	视具体情况而定

3. 事后质量控制

事后质量控制是指对通过施工过程所完成的具有独立功能和使用价值的最终产品（单位工程或整个建设项目）及其有关方面（如质量文档）的质量进行控制。其具体工作内容如下：

① 组织联动试车；

② 准备竣工验收资料，组织自检和初步验收；

③ 按规定的质量评定标准和办法，对完成的分项工程、分部工程、单位工程进行质量评定；

④ 组织竣工验收；

⑤ 质量文件编目建档；

⑥ 办理工程交接手续。

四、 质量控制的方法

施工项目质量控制的方法，主要是审核有关技术文件、报告和直接进行现场质量检验或必要的试验等。

1. 审核有关技术文件、 报告或报表

对技术文件、报告、报表的审核，是项目管理对工程质量进行全面控制的重要手段，其具体内容如下：

① 审核有关技术资质证明文件；

② 审核开工报告，并经现场核实；

③ 审核施工方案、施工组织设计和技术措施；

④ 审核有关材料、半成品的质量检验报告；

⑤ 审核反映工序质量动态的统计资料或控制图表；

⑥ 审核设计变更、修改图纸和技术核定书；

⑦ 审核有关质量问题的处理报告；

⑧ 审核有关应用新工艺、新材料、新技术、新结构的技术鉴定书；

⑨ 审核有关工序交接检查，分项、分部工程质量检查报告；

⑩ 审核并签署现场有关技术签证、文件等。

2. 现场质量检验

（1）现场质量检验的内容

① 开工前检查。目的是检查是否具备开工条件，开工后能否连续正常施工，能否保证工程质量。

② 工序交接检查。对于重要的工序或对工程质量有重大影响的工序实行"三制检"，在自检、互检的基础上，还要组织专职人员进行工序交接检查。

③ 隐蔽工程检查。凡是隐蔽工程均应检查认证后方能掩盖。

④ 停工后复工前的检查。因处理质量问题或某种原因停工后需复工时，也应经检查认可后方能复工。

⑤ 分项、分部工程完工后，应经检查认可、签署验收记录后，才许进行下一工程项目施工。

⑥ 成品保护检查。检查成品有无保护措施，或保护措施是否可靠。

此外，还应经常深入现场，对施工操作质量进行巡视检查；必要时，还应进行跟班或追踪检查。

（2）现场质量检验的程度　现场质量检验的程度，按检验对象被检验的数量，可有以下几类：

① 全数检验。也称作普遍检验，它主要用于关键工序、部位或隐蔽工程，以及在技术规程、质量验收标准或设计文件中有明确规定应进行全数检验的对象。对于以下情况均需采取全数检验：

a. 规格、性能指标对工程的安全性、可靠性起决定作用的施工对象。

b. 质量不稳定的工序。

c. 质量水平高、对后继工序有较大的施工对象等。

② 抽样检查。对于主要的建筑材料、半成品或工程产品等，由于数量大，通常采取抽样检验，即从一批材料或产品中随即抽取少量样品进行检验，并根据对其数据统计分析的结果判断该批产品的质量状况。与全数检验相比较，抽样检验具有如下优点：

a. 检验数量少了，比较经济；

b. 适合于需要进行破坏性实验（如混凝土抗压强度的实验）的检验项目；

c. 检验所需时间较小。

③ 免检。在某种情况下，可以免去质量检验过程。对于已有足够证据证明质量有保证的一般材料或产品，或实践证明其产品质量长期稳定、质量保证资料齐全者，或某些施工质量只有通过在施工过程中的严格质量控制，而质量检验人员很难对产品内在质量再做检验的，均可考虑检验。

（3）现场质量检验的方法　对于现场所用原材料、半成品、工序过程或工程产品质量进行检验的方法，一般可以分为三类、即目测法、测量法及试验法。

① 目测法。即凭借感官进行检查，也可以称作观感检验。这类方法主要是根据质量要求，采用看、摸、敲、照等手法对检查对象进行检查。

"看"就是根据质量标准要求进行外观检查，例如，清水墙表面是否洁净，喷涂的密实度和颜色是否良好、均匀，工人的施工操作是否正常，混凝土振捣是否符合要求等。

"摸"就是通过触摸手感进行检查、鉴别，例如，油漆的光滑度，浆活是否牢固、不掉粉等。

"敲"就是运用敲击方法进行音感检查，例如，对拼镶木地板、墙面瓷砖、大理石镶钻、地钻铺砌等的质量均可通过敲击检查，根据声音虚实、脆焖判断有无空鼓等质量问题。

"照"就是通过人工光源或反射光照射，仔细检查难以看清的部位。

② 量测法。就是利用量测工具或计量仪表，通过实际量测结果与规定的质量标准或规范的要求相对照，从而判断质量是否符合要求。量测的手法可归纳为：靠、吊、量、套。

"靠"是用直尺检查诸如地面、墙面的平整度等。

"吊"是指用托线板线锤检查垂直度。

"量"是指用量测工具或计量仪表等检验断面尺寸、轴线、标高、温度、湿度等数值，并确定其偏差，如大理石板拼缝尺寸与超差数量、摊铺沥青拌合料的温度等。

"套"是指以方尺套方，辅以塞尺检查，如对阴阳角的方正、踢脚线的垂直度、预制构件判断质量情况。

③ 试验法。试验法指通过进行现场试验或实验室试验等理化试验手段取得数据，分析含量等测定两个方面。

a. 理化试验。工程中常用的理化试验包括各种物理力学性能方面的检验和化学成分及含量的测定两个方面。

b. 无损测试或检验。借助专门的仪器（如超声波探伤仪、磁粉探伤仪、射线探伤仪等）、仪表等手段探测结构物或材料、设备内部组织结构或损伤状态。

（4）现场质量检验的常用工具

① 垂直检测尺。检测墙面是否平整、垂直，地面是否水平。

② 内外直角检测尺。检测物体上内外（阴阳）直角的偏差即一般平面的垂直与水平。

③ 楔形塞尺。检测建筑物体上缝隙的大小及物体平面的平整度。

④ 焊接检验尺。检验钢构件焊接，钢筋折角焊接的质量。

⑤ 检测镜。检测建筑物的上冒头、背面、弯曲度等肉眼看不见的地方，手柄处有 M6 螺孔，可装在伸缩杆或对角检测尺上，以便于高处检测。

⑥ 百格网。百格网是采用高透明的工业塑料制成，展开后检测面积等同于标准砖，其上均布 100 个小格，专用于检测砖面浆砂涂覆的饱满度，即覆盖率（单位为％）。

⑦ 伸缩杆。二节伸缩结构，伸出全长 410mm，前段有 M16 螺栓，可安装检验尺、活动锤头等，是辅助检测工具。

⑧ 磁力线坠。检测建筑物的垂直度及用于砌墙、安装门窗、电梯等任何的垂直矫正，目测对比。

⑨ 卷线盒。塑料盒式结构，内有尼龙丝绒，拉出全长 15m，可检测建筑物体的平直，如砌体石缝、踢脚线等（其他检测工具不易检测物体的平直部位）。检测时，拉紧两端丝线，放在被测处，目测观察对比，检测完毕后，用卷绒手柄顺时针旋转，将丝绒收回盒中，然后锁上方扣。

⑩ 钢针小锤。

a. 小锤轻轻敲打玻璃、马赛克、瓷砖，可以判断空鼓程度及黏合质量。

b. 拔出塑料手柄，里面是尖头钢针，钢针向被捡物上戳几下，可探查多孔板缝隙、砖缝等砂浆是否饱满。锤头上 M6 螺孔，可安装在伸缩杆或对角检测尺上，便于高处检验。

⑪ 响鼓锤。轻轻敲打抹灰后的墙面，可以判断墙面的空鼓程度及砂灰与砖、水泥冻结等黏合质量。

3. 质量控制的统计分析方法

（1）排列图法 又称主次因素分析图法，是用来寻找影响工程质量主要因素的一种方法，属于静态分析法。

（2）因果分析图法 又称树枝图或鱼刺图法，是用来寻找某种质量问题的所有可能原因的有效方法。

（3）控制图法 又称管理图法，是用样本数据为分析判断工序（总体）是否处于稳定状态的有效工具，是一种典型的动态分析法。它的主要作用有两方面：①分析生产过程是否稳定，为此，应随机地连续收集数据，绘制控制图，观察数据点子分布情况并评定工序状态；②控制工序质量，为此，要定时抽样取得数据，将其描在图上，随时进行观察，以发现并及时消除生产过程中的失调现象，防止不合格产生。

（4）直方图法 又称频数（或频率）分布直方图，是把以生产工序收集来的产品质量数据，按数据整理分成若干级，画出以组距为底边、以频数为高度的一系列矩形图，通过直方图可以从大量统计数据中找出质量分布规律，分析判断工序质量状态，进一步推算工序总体的合格率，并能鉴定工序能力。

（5）散布图法 它是用来分析两个质量特性之间是否存在联系。即根据影响质量特性因素的各对数据，用点表示在直角坐标上，以观察判断两个质量特性之间的关系。

（6）分层法 又称分类法，它是将收集的数据根据不同的目的，按其性质、来源、影响因素等加以分类和分层进行研究的方法。它可以是杂乱的数据和错综复杂的因素系统化、条理化，从而找出主要原因，采取相应措施。

任务二 施工项目质量计划编制

一、 施工项目质量计划的作用

（1）施工项目质量计划为质量控制提供依据，使工程的特殊质量要求能通过有效的措施得以满足。

（2）施工项目质量计划在合同情况下，单位用计划向顾客证明其如何满足特定合同的特殊质量要求，并作为顾客实施质量监督的依据。

二、 施工项目质量计划的编制原则

（1）施工项目质量计划应由项目经理主持编制。

（2）施工项目质量计划作为对外质量保证和对内质量控制的依据文件。

（3）施工项目质量计划应体现施工项目从分项工程、分部工程到单位工程的过程控制，同时也要体现从资源投入到完成工程质量最终检验和试验的全过程控制。

三、 施工项目质量的编制方法

（1）由于施工项目质量计划的重要作用，施工项目质量计划应由项目经理主持编制。

（2）施工项目质量计划应集体编制，编制者应该具有丰富的知识、实践经验及较强的沟通能力和创造精神。

（3）始终以业主为关注焦点，准确无误地找出关键质量问题，反复征询对质量计划草案的意见以修改完善。

（4）施工项目质量计划应体现从工序、分项工序、分部工程、单位工程的过程控制，并且体现从投资投入到完成工程质量最终检验和试验的全过程控制，使质量计划成为对外质量保证和对内质量控制的依据。

四、 施工项目质量计划内容

在合同环境下，质量计划是企业向顾客表面质量管理方针、目标及具体实现的方法、手段和措施的文件，体现企业对质量责任的承诺和实施的具体步骤，施工项目质量计划在工程项目的实施过程中是不可缺少的，必须把施工项目质量计划与施工组织设计结合起来，才能既可用于对业主的质量保证，又适用于指导施工。针对施工项目质量计划编制的内容，编制施工项目质量计划也要对每一项提出相应编制的方法及步骤。施工项目质量计划一般应包括以下几个方面：

（1）编制依据。

（2）工程概况及施工条件分析。

（3）质量总目标及其分解目标。

（4）质量管理组织机构及职责。

（5）施工准备及资源配置计划。

（6）确定施工工艺及施工方案。

（7）施工质量的检验与检测控制。

（8）质量记录。

五、 施工项目质量计划的编制要求

1. 质量目标

合同范围的全部工程和所有使用功能符合设计（或更改）图纸要求。分项、分部、单位工程质量达到既定的施工质量统一标准，合格率100%。

2. 管理职责

（1）项目经理是工程实施的最高负责人，对工程符合设计、验收规范、标准要求负责；对各阶段、各工号按期交工负责。

（2）项目经理委托项目质量副经理（或技术负责人）负责施工项目质量计划和质量文件的实施及日常质量管理工作；当有更改时，负责更改后的质量文件的控制和管理。

（3）项目生产副经理对工程进度负责，调配人力、物力保证按图纸和规范施工，协调同业主、分包商的关系，负责审核结果、整改措施和质量纠正措施与实施。

（4）队长、工长、测量员、试验员、质量检验员在项目质量副经理的指导下，负责所管部位和分项施工全过程的质量，使其符合图纸和规范要求，有更改者符合更改要求，有特殊规定者符合特殊规定要求。

（5）材料员、机械员对进场的材料、构件、机械设备进行质量验收或退款、索赔，有特殊要求的物资、构件、机械设备执行质量副经理的指令。对业主提供的物资和机械设备按合同规定进行验收；对分包商提供的物资和机械设备按合同规定进行验收。

3. 资源提供

（1）规定项目经理部管理人员及操作工人的岗位任职标准及考核认定方法。

（2）规定项目人员流动时进出人员的管理程序。规定人员进场培训（包括供方队伍、临时工、新进场人员）的内容、考核、记录等。

（3）规定对新技术、新结构、新材料、新设备修订操作方法和操作人员进行培训并记录等。

（4）规定施工所需的临时设施（含临时建筑、办公设备、住宿房屋等）、支持性服务手段、施工设备及通信设备等。

4. 工程项目实现过程策划

（1）规定施工组织设计或专项项目质量的编制要点及接口关系。

（2）规定重要施工过程的技术交底和质量测量的策划要求。

（3）规定新技术、新材料、新结构、新设备的策划要求。

（4）规定重要过程验收的准则或技艺评定方法。

5. 业主提供的材料、机械设备等产品的过程控制

施工项目上需要的材料、机械设备在大多情况下是由业主提供的。对于这种情况要做出如下规定：

（1）业主如何标识、控制其提供的质量；

（2）检查、检验、验证业主提供产品满足规定要求的方法；

（3）对不合格产品的处理方法。

6. 材料、机械、设备、劳务及试验等采购控制

由企业自行采购的工程材料、工程机械设备、施工机械设备、工具等，质量计划做如下规定：

（1）对供方产品标准及质量管理体系的要求；

（2）选择、评估、评价和控制供方的方法；

（3）必要时，对供方质量计划的要求及引用的质量计划；

（4）采购的法规要求；

（5）有可追溯（追溯所考虑对象的历史、应用情况或所处场所的能力）要求时，要明确追溯内容的形成、记录标准的主要方法；

（6）需要的特殊质量保证证据。

7. 产品标识和追溯性控制

（1）隐蔽工程、分项分部工程质量验评、特殊要求的工程等必须做可追溯性记录，质量计划要对其可追溯性范围、程序、标识、所需记录及如何控制和分发这些记录等内容做出规定。

（2）坐标控制点、标高控制点、编号、沉降观测点、安全标志、标牌等是工程重要标识记录，质量计划要对这些标识的准确性控制措施、记录等内容做规定。

（3）重要材料（水泥、钢材、构件等）及重要施工设备的运作必须具有可追溯性。

8. 施工工艺过程的控制

（1）对工程从合同签订到交付全过程的控制方法做出规定。

（2）对工程的总进度计划、分段进度计划、分包工程的进度计划、特殊部位进度计划、

中间交付的进度计划等做出过程识别和管理规定。

（3）规定工程实验全过程各阶段的控制方案、措施、方法及特别要求等。

（4）规定工程实施过程需用的程序文件、作业指导书（如工艺标准、操作规范、工作指令等），作为方案和措施必须遵循的办法。

（5）规定对隐蔽工程、特殊工程进行控制、检查、鉴定验收、中间交付的方法。

（6）规定工程实施过程需要使用的主要施工机械、设备、工具的技术和工作条件，运行方案，操作人员上岗条件和资格等内容，作为对施工机械设备的控制方式。

（7）规定对各分包单位项目上的工作表现及其工作质量进行评估的方法、评估结果送交有关部门、对分包单位的管理办法等，以此控制分包单位。

9. 搬运、储存、包装、成品保护和交付过程的控制

（1）规定工程实施过程在形成的分项、分部、单位工程半成品、成品保护方案、措施、交接方式等内容，作为保护半成品、成品的准则。

（2）规定工程期间交付、竣工交付及工程的收尾、维护、验评、后续工作处理方案、措施，作为管理的控制方式。

（3）规定重要材料及工程设备的包装防护的方案及方法。

10. 安装和调试的过程控制

对于工程水、电、暖、电信、通风、机械设备等的安装、检测、调试、验评、交付、不合格的处置等内容规定方案、措施、方式。由于这些工作同土建施工交叉配合较多，因此对于交叉接口程序、验证哪些特征、交接验收、检测、实验设备要求、特殊要求等内容要做明确规定，以便各方面实施遵循。

11. 检验、实验和测量的过程控制

（1）规定材料、构件、施工条件、结构形式在什么条件、什么时间必须进行检验、实验、复验，以验证是否符合质量和设计要求，如钢材进场必须进行型号、钢种、炉号、批量等内容的检验，不清楚时要进行取样实验和复验。

（2）规定施工现场必须设立实验室（员），配置相应的试验设备，完善试验条件、规定实验人员资格和试验内容；对于特定要求，要规定试验程序及对程序进行控制的措施。

（3）当企业和现场条件不满足所需各项试验要求时，要规定委托上级试验或外单位试验的方案和措施。当有合同要求的专业试验时，应规定有关的试验方案和措施。

（4）对于需要进行状态检验和试验内容，必须规定每个检验试验点所需检验、试验的特性、所采用的程序、验收准则、必需的专业工具、技术人员资格、标识方式、记录等要求，如结构的荷载试验等。

（5）对于施工安全设施、用电设施、施工机械设备安装、使用、拆卸等，要规定专门的安全技术方案、措施，使用的检查验收标准等内容。

（6）要编制现场计量网络图，明确工艺计量、检测计量、经营计量的网络，计量器具的配备方案，检测数据的控制管理和计量人员的资格。

（7）编制控制测量的方案，制定测量仪器配置、人员资格、测量记录控制及标识确认、纠正、管理等措施。

（8）要编制分项、分部、单位工程和项目检查严查验收、交付验评的方案，作为交验时进行控制的依据。

12. 不合格品的控制

（1）要编制工种、分项、分部工程不合格产品出现的方案、措施，以及防止与合格产品之间发生混淆的标识和隔离措施。规定哪些范围不允许出现不合格产品；明确一旦出现不合格产品哪些允许修补返工，哪些必须推倒重来，哪些必须局部更改设计和降级处理。

（2）编制控制质量事故发生的措施及一旦发生后的处置措施。

六、 施工项目质量计划的审批

施工单位的施工项目质量计划或施工组织设计文件编成后，应按照工程施工管理程序进行审批，包括施工企业内部的审批和项目监理机构的审查。

1. 企业内部的审批

施工单位的施工项目质量计划或施工组织设计的编制与审批，应根据企业质量管理程序性文件规定的权限和流程进行。通常是由项目经理部主持编制，报企业组织管理层批准。

施工项目质量计划或施工组织设计文件的审批过程，是施工企业自主技术决策和管理决策的过程，也是发挥企业职能部门与施工项目管理团队的智慧和经验的过程。

2. 项目监理机构的审查

施工建立的施工项目，按照我国建设工程监理规范的规定，施工承包单位必须填写施工设计（方案）报审表并附施工组织和设计（方案），保送项目监理机构审查。

规范项目监理机构"在工程开工之前，总监理工程师应组织专业监理工程师审查承包单位报送的施工组织设计（方案）报审表，提出意见，并经总经理工程师审核、签字后报建设单位"。

技能训练

一、单选题

1. 建筑工程质量控制的基本原理中，（　　）是人们在管理实践中形成的理论基础的方法。

A. 三个阶段控制原理　　　　　　B. 三全控制

C. 全员参与控制　　　　　　　　D. PDCA 循环原理

2. 对于重要的工序或对工程有重大影响的工序交接检查，实行（　　）。

A. 三检制　　　B. 自检制　　　C. 互检制　　　D. 保护检查

3. 实测检查的手法，可归纳为（　　）四个字。

A. 看、摸、量、套　　　　　　　B. 靠、吊、敲、照

C. 摸、吊、敲、套　　　　　　　D. 靠、吊、量、套

4. 质量控制统计方法中，排列图法又称（　　）。

A. 管理图法　　　　　　　　　　B. 分层法

C. 频数分布直方图法　　　　　　D. 主次因素分析图法

5. 质量控制统计方法中的（　　），可以使杂乱的数据和错综复杂的因素系统化、条理化，从而找出主要原因，采取相应措施。

A. 排列图法　　　　　　　　　　B. 控制图法

C. 分成法　　　　　　　　　　　D. 散布图法

6. 施工项目质量计划应由（　　）主持编制。

A. 项目经理　　　　　　　　　　B. 项目技术负责人

C. 质量员   D. 施工员

7. 隐蔽性工作、分项分部工程质量评估、特殊要求的工程等必须做（   ）记录。

A. 真实性   B. 有效性

C. 及时性   D. 可追溯性

二、多选题

1. 三阶段控制原理就是通常所说的（   ）。

A. 事前控制   B. 全面质量控制

C. 事中控制   D. 事后控制

E. 全过程质量控制

2. 事后质量控制的具体内容包括（   ）。

A. 质量处理有复查

B. 准备竣工验收资料，组织自检和初步验收

C. 按规定的质量评定标准和办法，对完成的分项、分部工程，单位工程进行质量评定

D. 组织竣工验收

E. 质量文件编目建档和办理工程交接手续

3. 现场进行质量检测的方法有（   ）。

A. 触摸法   B. 判断处理法

C. 目测法   D. 量测法

E. 试验法

4. 施工项目质量计划的内容，一般包括（   ）。

A. 质量总目标及其分解目标   B. 质量管理组织机构和职责

C. 施工准备及资源配置计划   D. 确定施工工艺和施工方案

三、案例分析题

某 6 层砖混结构办公楼的 2 楼悬挑阳台突然断裂，阳台悬挂在墙面上。幸好是夜间发生，没有人员伤亡。经事故调查和原因分析发现，造成该质量事故发生的主要原因是施工队伍素质差，在施工时将本应放在上部的受拉钢筋放在了阳台的下部，使得悬臂结构受拉区无钢筋而产生脆性破坏。

根据以上内容，回答下列问题：

（1）针对工程质量的项目问题，现场常用的质量检测方法有哪些？

（2）工程项目质量检测的内容有哪些？

项目二
质量验收统一标准

【学习目标】

通过本项目内容的学习，使学生能够熟练对各项目进行层次划分，掌握各层次质量验收程序。

【学习要求】

（1）掌握建筑工程项目验收层次划分方法。

（2）了解各层次质量验收程序，熟练掌握各层次质量验收合格的规定。

（3）能够独立填写各层次质量验收记录。

任务一　质量验收层次划分

一、质量验收层次划分

随着我国经济发展和施工技术的进步，工程建设规模不断扩大，技术复杂程度越来越高，出现了大量工程规模较大的单体工程和具有综合使用功能的结合性建筑物。由于大型单体工程可能在功能或结构上由若干个单体组成，且整个建设周期较长，可能出现已建成可使用的部分单体需先投入使用，或先将工程中一部分提前建成使用等情况，需要进行分段验收，再加之对规模特别大的工程进行一次验收也不方便等。因此，《建筑工程施工质量验收统一标准》（GB 50300—2013）规定，建筑工程施工质量验收应划分为单位工程、分部工程、分项工程和检验批4个层次，如图 2-1 所示。也就是说，为了更加科学地评价工程施工质量和有利于对其进行验收，根据工程特点，按结构分解的原则，将单位或子单位工程划分为若干个分部或子分部工程。每个分部或子分部工程又可划分为若干个分项工程，每个分项工程中又可划分为若干个检验批。检验批是工程施工质量验收的最小单位。

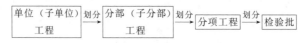

图 2-1　质量验收层次划分

二、单位工程的划分

单位工程是指具备独立的设计文件、独立的施工条件并能形成独立使用功能的建筑或构筑物。对于建筑工程，单位工程的划分应按下列原则确定。

（1）具备独立施工条件并能形成独立使用功能的建筑物或构筑物为一个单位工程。例如，一所学校中的一栋教学楼、办公楼、传达室，某城市的广播电视塔等。

（2）对于规模较大的单位工程，可将其能形成独立使用功能的部分划分为一个子单位工程。

子单位工程的划分一般可根据工程的建筑设计分区、使用功能的显著差异、结构缝的设置等实际情况，施工前，应由建设、监理、施工单位商定划分方案，并据此收集整理施工技术资料和验收。

（3）室外工程可根据专业类别和工程规模划分单位工程或子单位工程、分部工程。室外工程的划分如表 2-1 所示。

表 2-1　室外工程的划分

单位工程	子单位工程	分部工程
室外设施	道路	路基、基层、面层、广场与停车场、人行道、人行地道、挡土墙、附属构筑物
	边坡	土石方、挡土墙、支护
附属建筑及室外环境	附属建筑	车棚、围墙、大门、挡土墙
	室外环境	建筑小品、亭台、水景、连廊、花坛、场坪绿化、景观桥
室外安装	给水排水	室外给水系统、室外排水系统
	供热	室外供热系统
	电气	室外供电系统、室外照明系统

三、　分部工程的划分

分部工程是单位工程的组成部分，一般按专业性质、工程部位或特点以及功能和工程量确定。对于建筑工程，分部工程的划分应按下列原则确定。

（1）分部工程的划分应按专业性质、工程部位确定。例如，建筑工程划分为地基与基础、主体结构、建筑节能、建筑装饰装修、屋面、建筑给水排水及供暖、通风与空调、建筑电气、建筑智能化、建筑节能、电梯等分部工程。

（2）当分部工程较大或较复杂时，可按材料种类、施工特点、施工程序、专业系统及类别将分部工程划分为若干子分部工程。例如，建筑智能化分部工程中就包含了通信网络系统、专业应用系统、建筑设备监控系统、火灾报警及消防联动系统、会议系统与信息导航系统、安全防范系统、综合布线系统、智能化集成系统、电源与接地、计算机机房工程、住宅智能化系统等子分部工程。

四、　分项工程的划分

分项工程是分部工程的组成部分，可按主要工种、材料、施工工艺、设备类别进行划分。例如，建筑工程主体结构分部工程中，混凝土结构子分部工程按主要工种分为模板、钢筋、混凝土等分项工程；按施工工艺又分为预应力、现浇结构、装配式结构等分项工程。

地基与基础分部工程的子分部工程、分项工程划分如表 2-2 所示。

主体结构分部工程的子分部工程、分项工程划分如表 2-3 所示。

建筑装饰装修分部工程的子分部工程、分项工程划分如表 2-4 所示。

屋面分部工程的子分部工程、分项工程划分如表 2-5 所示。

五、　检验批的划分

检验批在《建筑工程施工质量验收统一标准》（GB 50300—2013）中是指按相同的生产

表 2-2　地基与基础分部工程的子分部工程、分项工程划分

分部工程	子分部工程	分项工程
地基与基础	地基	素土、灰土地基，砂和砂石地基，土工合成材料地基，粉煤灰地基，强夯地基，注浆地基，预压地基，砂石桩复合地基，高压旋喷注浆地基，水泥土搅拌桩地基，土和灰土挤密桩复合地基，水泥粉煤灰碎石桩复合地基，夯实水泥土桩复合地基
	基础	无筋扩展基础，钢筋混凝土扩展基础，筏形与箱形基础，钢结构基础，钢管混凝土结构基础，型钢混凝土结构基础，钢筋混凝土预制桩基础，泥浆护壁成孔灌注桩基础，干作业成孔桩基础，长螺旋钻孔压灌桩基础，沉管灌注桩基础，钢桩基础，锚杆静压桩基础，岩石锚杆基础，沉井与沉箱基础
	基坑支护	灌注桩排桩围护墙，板桩围护墙，咬合桩围护墙，型钢水泥土搅拌墙，土钉墙，地下连续墙，水泥土重力式挡墙，内支撑，锚杆，与主体结构相结合的基坑支护
	地下水控制	降水与排水，回灌
	土方	土方开挖，土方回填，场地平整
	边坡	喷锚支护，挡土墙，边坡开挖
	地下防水	主体结构防水，细部结构防水，特殊施工法结构防水，排水，注浆

表 2-3　主体结构分部工程的子分部工程、分项工程划分

分部工程	子分部工程	分项工程
主体结构	混凝土结构	模板，钢筋，混凝土，预应力，现浇结构，装配式结构
	砌体结构	砖砌体，混凝土小型空心砌块砌体，石砌体，配筋砌体，填充墙气体
	钢结构	钢结构焊接，紧固件连接，钢零部件加工，钢构件组装及预拼装，单层钢结构安装，多层及高层钢结构安装，钢管结构安装，预应力钢索和膜结构，压型金属板，防腐涂料涂装，防火涂料涂装
	钢管混凝土结构	构件现场拼装，构件安装，钢管焊接，构件连接，钢管内钢筋管架，混凝土
	型钢混凝土结构	型钢焊接，紧固件连接，型钢与钢管连接，型钢构件组装及预拼装，型钢安装，模板，混凝土
	铝合金结构	铝合金焊接，紧固件连接，铝合金零部件加工，铝合金构件组装，铝合金构件预拼装，铝合金框架结构安装，铝合金空间网格结构安装，铝合金面板，铝合金幕墙结构安装，防腐处理
	木结构	方木与原木结构，胶合木结构，轻型木结构，木结构的防护

表 2-4　建筑装饰装修分部工程的子分部工程、分项工程划分

分部工程	子分部工程	分项工程
建筑装饰装修	建筑地面	基层铺设，整体面层铺设，板块面层铺设，木、竹面层铺设
	抹灰	一般抹灰，保温层薄抹灰，装饰抹灰，清木砌体勾缝
	外墙防水	外墙砂浆防水，涂膜防水，透气膜防水
	门窗	木门窗安装，金属门窗安装，塑料门窗安装，特种门窗安装，门窗玻璃安装
	吊顶	整体面层吊顶，板块面层吊顶，格栅吊顶
	轻质隔墙	板材隔墙，骨架隔墙，活动隔墙，玻璃隔墙
	饰面板	石板安装，陶瓷板安装，木板安装，金属板安装，塑料板安装
	饰面砖	外墙饰面砖粘贴，内墙饰面砖粘贴
	幕墙	玻璃幕墙安装，金属幕墙安装，石材幕墙安装，陶板幕墙安装
	涂饰	水性涂料涂饰，溶剂型涂料涂饰，美术涂饰
	裱糊与软包	裱糊，软包
	细部	橱柜制作与安装，窗帘盒和窗台板制作与安装，门窗套制作与安装，护栏和扶手制作与安装，花饰制作与安装

表 2-5 屋面分部工程的子分部工程、分项工程划分

分部工程	子分部工程	分项工程
屋面	基层与保护	找坡层和找平层，隔汽层，隔离层，保护层
	保温与隔热	板状材料保温层，纤维材料保温层，喷涂硬泡聚氨酯保温层，现浇泡沫混凝土保温层，种植隔热层，架空隔热层，蓄水隔热层
	防水与密封	卷材防水层，涂膜防水层，复合防水层，接缝密封防水
	瓦面与板面	烧结瓦和混凝土瓦铺装，沥青瓦铺装，金属板铺装，玻璃采光顶铺装
	细部构造	檐口，檐沟和天沟，女儿墙和山墙，水落口，变形缝，伸出屋面管道，屋面出入口，反梁过水孔，设施基座，屋脊，屋顶窗

条件或按规定的方式汇总起来供抽样检验用的，由一定数量样本组成的检验体。它是建筑工程质量验收划分中的最小验收单位。

分项工程可由一个或若干个检验批组成，检验批可根据施工、质量控制和专业验收的需要，按工程量、楼层、施工段、变形缝进行划分。施工前，应由施工单位制定分项工程和检验批的划分方案，并由项目监理机构审核。对于《建筑工程施工质量验收统一标准》（GB 50300—2013）及相关专业验收规范未涵盖的分项工程和检验批，可由建设单位组织监理、施工等单位协商确定。

通常多层及高层建筑的分项工程可按楼层或施工段来划分检验批；单层建筑的分项工程可按变形缝等划分检验批；地基与基础的分项工程一般划分为一个检验批，有地下层的基础工程可按不同地下层划分检验批；屋面工程的分项工程可按不同楼层屋面划分为不同的检验批；其他分部工程中的分项工程，一般按楼层划分检验批；对于工程量较小的分项工程可划分为一个检验批；安装工程一般按一个设计系统或设备组别划分为一个检验批；室外工程一般划分为一个检验批；散水、台阶、明沟等含在地面检验批中。

任务二 质量验收组织

一、 工程施工质量验收基本规定

（1）施工现场应具有健全的质量管理体系、相应的施工技术标准、施工质量检验制度和综合施工质量水平评定考核制度。

施工现场质量管理检查记录应由施工单位按表 2-6 填写，总监理工程师进行检查，并做出检查结论。

表 2-6 施工现场质量管理检查记录

工程名称			施工许可证号	
建设单位			项目负责人	
设计单位			项目负责人	
监理单位			总监理工程师	
施工单位		项目负责人	项目技术负责人	
序号	项目		主要内容	
1	项目部质量管理体系			
2	现场质量责任制			
3	主要专业工种操作上岗证书			
4	分包单位的管理制度			

序号	项目	主要内容
5	图纸会审记录	
6	地质勘察资料	
7	施工技术标准	
8	施工组织设计编制及审批	
9	物资采购管理制度	
10	施工设施和机械设备管理制度	
11	计量设备配备	
12	检测试验管理制度	
13	工程质量检查验收制度	

自检结果: 施工单位项目负责人:　　年　月　日	检查结论: 总监理工程师:　　年　月　日

（2）当工程未实行监理时，建设单位相关人员应该履行有关验收规范涉及的监理职责。

（3）建筑工程的施工质量控制应符合下列规定:

① 建筑工程采用的主要材料、半成品、成品、建筑构配件、器具和设备应进行进场检验，凡涉及安全、节能、环境保护和主要使用功能的重要材料、产品，应按各专业工程施工规范、验收规范和设计文件等规定进行复验，并应经专业监理工程师检查认可。

② 各施工工序应按施工技术标准进行质量控制，每道施工工序完成后，经施工单位自检符合规定后，才能进行下道工序施工。各专业工种之间的相关工序应进行交接检验，并应记录。

③ 对于项目监理机构提出检查要求的重要工序，应经专业监理工程师检查认可，才能进行下道工序施工。

④ 当专业验收规范对工程中的验收项目未做出相应规定时，应由建设单位组织监理设计、施工等相关单位制定专项验收要求，涉及结构安全、节能、环境保护等项目的专项验收要求应由建设单位组织专家论证。

（4）建筑工程施工质量应按下列要求进行验收:

① 工程施工质量验收均应在施工单位自检合格的基础上进行;

② 参加工程施工质量验收的各方人员应具备相应的资格;

③ 检验批的质量应按主控项目和一般项目验收;

④ 对涉及结构安全、节能、环境保护和主要使用功能的试块、试件及材料，应在进场时或施工中按规定进行见证检验;

⑤ 隐蔽工程在隐蔽前应由施工单位通知项目监理机构进行验收，并应形成验收文件，验收合格后方可继续施工;

⑥ 对涉及结构安全、节能、环境保护等的重要分部工程应在验收前按规定进行抽样检验;

⑦ 工程的观感质量应由验收人员现场检查，并应共同确认。

（5）建筑工程施工质量验收合格应符合下列规定:

① 符合工程勘察、设计文件的规定;

② 符合《建筑工程施工质量验收统一标准》（GB 50300—2013）和相关专业验收规范的规定。

二、 检验批质量验收

1. 检验批质量验收程序

检验批是工程施工质量验收的最小单位，是分项工程乃至整个建筑工程质量验收的基础。检验批质量验收应由专业监理工程师组织施工单位项目专业质量检查员、专业工长等进行。

验收前，施工单位应先对施工完成的检验批进行自检，合格后由项目专业质量检查员填写检验批质量验收记录（见表 2-7，有关监理验收记录及结论不填写）及检验批报审、报验表，并报送项目监理机构申请验收；专业监理工程师对施工单位所报资料进行审查，并组织相关人员到验收现场进行主控项目和一般项目的实体检查、验收。对验收不合格的检验批，专业监理工程师应要求施工单位进行整改，并自检合格后予以复验；对验收合格的检验批，专业监理工程师应签认检验批报审、报验表及质量验收记录，准许进行下道工序施工。

表 2-7 _____检验批质量验收记录

单位（子单位）工程名称		分部（子分部）工程名称		分项工程名称	
施工单位		项目负责人		检验批容量	
分包单位		分包单位项目负责人		检验批部位	
施工依据			验收依据		

验收项目		质量验收规范的规定	最小/实际抽样数量	检查记录	检查结果
主控项目	1				
	2				
	3				
	4				
	5				
	6				
	7				
	8				
	9				
	10				
一般项目	1				
	2				
	3				
	4				
	5				
施工单位检查结果	专业工长： 项目专业质量检查员： 年　月　日				
监理单位验收结论	专业监理工程师： 年　月　日				

2. 检验批质量验收合格的规定

（1）主控项目的质量经抽样检验均应合格。

（2）一般项目的质量经抽样检查合格，当采用计数抽样时，合格点率应符合有关专业验收规范的规定，且不得存在严重缺陷。

（3）具有完整的施工操作依据、质量验收记录。

检验批质量验收合格条件除主控项目和一般项目的质量经抽样检验合格外，其施工操作依据、质量验收记录尚应完整且符合设计、验收规范要求。只有符合检验批质量验收合格条件，该检验批质量方能判定合格。

为加深理解检验批质量验收合格条件，应注意以下三个方面内容。

① 主控项目的质量经抽样检验均应合格，主控项目是指建筑工程中对安全、节能、环境保护和主要使用功能起决定性作用的检验项目，如钢筋连接的主控项目为：纵向受力钢筋的连接方式应符合设计要求。

主控项目是对检验批的基本质量起决定性影响的检验项目，是保证工程安全和使用功能的重要检测项目，因此必须全部符合有关专业验收规范的规定。主控项目如果达不到规定的质量指标，降低要求就相当于降低该工程的性能指标，就会严重影响工程的安全性能。这意味着主控项目不允许有不符合要求的检验结果，必须全部合格。例如，混凝土、砂浆强度等级是保证混凝土结构、砌体强度的重要性能，必须全部达到要求。

为了使检验批的质量符合工程安全和使用功能的基本要求，达到保证工程质量的目的，各专业工程质量验收规范对各检验批的主控项目的合格质量给予明确的规定。例如，钢筋安装验收时的主控目的为：受力钢筋的品种、级别、规格和数量必须符合设计要求。

主控项目包括的主要内容：

a. 工程材料、构配件和设备的技术性能等。例如，水泥、钢材的质量，预制墙板、门窗等构配件的质量，风机等设备的质量。

b. 设计结构安全、节能、环境保护和主要使用功能的检测项目。例如，混凝土、砂浆的强度，钢结构的焊缝强度，管道的压力试验，风管的系统测定与调整，电气设备的绝缘、接地测试、电梯的安全保护、试运转结果等。

c. 一些重要的允许偏差项目，必须控制在允许偏差限值之内。

② 一般项目的质量经抽样检验合格，当采用技术抽样时，合格点率应符合有关专业验收规范的规定、且不得存在严重缺陷。

一般项目是指除主控项目以外的检验项目，为了使检验批的质量符合工程安全和使用功能的基本要求，达到保证工程质量的目的，各专业工程质量验收规范对各检验批一般项目的合格质量给予明确的规定。例如，钢筋连接的一般项目为：钢筋的接头宜设置在受力较小处，同一纵向受力钢筋不宜设置两个或两个以上接头，接头末端至钢筋弯起点的距离不应小于钢筋直径的 10 倍。对于一般项目，虽然允许存在一定数量的不合格点率，但某些不合格率的指标与合格要求偏差较大或存在严重缺陷时，仍然影响使用功能或感官的要求，对这些位置应进行维修处理。

一般项目包括的主要内容：

a. 允许有一定偏差的项目，放在一般项目中，用数据规定的标准，可以有个别偏差范围。

b. 对不能确定偏差值而又允许出现一定缺陷的项目，则以缺陷的数量来区分。例如，砖砌体预埋拉结筋其留置间距离偏差；混凝土钢筋露筋，露出一定长度等。

c. 其他一些无法定量的面采用定性的项目。例如，碎拼大理石地面颜色协调，无明显裂缝和坑洼等。

③ 具有完整的施工操作依据、质量验收记录，质量控制资料反映了检验批从原材料到最终验收的各施工工序的操作依据、检查情况及保证质量所必须的管理制度等。对其完整性的检查，实际是对过程控制的确认，这是检验批质量验收合格的前提。质量控制资料主要为：

a. 图纸会审记录、设计变更通知单、工程洽商记录、竣工图；

b. 工程定位测量、放线记录；

c. 原材料出厂合格证书及进场检验、试验报告；

d. 施工试验报告及见证检测报告；

e. 隐蔽工程验收记录；

f. 施工记录；

g. 按专业质量验收规范规定的抽样检验、试验记录；

h. 分项、分部工程质量验收记录；

i. 工程质量事故调查处理资料；

j. 新技术论证、备案及施工记录。

3. 检验批质量检验方法

（1）检验批质量检验，可根据检验项目的特点在下列抽样方案中选取：

① 计量、计数的抽样方案；

② 一次、二次或多次抽样方案；

③ 对重要的检验项目，当有简易快速的检验方法，选用全数检验方案；

④ 根据生产连续性和生产控制稳定性情况，采用调整型抽样方案；

⑤ 经实践证明有效的抽样方案。

（2）计量抽样的错判概率 α 和漏判概率 β 可按下列规定采取：

错判概率 α，是指合格批被判为不合格批的概率，即合格批被拒收的概率。

漏判概率 β，是指不合格批被判为合格批的概率，即不合格批被误收的概率。

抽样检验必然存在这两类风险，要求通过抽样检验的检验批100%合格是不合理的，也是不可能的。在抽样检验中，两类风险的一般控制范围是：

① 主控项目：α 和 β 均不宜超过5%；

② 一般项目：α 不宜超过5%，β 不宜超过10%。

（3）检验批抽样样本应随机抽取，满足分布均匀、具有代表性的要求，抽样数量不应低于有关专业验收规范的规定。

明显不合格的个体可不纳入检验批，但必须进行处理，使其满足有关专业验收规范的规定，并对处理情况予以记录。

三、 隐蔽工程质量验收

隐蔽工程是指在下道工序施工后将被覆盖或掩盖，不易进行质量检查的工程，例如，钢筋混凝土工程中的钢筋工程，地基与基础工程中的混凝土基础和桩基础等。因此隐蔽工程完成后，在被覆盖或掩盖前必须进行隐蔽工程质量验收。隐蔽工程可能是一个检验批，也可能是一个分项工程或子分部工程，所以可按检验批或分项工程、子分部工程进行验收。

当隐蔽工程为检验批时，其质量验收应由专业监理工程师组织施工单位项目专业质量检查员、专业工长等进行。

施工单位应对隐蔽工程质量进行自检，合格后填写隐蔽工程质量验收记录（有关监理验收记录及结论不填写）及隐蔽工程报审、报验表，并报送项目监理机构申请验收；专业监理工程师对施工单位所报资料进行审查，并组织相关人员到验收现场进行实体检查、验收，验时应留有照片、影像等资料。对验收不合格的工程，专业监理工程师应要求施工单位进行整改，自检合格后予以复查；对验收合格的工程，专业监理工程师应签认隐蔽工程报审、报验表及质量验收记录，准予进行下一道工序施工。

四、 分项工程质量验收

1. 分项工程质量验收程序

分项工程质量验收应由专业监理工程师组织施工单位项目技术负责人等进行。

验收前，施工单位应先对施工完成的分项工程进行自检，合格后填写分项工程质量验收记录（见表 2-8）及分项工程报审、报验表，并报送项目监理机构申请验收，专业监理工程师对施工单位所报资料逐项进行审查，符合要求后签认分项工程报审、报验表及质量验收记录。

表 2-8 _____ 分项工程质量验收记录

工程名称		结构类型		检验批数	
施工单位		项目负责人		项目技术负责人	
分包单位		单位负责人		项目负责人	
序号	检验批名称及部位、区段	施工、分包单位检查结果		监理单位验收结论	
1					
2					
3					
4					
5					
6					
7					
8					
9					
10					
说明：					
施工单位 检查结果	项目专业技术负责人： 　　年　月　日	监理单位 验收结论		专业监理工程师： 　　年　月　日	

2. 分项工程质量验收合格的规定

（1）分项工程所含检验批的质量均应验收合格；

（2）分项工程所含检验批的质量验收记录应完整。

分项工程验收是在检验批的基础上进行的。一般情况下，检验批和分项工程两者具有相同或相近的性质，只是批量的大小不同而已，将有关的检验批汇集构成分项工程。

实际上，分项工程质量验收是一个汇总统计过程，并无新的内容和要求，分项工程质量验收合格条件比较简单，只要构成分项工程的各检验批的质量验收资料完整，并且均已验收合格，则分项工程质量验收合格。因此，在分项工程质量验收时应注意以下三点：

① 核对检验批的部位，区段是否全部覆盖分项工程的范围，有没有缺漏的部位没有验收到。

② 一些在检验批中无法检验的项目，在分项工程中直接验收，如砌体工程中的全高垂直度、砂浆强度的评定。

③ 检验批验收记录的内容及签字人是否正确、齐全。

五、 分部工程质量验收

1. 分部（子分部） 工程质量验收程序

分部（子分部）工程质量验收应由总监理工程师组织施工单位项目负责人和项目技术、质量负责人等进行，由于地基与基础、主体结构工程要求严格，技术性强，关系到整个工程的安全，为严把质量关，规定勘察、设计单位项目负责人和施工单位技术、质量负责人应参加主体结构、节能分部工程的验收。

验收前，施工单位应先对施工完成的分部工程进行自检，合格后填写分部工程质量验收记录（见表2-9）及分部工程报验表，并报选项目监理机构申请验收，总监理工程师应组织相关人员进行检查、验收，对验收不合格的分部工程，应要求施工单位进行整改，自检合格后予以复查，对验收合格的分部工程，应签认分部工程报验表及验收记录。

表 2-9 _____ 分部工程质量验收记录

单位（子单位）工程名称		子分部工程数量		分项工程数量	
施工单位		项目负责人		技术（质量）负责人	
分包单位		分包单位负责人		分包内容	
序号	子分部工程名称	分项工程名称	检验批数	施工单位检查评定结果	监理单位验收结论
1					
2					
3					
4					
5					
6					
7					
8					
质量控制资料					
安全和功能检验结果					
观感质量检验结果					
综合验收结论					
施工单位项目负责人： 年 月 日		勘察单位项目负责人： 年 月 日		设计单位项目负责人： 年 月 日	监理单位总监理工程师： 年 月 日

2. 分部（子分部） 工程质量验收合格的规定

（1）所含分项工程的质量均应验收合格。

（2）质量控制资料应完整。

（3）有关安全、节能、环境保护和主要使用功能的抽验验收结果应符合相应规定。

（4）观感质量应符合要求。

分部工程质量验收是在其所含各分项工程质量验收的基础上进行的。首先，分部工程所含各分项工程必须已验收合格且相应的质量控制资料齐全、完整，这是验收的基本条件。其次，由于各分项工程的性质不尽相同，因此作为分部工程不能简单地组合而加以验收，尚需进行以下两方面的检查项目。

① 涉及安全、节能、环境保护和主要使用功能等抽样检验结果应符合相应规定，涉及安全、节能、环境保护和主要使用功能的地基与基础、主体结构和设备安装等分部工程应进行有关见证检验或抽样检验。例如，建筑物垂直度、标高、全高测量记录，建筑物沉降观测测量记录，给水管道通水试验记录，暖气管道、散热器压力试验记录，照明全负荷试验记录等。总监理工程师应组织相关人员，检查各专业验收规范中规定检测的项目是否都进行了检测；查阅各项检测报告（记录），核查有关检测方法、内容、程序、检测结果等是否符合有关标准规定；核查有关检测单位的资质，见证取样与送样人员资格，检测报告出具有单位负责人的签署情况是否符合要求。

② 观感质量验收，这类检查往往难以定量，只能以观察、触摸或简单测量的方式进行观感质量验收，并由验收人的主观判断，检查结果并不给出"合格"或"不合格"的结论，而是综合给出"好""一般""差"的质量评价结果。所谓"一般"是指观感质量检验能符合验收规范的要求；所谓"好"是指在质量符合验收规范基础上，能到达精致、流畅的要求，细部处理到位、精度控制好；所谓"差"是指勉强达到验收规范要求，或有明显的缺陷，但不影响安全或使用功能的。评为"差"的项目能进行返修的应进行返修，不能返修的只要不影响结构安全和使用功能的可通过验收。有影响安全和使用功能的项目，不能评价，应返修后再进行评价。

六、 单位工程质量验收

1. 单位（子单位） 工程质量验收程序

（1）预验收　当单位（子单位）工程完成后，施工单位应依据验收规范、设计图纸等组织有关人员进行自检，对检查结果进行评定，符合要求后填写单位工程竣工验收报审表，以及质量竣工验收记录，质量控制资料核查记录，安全和功能检验资料核查及观感质量检查记录等，并将单位工程竣工验收报审表及有关竣工资料报送项目监理机构申请验收。

总监理工程师应组织专业监理工程师审查施工单位提交的单位工程竣工验收报审表及有关竣工资料，并对工程质量进行竣工预验收。存在质量问题时应由施工单位及时整改，整改完毕且合格后，总监理工程师应签认单位工程竣工验收报审表及有关资料，并向建设单位提交工程质量评估报告。施工单位向建设单位提交工程竣工报告，申请工程竣工验收。

对需要进行功能试验的项目（包括单机试车和无负荷试车），专业监理工程师应督促施工单位及时进行试验，并对重要项目进行现场监督、检查，必要时请建设单位和设计单位参加；专业监理工程师应认真审查试验报告单并督促施工单位搞好成品保护和现场清理。

单位工程中的分包工程完工后，分包单位应对所施工的建筑工程进行自检，并应按规定的程序进行验收。验收时，总包单位应派人参加。验收合格后，分包单位应将所分包工程的质量控制资料整理完成后，移交给总包单位。建设单位组织单位工程质量验收时，分包单位负责人应参加验收。

（2）验收　建设单位收到施工单位提交的工程竣工报告和完整的质量控制资料，以及项目监理机构提交的工程质量评估报告后，由建设单位项目负责人组织设计、勘察、监理、施工等单位项目负责人进行单位工程验收。对验收中提出的整改问题，项目监理机构应督促施工单位及时整改。工程质量符合要求的，总监理工程应在工程竣工验收报告中签署验收意见。

《建设工程质量管理条例》规定，建设工程竣工验收应当具备下列条件：

① 完成建设工程设计和合同约定的各项内容；

② 有完整的技术档案和施工管理资料；

③ 有工程使用的主要建筑材料、建筑构配件和设备的进场试验报告；

④ 有勘察、设计、施工、工程监理等单位分别签署的质量合格文件；

⑤ 有施工单位签署的工程保修书。

对于不同性质的建设工程还应满足其他一些具体要求，如工业建设项目，还应满足环境保护设施，劳动、安全与卫生设施，消防设施及必需的生产设施已按设计要求与主体工程同时建成，并经有关专业部门验收合格可交付使用。

在一个单位工程中，对满足生产要求或具备使用条件，施工单位经自行检验，专业监理工程师已预验收通过的子单位工程，建设单位可组织进行验收。有几个施工单位负责施工的单位工程，当其中的施工单位所负责的子单位工程已按设计完成，并经自行检验，也可按规定的程序组织正式验收，办理交工手续。在整个单位工程进行全部验收时，已验收的子单位工程验收资料应作为单位工程验收的附件。

单位工程验收时，如有因季节影响需后期调试的项目，单位工程可先进行验收。后期调试项目可约定具体时间另行验收。例如，一般空调制冷性不能在冬季验收，采暖工程不能在夏季验收。

2. 单位（子单位）工程质量验收合格的规定

（1）所含分部（子分部）工程的质量均应验收合格；

（2）质量控制资料应完整；

（3）所含分部工程中有关安全、节能、环境保护和主要使用功能等的检验资料应完整；

（4）主要使用功能的抽查结果应符合相关专业质量验收规范的规定；

（5）观感质量应符合要求。

单位工程质量验收也称质量竣工验收，是建筑工程投入使用前的最后一次验收，也是最重要的一次验收。参建各方责任主体和有关单位及人员，应加以重视，认真做好单位工程质量竣工验收，把好工程质量关。

为加深理解单位（子单位）工程质量验收合格条件，应注意以下五个方面的内容。

① 所含分部（子分部）工程的质量均应验收合格。施工单位事前应认真做好验收准备，将所有分部工程的质量验收记录表及相关资料，及时进行收集整理，并列出目次表，依序将其订成册。在核查和整理过程中，应注意以下三点：

a. 核查各分部工程中所含的子分部工程是否齐全；

b. 核查各分部工程质量验收记录表及相关资料的质量评价是否完善；

c. 核查各分部工程质量验收记录表及相关资料的验收人员是否为规定的有相应资质的技术人员，并进行了评价和签认。

② 质量控制资料应完整。质量控制资料完整是指所收集到的资料，能反映工程所采用的建筑材料、构配件和设备的质量技术性能，施工质量控制和技术管理状况，涉及结构安全和使用功能的施工试验和抽样检测结果，以及工程参建各方质量验收的原始依据、客观记录、真实数据和见证取样等资料，能确保工程结构安全和使用功能，满足设计要求。它是客观评价工程质量的主要依据。

尽管质量控制资料在分部工程质量验收时已经检查过，但某些资料由于受试验龄期的影响，或受系统测试的需要等，难以在分部工程验收时到位。因此应对所有分部工程质量控制资料的系统性和完整性进行一次全面的核查，在全面梳理的基础上，重点检查资料是否齐全、有无遗漏，从而达到完整无缺的要求。

③ 所含分部工程中有关安全、节能、环境保护和主要使用功能等检验资料应完整。对涉及安全、节能、环境保护和主要使用功能的分部工程的检验资料应复查合格，资料复查不仅要全面检查其完整性，不得有漏检、缺项，而且对分部工程验收时的见证抽样检验报告也要进行复核，这体现了对安全和主要使用功能的重视。

主要使用功能的抽查结果应符合相关专业质量验收规范的规定。对主要使用功能应进行抽查，使用功能的检查是对建筑工程和设备安装工程最终质量的综合检验，也是用户最为关心的内容，体现了过程控制的原则，也将减少工程投入使用后的质量诉讼和纠纷。因此，在分项、分部工程质量验收合格的基础上，竣工验收时再做全面的检查。

主要使用功能抽查项目，已在各分部工程中列出，有的是在分部工程完成后进行检测，有的还要待相关分部工程完成后才能检测，有的则需要等单位工程全部完成后进行检测。这些检测项目应在单位工程完工，施工单位向建设单位提交工程竣工验收报告之前，全部进行完毕，并将检测报告写好。至于在竣工验收时抽查什么项目，应在检查资料文件的基础上由参加验收的各方人员商定，并用计量、计数的方法抽样检验，检验结果应符合有关专业验收规范的要求。

④ 观感质量应符合要求。观感质量验收不单纯是对工程外表质量进行检查，同时也是对部分使用功能和使用安全所做的一次全面检查。例如，门窗启闭是否灵活、关闭后是否严密；又如，室内顶棚抹灰层的空鼓、楼梯踏步高差过大等。涉及使用的安全，在检查时应加以关注。观感质量验收须由参加验收的各方人员共同进行，检查的方法、内容、结论等已在分部工程的相应部分中阐述，最后共同协商确定是否通过验收。

3. 单位工程质量竣工验收记录

单位（子单位）工程质量竣工验收报审按表 2-10 填写，单位工程质量竣工验收记录按表 2-11 填写，单位工程质量控制资料核查记录按表 2-12 填写，单位工程安全和功能检验资料核查及主要功能抽查记录按表 2-13 填写，单位工程观感质量检查记录按表 2-14 填写。表 2-11 中的验收记录由施工单位填写，验收结论由监理单位填写。综合验收结论由参加验收各方共同商定，由建设单位填写，并应对工程质量是否符合设计和规范要求及总体质量水平做出评价。

表 2-10　单位工程竣工验收报审表

工程名称：　　　　　　　　　　　　　　　　　　　　　编号：

致：＿＿＿＿＿＿＿项目监理机构

我方已按施工合同要求完成＿＿＿＿＿＿＿工程，经自检合格，请予以验收。

附件：1. 工程质量竣工报告
　　　2. 工程功能检验资料

施工单位（盖章）

项目经理（签字）

年　月　日

预验收意见：

经预验收，该工程合格/不合格，可以/不可以组织正式验收。

项目监理机构（盖章）

总监理工程师（签字、加盖执业印章）

年　月　日

表 2-11 单位工程质量竣工验收记录

工程名称		结构类型		层数/建筑面积	
施工单位		技术负责人		开工日期	
项目负责人		项目技术负责人		竣工日期	

序号	项目	验收记录	验收结论
1	分部工程验收	共____分部，经查____分部，符合设计及标准规定____分部	
2	质量控制资料核查	共____项，经核查符合规定____项，经核查不符合规定____项	
3	安全和使用功能核查及抽查结果	共核查____项，符合规定____项，共抽查____项，符合规定____项，经返共处理符合规定____项	
4	观感质量验收	共抽查____项，达到"好"和"一般"的____项，经返修处理符合规定____项	

综合验收结论					
参加验收单位	建设单位	监理单位	施工单位	设计单位	勘察单位
	（公章）项目负责人：年 月 日	（公章）总监理工程师：年 月 日	（公章）项目负责人：年 月 日	（公章）项目负责人：年 月 日	（公章）项目负责人：年 月 日

注：单位工程验收时，验收签收人员应由相应单位的法人代表书面授权。

表 2-12 单位工程质量控制资料核查记录

工程名称				施工单位				
序号	项目	资料名称	份数	施工单位		监理单位		
				核查意见	核查人	核查意见	核查人	
1	建筑与结构	图纸会审记录、设计变更通知单、工程洽商记录						
2		工程定位测量、放线记录						
3		原料出厂合格证书及进场检（试）验报告						
4		施工试验报告及见证检测报告						
5		隐蔽工程验收记录						
6		施工记录						
7		地基、基础、主体结构检验及抽样检测资料						
8		分项、分部工程质量验收记录						
9		工程质量事故调查处理资料						
10		新技术论证、备案及施工记录						

结论：

施工单位项目负责人：　　　　　　　　　　　　总监理工程师：

　　　　　　　年 月 日　　　　　　　　　　　　　　年 月 日

表 2-13　单位工程安全和功能检验资料核查及主要功能抽查记录

工程名称			施工单位				
序号	项目	安全和功能检查项目		份数	核查意见	抽查结果	核查人
1	建筑结构	地基承载力检验报告					
2		桩基承载力检验报告					
3		混凝土强度试验报告					
4		砂浆强度试验报告					
5		主体结构尺寸、位置抽查记录					
6		建筑物垂直度、标高、全高测量记录					
7		屋面淋水或蓄水试验记录					
8		地下室渗漏水检测记录					
9		有防水要求的地面蓄水试验记录					
10		抽气（风）道检查记录					
11		外窗气密、水密性、耐风压检测报告					
12		幕墙气密、水密性、耐风压检测报告					
13		建筑物沉降观测测量记录					
14		节能、保温测试记录					
15		室外环境检测报告					
16		土壤氡气浓度检测报告					

结论：

施工单位项目负责人：　　　　　　　　　　　　　　　　总监理工程师：

　　　　　　年　月　日　　　　　　　　　　　　　　　　　　　　　　　　年　月　日

注：抽查项目由验收组协商确定。

表 2-14　单位工程观感质量检查记录

工程名称				施工单位		
序号	项目		抽查质量状况			质量评价
1	建筑与结构	主体结构外观	共检查　点，好　点，一般　点，差　点			
2		室外墙面	共检查　点，好　点，一般　点，差　点			
3		变形缝、雨水管	共检查　点，好　点，一般　点，差　点			
4		屋面	共检查　点，好　点，一般　点，差　点			
5		室内墙面	共检查　点，好　点，一般　点，差　点			
6		室内地面	共检查　点，好　点，一般　点，差　点			
7		室外顶棚	共检查　点，好　点，一般　点，差　点			
8		楼梯、踏步、护栏	共检查　点，好　点，一般　点，差　点			
9		门窗	共检查　点，好　点，一般　点，差　点			
10		雨罩、台阶、坡道、散水	共检查　点，好　点，一般　点，差　点			
观感质量综合评价						

结论：

施工单位项目负责人：　　　　　　　　　　　　　　　　总监理工程师：

　　　　　　年　月　日　　　　　　　　　　　　　　　　　　　　　　　　年　月　日

注：1. 对质量评价为差的项目应进行返修。

　　2. 观感质量现场检查原始记录应作为本表附件。

七、 工程质量验收意见分歧的解决

参加质量验收的各方对工程质量验收意见不一致时，可采取协商、调解、仲裁和诉讼四种方式解决。

1. 协商

协商是指产品质量争议产生之后，争议的各方当事人本着解决问题的态度，互谅互让，争取当事人各方自行调解解决争议的一种方式。当事人通过这种方式解决纠纷不伤和气，节省了大量的精力和时间，也免去了调节机构、仲裁机构和司法机关不必要的工作。因此，协商是解决产品质量争议的较好方式。

2. 调解

调解是指当事人各方在发生产品质量争议后经协商不成时，向有关的质量监督机构或建设行政主管部门提出申请，由这些机构在查清事实、分清是非的基础上，依照国家的法律、法规、规章等，说服争议各方，使各方能互相谅解，自愿达成协议，解决质量争议的方式。

3. 仲裁

仲裁是指产品质量纠纷的争议各方在争议发生前或发生后达成协议，自愿将争议交给仲裁机构做出裁决，争议各方有义务执行的解决产品质量争议的一种方式。

4. 诉讼

诉讼是指因产品质量发生争议时，在当事人与有关诉讼人的参加下，由人民法院依法审理纠纷案时所进行的一系列活动。它与其他民事诉讼一样，在案例的审理原则、诉讼程序及其他有关方面都要遵守《中华人民共和国民事诉讼法》和其他法律、法规的规定。

以上四种解决方式，具体采用哪种方式来解决争议，法律并没有强制规定，当事人可根据具体情况自行选择。

八、 工程施工质量验收不符合要求的处理

一般情况下，不合格现象在检验批验收时就应发现并及时处理，但实际工程中不能完全避免不合格情况的出现，因此工程施工质量验收不符合要求的应按下列方式进行处理。

（1）经返工或返修的检验批，应重新进行验收。在检验批验收时，对于主控项目不能满足验收规范规定或一般项目超过偏差限值时，应及时进行处理。其中，对于严重的质量缺陷应重新施工；一般的质量缺陷可通过返修或更换予以解决，允许施工单位在采取相应的措施后重新验收。如能够符合相应的专业验收规范要求，则应该认为该检验批合格。

（2）经有资质的检测单位检测鉴定能够达到设计要求的检验批，应予以验收，当个别检验批发现问题，难以确定能否验收时，应请具有资质的法定检测单位进行检测鉴定，当鉴定结果认为能够达到设计要求时，该检验批可以通过验收。这种情况通常出现在某检验批的材料试块强度不满足设计要求时。

（3）经有资质的检测单位检测鉴定达不到设计要求，但经原设计单位核算认可能够满足安全和使用功能要求，该检验批可予以验收。如经检测鉴定达不到设计要求，但经原设计单位核算、鉴定，仍可满足相关设计规范规定和使用功能的要求，该检验批可予以验收。一般情况下，标准、规范规定的是满足安全和功能的最低要求，而设计往往在此基础上留有一些余量。在一定范围内，会出现不满足设计要求而符合相应规范要求的情况，两者并不矛盾。

（4）经返修或加固处理的分项、分部工程，满足安全及使用功能要求时，可按技术处理方案和协商文件的要求予以验收。经法定检测单位检测鉴定以后认为达不到规范的相应要求，即不满足最低限度的安全储备和使用功能时，则必须按一定的技术处理方案进行加固处理，使之能满足安全使用的基本要求。这样可能会造成一些永久性的影响，如增加结构外形尺寸，影响一些次要的使用功能等，但为了避免建筑物的整体或局部拆除，避免社会财富更大的损失，在不影响安全和主要使用功能的条件下，可按技术处理方案和协商文件的要求进行验收，责任方应按法律法规承担相应的经济责任和接受处罚。这种方法不能作为降低质量要求、变相通过验收的一种出路，这是应该特别注意的。

（5）经返修或加固处理仍不能满足安全或重要使用要求的分部工程及单位或子单位工程，严禁验收。分部工程及单位工程如存在影响安全和使用功能的严重缺陷，经返修或加固处理仍不能满足安全使用要求的，严禁通过验收。

（6）工程质量控制资料应齐全完整，当部分资料缺失时，应委托有资质的检测单位按有关标准进行相应的实体检测或抽样试验，并出具检测（试验）报告单。实际工程中偶尔会遇到因遗漏检验或资料丢失而导致部分施工验收资料不全的情况，使工程无法正常验收。对此可有针对性地进行工程质量检验，采取实体检测或抽样试验的方法确定工程质量状况。上述工作应由有资质的检测单位完成，检验报告可用于施工质量验收。

技能训练

一、单选题

1. 建筑工程施工质量验收是工程建设质量控制的重要环节，它包括工程施工质量的（　　）和竣工质量验收。

A. 工序交接检查   B. 施工过程质量验收

C. 工程质量监督   D. 关键工序检查

2. （　　）是施工质量验收的最小单位，是质量验收的基础。

A. 检验批   B. 分项工程   C. 分部工程   D. 单位工程

3. 具备独立的设计文件并能形成独立使用功能的建筑物及构筑物为（　　）。

A. 分部工程   B. 分项工程   C. 单位工程   D. 单项工程

4. 关于检验批质量验收的说法，正确的是（　　）。

A. 主控项目达不到质量验收规范条文要求的可以适当降低要求

B. 一般项目必须达到质量验收规范条文要求

C. 主控项目都必须达到质量验收规范条文要求

D. 一般项目大多数质量指标都必须达到要求，其余30%可以超过一定的指标，但不能超过规定值的1.5倍

5. 在制定检验批的抽样方案时，主控项目对应于合格质量水平的错判概率 α 和漏判概率 β（　　）。

A. 均不宜超过10%   B. 可以超过10%

C. 均不宜超过5%   D. 可以超过5%

6. 检验批的质量验收记录由施工项目专业（　　）填写。

A. 质量检查员   B. 资料检查员   C. 安全检查员   D. 施工员

7. 分项工程质量的验收是在（　　）验收的基础上进行的。

A. 单位工程   B. 分部工程   C. 分项工程   D. 单位工程

8. （　　）质量验收，是建筑工程投入使用前的最后一次验收。

A. 单位工程   B. 分部工程   C. 分项工程   D. 检验批

9. 检验批由（　　）组织，（　　）进行验收。

A. 监理工程师，施工员   B. 监理员，专业技术负责人

C. 总监理工程师，专业质量员   D. 监理工程师，项目专业质量检查员

10. 分项工程应由（　　）组织，（　　）等进行验收。

A. 监理工程师，施工员

B. 监理员，专业技术负责人

C. 总监理工程师，专业质量员

D. 监理工程师，专业质量（技术）负责人

11. 分部工程应由（　　）组织，（　　）等进行验收。

A. 监理工程师，施工员   B. 监理员，专业技术负责人

C. 总监理工程师，施工项目经理   D. 监理工程师，专业质量负责人

12. 单位工程验收记录中综合验收结论由（　　）填写。

A. 施工单位   B. 监理单位   C. 设计单位   D. 建设单位

13. 单位工程验收时，单位（子单位）工程所含分部工程有关（　　）的检测资料应完整。

A. 安全和功能   B. 材料质量

C. 使用要求   D. 材料和工序质量

14. 一栋 6 层砖混结构住宅工程，每层的砌砖部分作为（　　）验收。

A. 分项工程   B. 单位工程   C. 分部工程   D. 检验批

二、多选题

1. 具备独立施工条件并能形成独立使用功能的建筑物及构筑物为一个单位工程，如（　　）。

A. 一栋住宅   B. 一个商店   C. 一栋教学楼   D. 一所学校

2. 检验批按（　　）进行划分。

A. 施工段   B. 施工工艺   C. 楼层   D. 变形缝

3. 分部工程的划分应按（　　）确定。

A. 材料   B. 设备类别   C. 专业性质   D. 建筑部位

4. 属于组成一个单位工程的分部工程的是（　　）。

A. 地基与基础   B. 主体结构

C. 建筑电气   D. 钢筋混凝土的模板工程

5. 分项工程是按（　　）等进行划分。

A. 主要工种   B. 材料   C. 施工工艺   D. 建筑部位

6. 一般项目在制定检验批的抽样方案时，对应于合格质量水平的（　　）。

A. 错判概率 α 不宜超过 5%   B. 错判概率 α 不宜超过 10%

C. 漏判概率 β 不宜超过 10%   D. 漏判概率 β 不宜超过 15%

E. 错判概率 α 不宜超过 15%

7. 检验批合格条件中，主控项目验收内容包括（　　）。

A. 对不能确定偏差值而又允许出现一定缺陷的项目，则以缺陷的数量来区分

B. 建筑材料、构配件及建筑设备的技术性能与进场复验要求

C. 涉及结构安全、使用功能的检测项目

D. 一些重要的允许偏差项目，必须控制在允许偏差限值之内

E. 其他一些无法定量而采用定性的项目

8. 检验批合格是指所含的（　　）的质量经抽样检验合格。

A. 主控项目   B. 一般项目   C. 特殊项目   D. 关键点

9. 分项工程质量验收合格应符合下列规定中的（　　）。

A. 分项工程所含的检验批均应符合合格质量的规定

B. 质量控制资料完整

C. 分项工程所含的检验批质量验收记录应完整

D. 观感质量验收应符合要求

E. 地基与基础、主体结构有关安全及功能的检验和抽样检测结果应符合有关规定

10. 分项工程质量验收合格应符合规定的是（　　）。

A. 主控项目和一般项目的质量经抽样检验合格

B. 所含的检验批均应符合合格质量的规定

C. 所含的检验批的质量验收记录应完整

D. 质量控制资料应完整

11. 分部工程质量验收合格应符合规定的是（　　）。

A. 主控项目和一般项目的质量经抽样检验合格

B. 所含的检验批均应符合合格质量的规定

C. 观感质量应符合质量要求

D. 质量控制资料应完整

12. 主体结构分部工程进行验收时的参与人员为（　　）。

A. 总监理工程师　　　　　　　　　　B. 施工单位项目负责人

C. 施工单位技术部门负责人　　　　　D. 分包单位项目负责人

13. 验收分项工程时应注意（　　）。

A. 质量控制资料是否完整

B. 核对检验批的部位、区段是否全部覆盖分项工程的范围

C. 观感质量是否符合要求

D. 检验批验收记录的内容及签字人是否正确、齐全

14. 参与分部工程质量验收的单位及人员有（　　）。

A. 监理（建设）单位；总监理工程师（建设单位项目负责人）

B. 施工单位；专职质量员

C. 勘察单位；项目负责人

D. 设计单位；项目负责人

三、案例分析题

某住宅楼工程，位于城市中心区，单位建筑面积为 32142m²，地下 2 层，地上 17 层，局部 8 层。于 2012 年 8 月 8 日进行竣工验收，在竣工验收中，参加质量验收的各方对墙体偏差验收意见不一致。

根据以上内容，回答下列问题：

（1）什么是建筑工程施工质量验收的主控项目和一般项目？

（2）建筑工程施工质量验收中单位（子单位）工程的划分原则是什么？

（3）在验收过程中，参加质量验收的各方对工程质量验收意见不一致时，可采取的解决方式有哪些？

项目三
地基与基础工程

【学习目标】

通过本项目内容的学习，使学生掌握地基与基础工程的质量控制要点，了解质量验收标准及检验方法。掌握常见地基与基础工程质量问题的处理方法。为学生将来从事工程设计、工程施工和管理工作奠定良好的基础。

【学习要求】

（1）掌握土方工程、基坑工程、地基处理工程质量控制要点及验收标准。

（2）掌握桩基工程、地下防水工程质量控制要点及验收标准。

（3）通过学习，熟练掌握常见地基与基础工程质量问题的产生原因和预防处理方法。

地基基础工程为隐蔽工程，其施工均与地下土层接触，地质资料极为重要。有时，虽有勘探资料，但常有与地质不符或没有掌握到的情况发生，致使工程不能顺利进行。为避免不必要的重大事故或损失，在施工中遇到异常情况时，应停止施工，由监理或建设单位组织勘察设计、施工等有关单位共同分析情况，解决问题，消除质量隐患，并形成文件资料。基础工程的施工又影响临近房屋和其他公共设施，对这些设施的结构情况的掌握，有利于基础工程施工的安全和质量，同时又可使设施得到保护。近几年，由于地质资料不详或临近建筑和设施没有充分重视，而造成的基础工程质量事故或临近建筑物、公共设施的破坏事故屡次发生。因此，施工前应根据《建筑地基工程施工质量验收标准》（GB 50202—2018）对地基基础部分工程施工的要求，掌握必要的资料，做到心中有数。

任务一　土方工程质量控制与验收

土方工程是地基与基础分部工程的子分部工程，对于无支护的土方工程可以划分为土方开挖和土方回填两个分项工程。土方开挖工程就是按照设计文件和工程地质条件等编制土方施工方案，按方案要求将场地开挖到设计标高，为地基与基础处理施工创造工作面。待地基与基础分部施工完毕并验收合格后，就可以将基坑回填到设计标高即土方回填工程。

一、土方开挖工程

（一）土方开挖工程质量控制

1. 土方开挖工程的施工质量控制点

（1）基底标高；

（2）开挖尺寸；

（3）基坑边坡；

（4）表面平整度；

（5）基底土质。

2. 土方开挖工程质量控制措施

（1）施工前的质量控制措施

① 施工前，应调查施工现场及其周围环境，应对施工区域内的工程地质、地下水位、地上及地下各种管线、文物、建（构）筑物，以及周围取（弃）土等情况进行调查。

② 根据建设工程的特点和要求结合建筑施工企业的具体情况，编制土方开挖方案。基坑（槽）开挖深度超过5m（含5m）时还应单独制订土方开挖安全专项施工方案（凡深度超过5m的基坑或深度未超过5m，但地质情况和周围环境较复杂的基坑，开挖前须经过专家论证后方可施工）。应对参与施工的人员逐级进行书面的安全与技术交底，并应按规定履行签字手续。

③ 土方开挖施工时，应按建筑施工图和测量控制网进行测量放线，开挖前应按设计平面图，认真检查建筑物或构筑物的定位桩或轴线控制桩；按基础平面图和放坡宽度，对基坑的灰线进行轴线和几何尺寸的复核，做好工程定位测量记录、基槽验线记录。

④ 在挖方前，应视天气及地下水位情况，做好地面排水和降低地下水位的工作。平整场地的表面坡度应符合技术要求。

（2）开挖过程中的质量控制措施

① 土方开挖时应遵循"分层开挖，严禁超挖"的原则，检查开挖顺序、平面位置、水平标高和边坡坡度。

② 土方开挖时，要注意保护标准定位桩、轴线桩、标准高程桩。要防止邻近建筑物的下沉，应预先采取防护措施，并在施工过程中进行沉降和位移观测。

③ 如果采用机械开挖，要配合一定程度的人工清土，将机械挖不到地方的弃土运到机械作业半径内，由机械运走。机械开挖到接近槽底时，用水准仪控制标高，预留20～30cm厚的土层进行人工开挖，以防止超挖。

④ 测量和校核。开挖过程中，应经常测量和校核土方的平面位置、水平标高、边坡坡度，并随时观测周围的环境变化，对地面排水和降低地下水位的工作情况进行检查和监控。

⑤ 雨期、冬期施工的注意事项。雨期施工时，要加强对边坡的保护，可适当放缓边坡或设置支护，同时在坑外侧围挡土堤或开挖水沟，防止地面水流入。冬期施工时，要防止地基受冻。

⑥ 基坑（槽）挖深要注意减少对基土的扰动。若基础不能及时施工，可预留20～30cm厚的土层不挖，待做基础时再挖。

（二）土方开挖工程检验批施工质量验收

检验批分化：一般情况下，土方开挖都是一次完成的，然后进行验槽，故大多土方开挖分项工程都只是一个检验批。但也有部分工程土方开挖分为两段施工，要进行两次验收，形成两个或两个以上检验批。在施工中，虽然形成不同的检验批，但各检验批检查和验收的内容及方法都是一样的。

1. 主控项目

土方开挖主控项目检验标准及检验方法见表3-1。

表 3-1 土方开挖主控项目检验标准及检验方法

序号	项目	允许偏差或允许值/mm					检验方法	验数量
		柱基、基坑、基槽	挖方场地平整		管沟	地（路）面基层		
			人工	机械				
1	标高	−50	±30	±50	−50	−50	用水准仪检测	柱基按总数抽查10%，但不少于5个，每个不少于2点；基坑每20m²取1点，每坑不少于2点；基槽、管沟、排水沟、路面基层每20m取1点，但不少于5点；场地平整每100～400m²取1点，但不应少于10点
2	长度、宽度（由设计中心线向两边量）	+200 −50	+300 −100	+500 −150	+100	—	用全站仪或用钢尺量	矩形平面从相交的中心线向外量两个宽度和两个长度；圆形平面以圆心为中心取半径长度在圆弧上绕一圈；梯形平面用长边和短边中心连线向外量；每边不能少于1点
3	坡率	设计要求					观察或用坡度尺检查	按设计规定坡度20m测1点，每边不少于2点

注：1. 关于主控项目"标高"：不允许欠挖是为了防止基坑底面超高而影响基础的标高。

2. 关于主控项目"边坡"：边坡坡度符合设计要求或经审批的组织设计要求。

2. 一般项目

土方开挖一般项目检验标准及检验方法见表 3-2。

表 3-2 土方开挖一般项目检验标准及检验方法

序号	项目	允许偏差或允许值/mm					检验方法	检验数量
		柱基、基坑、基槽	挖方场地平整		管沟	地（路）面基层		
			人工	机械				
1	表面平整度	20	20	50	20	20	用2m靠尺和楔形塞尺检查	每30～50m²取1点，用2m靠尺和楔形塞尺检查
2	基底土性	设计要求					观察检查或土样分析	全数检查

注：1. 一般项目的基底土性：基坑（槽）和管沟基底的土质条件（包括工程地质和水文地质条件等）必须符合设计要求，否则对整个建筑物或管道的稳定性与耐久性会造成严重影响。

2. 凡是地基与基础工程都必须验槽，验槽时现场应具备岩土工程勘察报告、轻型动力触探记录（可不进行轻型动力触探的情况除外）、地基基础设计文件、地基处理或深基础施工质量检测报告等。检验方法应由施工单位会同勘察单位、设计单位、建设单位、监理单位等各方在现场观察检查，合格后做出验槽记录。

二、 土方回填工程

（一） 土方回填工程质量控制

1. 土方回填工程的施工质量控制点

（1）标高；

（2）压实度；

（3）回填土料；

（4）表面平整度。

2. 土方回填工程质量控制措施

（1）填料质量控制包括以下两方面：

① 回填土料应符合设计要求，土料宜采用就地挖出的黏性土及塑性指数大于 4 的粉土，土内不得含有松软杂质和冻土，不得使用耕植土。土料使用前应过筛，其颗粒粒径不应大于 15mm。回填土含水率应符合压实要求，若土含水量偏高，要进行翻晒处理或渗入生石灰等；若土含水量偏低，可适当晒水湿润。

② 碎石类土、砂土和爆破石渣可用于表层以下的填料，其最大颗粒粒径不大于 50mm。

（2）施工过程质量控制应注意以下方面：

① 土方回填前应清除基底的垃圾、树根等杂物，基底有积水、淤泥时应将其抽除。例如，在松土上填方，应在基底压（夯）实后再进行。

② 填土前应检验土料含水率，土料含水率一般以"手握成团，落地开花"为宜。

③ 土方回填过程中，填筑厚度及压实遍数应根据土质、压实系数及所用机具确定。如果无试验依据，应符合相应规定，见表 3-3。

表 3-3 填土施工时的分层厚度及压实遍数

压实机具设备	分层厚度/mm	每层压实遍数	压实机具设备	分层厚度/mm	每层压实遍数
平碾	250～300	6～8	柴油打夯机	200～250	3～4
振动压实机	250～350	3～4	人工打夯	<200	3～4

④ 基坑（槽）回填应在相对两侧或四周同时、对称进行回填和夯实。

⑤ 回填管沟应通过人工作业方式先将管子周围的填土回填夯实，并应从管道两边同时进行，直到管顶 0.5m 以上。此时，在不损坏管子的前提下，方可用机械填土回填夯实。注意：管道下方若夯填不实，易造成管道受力不匀而使其折断、渗漏。

⑥ 冬期和雨期施工要制订相应的专项施工方案，防止基坑灌水、塌方及基土受冻。

（二）土方回填工程检验批施工质量验收

检验批划分：土方回填分项工程检验批的划分可根据工程实际情况按施工组织设计进行确定，可以按室内和室外划分为两个检验批，也可以按轴线分段划分为两个或两个以上检验批。若工程项目较小，也可以将整个填方工程作为一个检验批。

1. 主控项目

土方回填主控项目检验标准及检验方法见表 3-4。

表 3-4 土方回填主控项目检验标准及检验方法

序号	项目	允许偏差或允许值/mm					检验方法	检验数量
		柱基、基坑、基槽	挖方场地平整		管沟	地（路）面基层		
			人工	机械				
1	标高	−50	±30	±50	−50	−50	用水准仪检测	柱基按总数抽查 10%，但不少于 5 个，每个不少于 2 点；基坑每 20m² 取 1 点，每坑不少于 2 点；基槽、管沟、路面基层每 20m 取 1 点，但不少于 5 点；地面基层每 30～50m² 取 1 点，但不应少于 5 点

序号	项目	允许偏差或允许值/mm					检验方法	检验数量
		柱基、基坑、基槽	挖方场地平整		管沟	地（路）面基层		
			人工	机械				
2	分层压实系数	设计要求					按规定方法	柱基坑回填，抽查基坑总数10%，但不少于5个，基槽和管沟回填每层按长度每20～50m取样1组，但每层不少于1组；基抗和室内回填上每层按100～500m²取样1组，但每层不少于1组；场地平整填方，每层按400～900m²取样1组，但每层不少于1组，每一独立基础下地基填土至少取样一组；基槽地基填土每20延米应有1组

注：1. 检查方法：环刀取样或用小轻便触探仪，若采用灌砂法取样可适当减少。

2. 质量标准：填方密实后的干密度，应有90%以上符合设计要求；其余10%的最低值与设计值之差不得大于0.08g/cm²，且不宜集中，干密度由设计方提供。

3. 对有密度要求的填方，在夯实或压实之后，要对每层回填土的质量进行检验。一般采用环刀取样测定土的干密度和密实度或用小轻便触控仪直接通过锤击数来检验干密度和密实度，符合设计要求后，才能填筑上层。

2. 一般项目

土方回填一般项目检验标准及检验方法见表3-5。

表3-5　土方回填一般项目检验标准及检验方法

序号	项目	允许偏差或允许值/mm					检验方法	检验数量
		柱基、基坑、基槽	场地平整		管沟	地（路）面基层		
			人工	机械				
1	回填土料	设计要求					取样检查或直观鉴别	按同一种类土每100m²抽检一组
2	分层厚度及含水量	设计要求					用水准仪检测及抽样检查	柱基坑回填，抽查基坑总数抽查10%，但不少于5个，基槽和管沟回填每层按长度每20～50m取样1组，但每层不少于1组；基坑和室内回填土每层按100～500m²取样1组，但每层不少于1组；场地平整填方，每层按400～500m²取样1组，但每层不少于1组，每一独立基础下地基填土至少取样一组；基槽地基填土每20延米应有1组
3	表面平整度	20	20	30	20	20	用靠尺检查或用水准仪检测	地基基层每30～50m²取1点，但不小于5点，场地平整每100～400m²取一点，但至少检10点

任务二　基坑工程质量控制与验收

浅基础一般小范围进行垂直或放坡开挖即可解决问题，而对于深基础，由于基坑深度较大，如果放坡开挖，需要很大的施工用地，边坡稳定性不易保证，因此须采取垂直开挖，同时必须有相应的支护体系以保证边坡稳定。

基坑工程为子分部工程，一般包括排桩墙支护工程、水泥土桩墙支护工程、锚杆及土钉墙支护工程、钢或混凝土支撑系统，以及基坑降水工程与排水工程等分项工程。

一、排桩墙支护工程

（一）排桩墙支护工程质量控制

1. 钢筋混凝土灌注桩墙支护工程

（1）用于排桩墙的灌注桩，成排施工顺序应根据土质情况制定排桩施工间隔距离，防止后续施工桩机具破坏已完成桩的桩身混凝土。

（2）在成孔机械的选择上，尽量选用有导向装置的机具，减少钻头晃动造成的扩径而影响邻桩钻进施工。

（3）施工前做试成孔，决定不同土层孔径和转速的关系参数，按试成孔获得的参数钻进，防止扩孔（以上测试由打桩单位自检完成，不需另外检测）。

（4）当用水泥土搅拌桩做隔水帷幕时，应先进行水泥土搅拌桩施工。

（5）混凝土灌注桩质量检查要点同桩基础——混凝土灌注桩。

2. 钢板桩排桩墙支护工程

（1）钢板桩检验　钢板桩材质检验和外观检验，对焊接钢板桩，尚需进行焊接部位的检验。对用于基坑临时支护结构的钢板桩，主要进行外观检验，并对不符合形状要求的钢板桩进行矫正，以减少打桩过程中的困难。

（2）钢板桩的打设　先用吊车将钢板桩吊至插桩点处进行插桩，插桩时锁口要对准，每插入一块即套上桩帽轻轻加以锤击。在打桩过程中，为保证钢板桩的垂直度，用两台经纬仪在两个方向加以控制。为防止锁口中心线平面位移，可在打桩进行方向的钢板桩锁口处设卡板，阻止板桩位移。同时在围檩上预算出每块板块的位置，以便随时检查校正。

钢板桩分几次打入，如第一次由 20m 高打至 15m，第二次则打至 10m，第三次打至导梁高度，待导架拆除后第四次才打至设计标高。

打桩时，开始打设的第一、二块钢板桩的打入位置和方向要确保精度，它可以起样板导向作用，一般每打入 1m 测量一次。

（3）钢板桩拔除　在进行基坑回填土时，要拔除钢板桩，以便修整后重复使用。拔除前要研究钢板桩拔除顺序、拔除时间及桩孔处理方法。

钢板桩的拔除，从克服板桩的阻力着眼，根据所用拔桩机械，拔桩方法有静力拔桩、振动拔桩和冲击拔桩。

（二）排桩墙支护工程检验批施工质量验收

检验批划分：在施工方案中确定，划分原则是相同规格、材料、工艺和施工条件的排桩支护工程，每 300 根桩划分为一个检验批，不足 300 根也应为一个检验批。

排桩墙支护包括灌注桩、预制桩、板桩等构成支护结构。

灌注桩、预制桩按规范规定标准验收。钢板桩、混凝土板桩按如下要求验收。

1. 重复使用钢板桩验收

钢板桩为工厂生产。新桩按出厂标准验收，重复使用钢板，每次使用应按规定进行验收。只有一般项目不符合要求的，可以修理或挑出来。

重复使用钢板桩一般项目检验标准及检验方法见表 3-6。

表 3-6　重复使用钢板桩一般项目检验标准及检验方法

序号	检查项目	允许偏差或允许值		检验方法	检验数量
		单位	数量		
1	桩垂直度	％	<1	用钢尺量	每检验批抽 20％，且不少于 10 根
2	桩身弯曲度	mm	<2％L（L 为桩长）	用钢尺量	每检验批抽 20％，且不少于 10 根
3	齿槽平直度及光滑度	无电焊渣或毛刺		用 1m 长的桩段做通过试验	每检验批抽 20％，且不少于 10 根
4	桩长度	不少于设计长度		用钢尺量	每检验批抽 20％，且不少于 10 根

2. 混凝土板桩验收

（1）主控项目　混凝土板桩主控项目检验标准及检验方法见表 3-7。

表 3-7　混凝土板桩主控项目检验标准及检验方法

序号	检查项目	允许偏差或允许值		检验方法	检验数量
		单位	数量		
1	桩长度	mm	+10　0	用钢尺量	全数检查
2	桩身弯曲度	mm	<0.1％L（L 为桩长）	用钢尺量	全数检查

（2）一般项目检验　混凝土板桩一般项目检验标准及检验方法见表 3-8。

表 3-8　混凝土板桩一般项目检验标准及检验方法

序号	检查项目	允许偏差或允许值		检验方法	检验数量
		单位	数量		
1	保护层厚度	mm	±5	用钢尺量	为单元槽段总数量的 10％，且不少于 5 个槽段，不足 5 个槽段的全数检查
2	桩截面相对两面之差	mm	5	用钢尺量	为单元槽段总数量的 10％，且不少于 5 个槽段，不足 5 个槽段的全数检查
3	桩尖对桩轴线的位移	mm	10	用钢尺量	为单元槽段总数量的 10％，且不少于 5 个槽段，不足 5 个槽段的全数检查
4	桩厚度	mm	+10　0	用钢尺量	为单元槽段总数量的 10％，且不少于 5 个槽段，不足 5 个槽段的全数检查
5	凹凸槽尺寸	mm	±3	用钢尺量	为单元槽段总数量的 10％，且不少于 5 个槽段，不足 5 个槽段的全数检查

二、　水泥土桩墙支护工程

水泥土柱墙支护结构指水泥土搅拌桩墙（包括加筋水泥土搅拌桩墙）、高压喷射注浆桩墙所构成的围护结构。加筋水泥土搅拌桩是在水泥土搅拌桩内插入筋性材料如型钢、钢板桩、混凝土板桩、混凝土工字梁等。这些筋性材料可以拔出，也可不拔，视具体条件而定。如要拔出，应考虑相应的填充措施，而且应同拔出的时间同步，以减少周围的土体变形。

（一）水泥土桩墙支护工程质量控制

（1）测量放线分三个层次做。第一层：先放出工程轴线，请有关方确认。第二层：根据工程轴线放出加筋水泥土搅拌桩墙的轴线，请有关方确认工程轴线与加筋水泥土轴线的间隔距离。第三层：根据已确认的加筋水泥土搅拌桩墙轴线，放出加筋水泥土桩墙施工沟槽的位置，放线时应考虑施工垂直度偏差和确保内衬结构施工达到规范标准。

（2）对加筋水泥土搅拌桩墙位置要求严格的工程，施工沟槽开挖后应放好定位型钢，施工每一根插入型钢时予以对比调整。

（3）水泥土搅拌事先做工艺试桩，确定搅拌机钻孔下沉、提升速度，严格控制喷浆速度与下沉、提升速度匹配，并做到原状土充分破碎、水泥浆与原状土拌和均匀。

（4）当发生输浆管堵塞时，在恢复喷浆时立即把搅拌钻具上提或下沉 1.0m 后再继续注浆，重新注浆时应停止下沉或提升 10～20s 喷浆，以保证接桩强度和均匀性。

（5）严格按照工序施工。

（6）插入型钢的表面应均匀地涂刷减摩剂。

（7）水泥土搅拌结束后，型钢起吊，用经纬仪调整型钢的垂直度，达到垂直度要求后下插型钢，利用水准仪控制型钢的顶标高，保证型钢的插入深度，型钢的对接接头应放在土方开挖标高以下。

（二）水泥土桩墙支护工程检验批施工质量验收

检验批划分：相同规格、材料、工艺和施工条件的水泥土搅拌桩地基，每 300 根划分为一个检验批，不足 300 根按一个检验批验收。

1. 水泥土搅拌桩墙支护工程检验批施工质量验收

（1）主控项目　水泥土搅拌桩墙支护主控项目检验标准及检验方法见表 3-9。

表 3-9　水泥土搅拌桩墙支护主控项目检验标准及检验方法

序号	检查项目	允许偏差或允许值		检验方法	检验数量
		单位	数量		
1	水泥及外掺剂质量	设计要求		检查产品合格证书或抽样送检	按进场的批次和产品的抽样检验方案确定
2	水泥用量	参数指标		检查水泥土桩配合比试验报告及施工记录	按同一生产厂家、同一等级、同一品种、同一批号且连续进场的水泥，袋装不超过 200t 为一批，散装不超过 500t 为一批，每批抽样不少于一次
3	桩体强度	设计要求		检查水泥土强度实验报告	相同材料、相同工艺，每 50m² 每一工作台班不少于一组试件
4	地基承载力	设计要求		检查单桩载荷实验报告和复合地基荷载实验报告	其承载力检验，数量为总数的 0.5%～1%，但不少于 3 处。有单桩强度检验要求时，数量为总数的 0.5%～1%，但不应少于 3 根

（2）一般项目　水泥搅拌墙支护一般项目检验标准及检验方法见表 3-10。

表 3-10　水泥搅拌墙支护一般项目检验标准及检验方法

序号	检查项目	允许偏差或允许值		检验方法	检验数量
		单位	数量		
1	机头提升速度	m/min	≤0.5	检查上升距离及时间	全数检查
2	桩底标高	mm	+200	测机头深度	全数检查
3	桩顶标高	mm	+100，-50	用水准仪（取上部500mm 不计入）检测	全数检查
4	桩位偏差	mm	<50	用钢尺	全数检查
5	桩径	mm	<0.04D	用钢尺量，D 为桩径	全数检查
6	垂直度	%	≤1.5	用经纬仪检测	全数检查
7	搭接	mm	>200	用钢尺	全数检查

2. 高压喷射注浆桩墙支护工程检验批施工质量验收

（1）主控项目　高压喷射浆桩墙支护主控项目检验标准及检验方法见表 3-11。

表 3-11　高压喷射浆桩墙支护主控项目检验标准及检验方法

序号	检查项目	允许偏差或允许值		检验方法	检验数量
		单位	数量		
1	水泥及外掺剂质量	设计要求		检查产品合格证书或抽样送检	按进场的批次和产品的抽样检验方案确定
2	水泥用量	设计要求		查看流量计及水泥浆水灰比	按同一生产厂家、同一等级、同一品种、同一批号且连续进场的水泥，袋装不超过 200t 为一批，散装不超过 500t 为一批，每批抽样不少于一次
3	桩体强度或完整性检验	设计要求		按规定办法	全数检查
4	地基承载力	按基桩基础技术规范		按基桩检测技术规范	按基桩检测技术规范

（2）一般项目　高压喷射注浆桩墙支护一般项目检验标准及检验方法见表 3-12。

表 3-12　高压喷射注浆桩墙支护一般项目检验标准及检验方法

序号	检查项目	允许偏差或允许值		检验方法	
		单位	数量		
1	钻孔位置	m	≤50	用钢尺	
2	钻孔垂直度	%	≤1.5	用经纬仪测钻杆或实测	
3	孔深	mm	±200	用钢尺	根据经批准的施工方案
4	注浆压力	按设定参数指标		查看压力表	
5	桩体搭接	mm	>200	用钢尺	
6	桩体直径	mm	≤50	开挖后用钢尺量	
7	桩身中心允许偏差	mm	≤0.2D	开挖后在桩顶下 500mm 处用钢尺量，D 为桩径	

3. 加筋水泥土搅拌桩墙支护工程检验批施工质量验收

加筋水泥土搅拌桩墙支护工程均为一般项目。加筋水泥土搅拌桩墙支护一般项目检验标准及检验方法见表 3-13。

表 3-13　加筋水泥土搅拌桩墙一般项目检验标准及检验方法

序号	检查项目	允许偏差或允许值		检验方法	检验数量
		单位	数量		
1	型钢长度	mm	±10	用钢尺量	
2	型钢垂直度	%	<1	用经纬仪检测	根据经批准的施工方案
3	型钢插入标高	mm	±30	用水准仪检测	
4	型钢插入平面位置	mm	10	用钢尺量	

三、 锚杆及土钉墙支护工程

（一） 锚杆及土钉墙支护工程质量控制

（1）锚杆及土钉墙支护工程施工前应熟悉地质资料、设计图纸及周围环境，降水系统应确保正常工作，必需的施工设备如挖掘机、钻机、压浆泵、搅拌机等应能正常运转。

（2）一般情况下，应遵循分段开挖、分段支护的原则，不宜按一次挖就再行支护的方式施工。

（3）施工中应对锚杆或土钉位置，钻孔直径、深度及角度，锚杆或土钉插入长度，注浆配比、压力及注浆量，喷锚墙面厚度及强度、锚杆或土钉应力等进行检查。

（4）每段支护体施工完后，应检查坡顶或坡面位移，坡顶沉降及周围环境变化，如果异常情况应采用措施，恢复正常后方可继续施工。

（二） 锚杆及土钉墙支护工程检验批施工质量验收

检验批划分：相同材料、工艺和施工条件的按 300m² 或 100 根划分为一个检验批，不足 300m² 或不足 100 根的也应分化为一个检验批。

1. 主控项目

锚杆及土钉支护主控项目检验标准及检验方法见表 3-14。

表 3-14　锚杆及土钉支护主控项目检验标准及检验方法

序号	检查项目	允许偏差或允许值		检验方法	检验数量
		单位	数量		
1	锚杆土钉长度	mm	±30	用钢尺量	根据经批准的施工方案
2	锚杆锁定力	设计要求		现场实测	

2. 一般项目

锚杆及土钉支护一般项目检验标准及检验方法见表 3-15。

表 3-15　锚杆及土钉支护一般项目检验标准及检验方法

序号	检查项目	允许偏差或允许值		检验方法	检验数量
		单位	数量		
1	锚杆或土钉位置	mm	±100	用钢尺量	根据经批准的施工方案
2	钻孔倾斜度	（°）	±1	测钻机倾角	
3	浆体强度	设计要求		试样送检	
4	注浆量	大于理论计算浆量		检查计量数据	
5	土钉墙面厚度	mm	±10	用钢尺量	
6	墙体强度	设计要求		试样送检	

四、 钢或混凝土支撑系统工程

（一） 质量控制

（1）施工前应熟悉支撑系统的图纸及各种计算工况；掌控开挖及支撑设置的方式、预顶力及周围环境保护的要求。

（2）施工过程中应严格控制开挖和支撑的程序及时间，对支撑的位置（包括立柱及立柱桩的位置）、每层开挖深度、预加顶力（如需要）、钢围檩与围护体或支撑与围檩的密贴度应做周密检查。

（3）全部支撑安装结束后，仍应维持整个系统的正常运转直至支撑全部拆除。

（4）作为永久性机构的支撑系统尚应符合《混凝土结构工程施工质量验收规范（2010年修订版）》（GB 50204—2002）的要求。

（二）检验批施工质量验收

检验批的划分：按有关施工质量验收规范及现场实际情况划分。

1. 主控项目

钢或混凝土支撑主控项目检验标准及检验方法见表 3-16。

表 3-16　钢或混凝土支撑主控项目检验标准及检验方法

序号	检查项目	允许偏差或允许值		检验方法	检验数量
		单位	数量		
1	支撑位置，标高平面	mm	30 100	用水准仪检查 用钢尺量	根据经批准的施工方案确定
2	预加顶紧力	kN	±50	检查油泵读数或传感器	

2. 一般项目

钢或混凝土支撑一般项目检验标准及检验方法见表 3-17。

表 3-17　钢或混凝土支撑一般项目检验标准及检验方法

序号	检查项目	允许偏差或允许值		检验方法	检验数量
		单位	数量		
1	围檩标高	mm	30	用水准仪检查	根据经批准的施工方案确定
2	立柱桩	参见《建筑地基工程施工质量验收标准》（GB 50202—2018）第五章		参见《建筑地基工程施工质量验收标准》（GB 50202—2018）第五章	
3	立柱位置：标高平面	mm mm	30 50	用水准仪检查 用钢尺量	
4	开挖超深（开槽放支撑不在此范围）	mm	<200	用水准仪检查	
5	支撑安装时间	设计要求		用钟表估测	

五、降水与排水工程

（一）质量控制

1. 轻型井点

（1）井管布置应考虑挖土机和运土车辆出入方便。

（2）井管与基坑壁的距离一般可取 0.7～1m，以防局部发生漏气。

（3）集水总管标高宜尽量接近地下水位线，并沿抽水水流方向有 0.25%～0.5%的上仰坡度。

（4）井点管在转角部位宜适当加密。

2. 喷射井点

（1）打设前应对喷射井管逐根冲洗，开泵时压力要小一些，正常后逐步开足，以防止喷射器损坏。

（2）井点全面抽水 2d 后，应更换清水，以后要视水质浑浊程度定期更换清水。

（3）工作水压力以能满足降水要求即可，以减轻喷嘴的磨耗程度。

3. 电渗井点

（1）电渗井点的阳极外露地面 20～40cm，入土深度应比井点管深 50cm，以保证水位能降到所要求的深度。

（2）为避免大量电流从土表面通过，降低电渗效果，通电前应清除阴极、阳极之间地面上无关的金属和其他导电物，并使地面保持干燥，有条件可涂一层沥青，绝缘效果会更好。

4. 管井井点

（1）滤水管井埋设宜采用泥浆护壁套管钻孔法。

（2）管井下沉前应进行清孔，并保持滤网畅通，然后将滤水管井居中插入，用圆木堵住管口，地面以下 0.5m 以内用黏土填充夯实。

（3）管井井点埋设孔应比管井的外径大 200mm 以上，以便在管井外侧与土壁之间用 3～15mm 砾石填充做过滤层。

5. 排水施工

（1）监理员控制排水沟的位置，应在基础轮廓线以外，不小于 0.3m 处（沟边缘离坡脚）的位置。

（2）集水井深一般低于排水沟 1m 左右，监理人员与施工单位有关人员根据排水沟的来水量和水泵的排水量共同决定其容量大小。应保证泵停抽 10～15min 后基坑坑底不被地下水淹没。

（3）集水井底应铺上一层粗砂，监理员控制其厚度为 10～15cm，或分为两层：上层为砾石层 10cm 厚，下层为粗砂层 10cm 厚。

（4）监理人员可建议施工单位在集水井四面围起木板桩，板桩深入挖掘底面 0.5～0.75m。

（5）当发现集水井井壁容易坍塌时，监理员应要求施工人员用挡土板或用砖干砌围护，井底铺 30cm 厚的碎石、卵石做反滤层。

（二）检验批施工质量验收

检验批划分：相同材料、工艺和施工条件的井管为一个检验批，排水按 500～1000m^2 划分为一个检验批，不足 500m^2 的也应划分为一个检验批。

降水与排水工程没有主控项目，只有一般项目。降水与排水工程一般项目检验标准及检验方法见表 3-18。

表 3-18　降水与排水工程一般项目检验标准及检验方法

序号	检查项目	允许偏差或允许值		检验方法	检验数量
		单位	数量		
1	排水沟坡度	‰	1～2	目测：坑内不积水，沟内排水畅通	根据经批准的施工方案确定
2	井管（点）垂直度	%	1	插管时目测	
3	井管（点）间距（与设计相比）	%	≤150	用钢尺量	
4	井管（点）插入深度（与设计相比）	mm	≤200	用水准仪检查	
5	过滤砂砾料填灌（与设计相比）	mm	≤5	检查回填料用量	
6	井点真空度：轻型井点　喷射井点	kPa	>60　>93	真空度表	
7	电渗井点阴极、阳极距离：轻型井点　喷射井点	mm	80～100　120～150	用钢尺量	

任务三 地基处理工程质量控制与验收

一、灰土地基工程

（一）质量控制

（1）铺设前应先检查基槽，待合格后方可施工。

（2）灰土的体积配合比应满足一般规定，一般来说，体积比为3∶7或2∶8。

（3）灰土施工时，应适当控制其含水量，采用最优含水量，以手握成团、两指轻捏能碎为宜，如土料水分过多或不足，可以晾干或洒水润湿。灰土应拌和均匀、颜色一致，拌好应及时铺设夯实。铺土厚度按表3-19规定，厚度用样桩控制。每层灰土夯打遍数应根据设计的干土质量密度在现场试验确定。

表 3-19 灰土最大虚铺厚度

序号	夯实机具种类	质量/t	虚铺厚度/mm	备注
1	石夯	0.04～0.08	200～250	人力送夯，落距400～500mm。一夯压半夯，夯实后80～100mm厚
2	轻型夯实机械	0.12～0.4	200～250	蛙式夯机、采油打夯机。夯实后100～150mm厚
3	压路机	6～10	200～250	双轮

（4）在地下水位以下的基槽、基坑内施工时，应先采取排水措施，一定要在无水的情况下施工。应注意夯实后的灰土3d内不得受水浸泡。

（5）灰土分段施工时，不得在墙角、柱墩及承重窗间墙下接缝，上下相邻两层灰土的接缝间距不得小于500mm，接缝处的灰土应充分夯实。

（6）灰土夯实后，应及时进行基础施工，并随时准备回填土；否则，须做临时遮盖，防止日晒雨淋。如刚夯实完毕或还未打完夯实的灰土，突然受雨淋浸泡，则须将积水及松软土上除去并补填夯实，稍微受到浸泡的灰土，可以在晾干后再补夯。

（7）冬季施工时，应采取有效的防冻措施，不得采用冻土或含有冻土的土块作为灰土地基的材料。

（8）质量检查可以用环刀取样测土质量密度，按设计要求不小于表3-20的规定。

表 3-20 灰土质量标准

项次	土料种类	灰土最小土质量密度/（g/cm³）
1	粉土	1.55～1.60
2	粉质黏土	1.50～1.55
3	黏土	1.45～1.50

（9）确定贯入度时，应先进行现场试验。

（二）检验批施工质量验收

检验批划分：地基基础的检验批划分原则为一个分项划为一个检验批。

1. 主控项目

灰土地基主控项目检验标准及检验方法见表3-21。

表 3-21　灰土地基主控项目检验标准及检验方法

序号	检查项目	允许偏差或允许值		检验方法	检验数量
		单位	数量		
1	地基承载力	设计要求		按规定方法	根据经批准的施工方案确定
2	配合比	设计要求		按拌和时的体积比	
3	压实系数	设计要求		现场实测	

2. 一般项目

灰土地基一般项目检验标准及检验方法见表 3-22。

表 3-22　灰土地基一般项目检验标准及检验方法

序号	检查项目	允许偏差或允许值		检验方法	检验数量
		单位	数量		
1	石灰粒径	mm	≤5	筛选法	根据经批准的施工方案确定
2	土料有机质含量	%	≤5	实验室焙烧法	
3	土颗粒粒径	mm	≤5	筛选法	
4	含水量（与要求的最优含水量比较）	%	±2	烘干法	
5	分层厚度偏差（与设计相比）	mm	±50	用水准仪检查	

二、 砂和砂石地基工程

（一） 质量控制

（1）铺设前应先验槽，清除基底表面浮土、淤泥杂物。地基槽底如有孔洞、沟、井、墓穴应先填实，基底无积水。槽应有一定坡度，防止振捣时塌方。

（2）砂石级配应根据设计要求或现场试验确定，拌和应均匀，然后铺夯填实，可选用振实或夯实等方法。

（3）由于垫层标高不尽相同，施工时应分段施工，接头处应做成斜坡或阶梯搭接，并按先深后浅的顺序施工。搭接处每层应错开 0.5～1.0m，并注意充分捣实。

（4）砂石地基应分层铺垫、分层夯实。每层铺设厚度、捣实方法按规范规定选用。每铺好一层垫层，经干密度检验合格后方可进行上一层施工。

（5）当地下水位较高或在饱和软土地基上铺设砂和砂石时，应加强基坑边坡稳定性措施，或采取降低地下水位措施，使地下水位降低到基坑底 500mm 以下。

（6）当采用水撼法或插振法施工时，以振捣棒振幅半径的 1.75 倍为间距（一般为 400～500mm）插入振捣，依次振实，以不再冒气泡为准，直至完成；同时应采取措施做好注水和排水的控制。垫层接头应重叠振捣，插入式振动棒振完所留孔洞应用砂填实；在振动首层的垫层时，不得将振动棒插入原土层或基槽边部，以免泥土混入砂垫层而降低砂垫层的强度。

（7）垫层铺设完毕，应立即进行下道工序的施工，严禁人员及车辆在砂石层面上行走，必要时应在垫层上铺设板供行走。

（8）冬季施工时，应注意防止砂石内水分冻结，须采用相应的防冻措施。

（二） 质量验收

检验批的划分：地基基础的检验批划分原则为一个分项划为一个检验批。

1. 主控项目

砂和砂石地基主控项目检验标准及检验方法见表 3-23。

表 3-23　砂和砂石地基主控项目检验标准及检验方法

序号	检查项目	允许偏差或允许值		检验方法	检验数量
		单位	数量		
1	地基承载力	设计要求		按规定方法	
2	配合比	设计要求		按拌和时的体积比或质量比	根据经批准的施工方案确定
3	压实系数	设计要求		现场实测	

2. 一般项目

砂和砂石地基一般项目检验标准及检验方法见表 3-24。

表 3-24　砂和砂石地基一般项目检验标准及检验方法

序号	检查项目	允许偏差或允许值		检验方法	检验数量
		单位	数量		
1	砂石料有机质含量	%	≤5	焙烧法	
2	砂石料含泥量	%	≤5	水洗法	
3	石料粒径	mm	≤100	筛选法	根据经批准的施工方案确定
4	含水量（与最优含水量比较）	%	±2	烘干法	
5	分层厚度（与设计要求比较）	mm	−50	用水准仪检查	

任务四　桩基工程质量控制与验收

桩基是一种深基础，桩基一般由设置于土中的桩和承接上部结构的承台组合，桩基工程是地基与基础分部工程的子分部工程。根据类型不同，桩基工程可以分为静力压柱、预应力离心管桩、钢筋混凝土预制桩、钢桩、混凝土灌注桩的分项工程。

一、静力压桩工程

（一）质量工程

1. 柱质量控制

钢筋混凝土预制桩、锚杆静压成品桩、先张法预应力管桩，在制成或者运到施工现场后，经质量检验合格后方可使用，并核查出厂合格证与产品质量是否相符。

2. 柱定位控制

压桩前对以放线定位的桩位按施工图进行系统的轴线复核，并检查定位桩一旦受到外力影响时，第二套控制桩是否安全可靠及能否立刻投入使用。桩位的放样、群桩控制在 20mm 偏差之内，单排桩控制在 10mm 之内，做好定位放线记录，压桩过程应对每根桩位复核，防止因压桩后引起桩位的偏移。

3. 桩位过程检验

当桩顶设计标高低于施工场地标高，送桩后无法对桩位进行检查时，对压入桩可在每根桩顶沉至场地标高后，在送桩前对每根桩的轴线位置进行中间验收，符合允许偏差范围，方可送桩到位。待全部桩压入后，承台或底板开挖至设计标高时，再做桩的轴线位置最终验收。

4. 压桩顺序

（1）根据基础设计标高，宜先深后浅；根据桩的规格，宜先大后小、先长后短。

（2）根据桩的密集程度可采用自中间向两个方向对称进行，自中间向四周进行及由一侧向单一方向进行。

5. 桩身垂直度控制

（1）场地应平整，有足够的承载力，保证桩架稳定垂直。

（2）压梁中心桩锤、桩帽和桩身应在同一中心线上。

（3）桩或桩管插入时垂直度偏差不得超过 0.5%。

（4）沉桩时，用两台经纬仪从两个面（构成 90°的两个面）控制沉桩的垂直度。

6. 接桩的节点要求

（1）焊接接桩　钢材宜用低碳钢。接桩处如有间隙应用铁皮填实焊牢，对称焊接、焊缝连续饱满，并注意焊接变形。焊接温度冷却 1min 后方可压实。

（2）硫黄胶泥接桩

① 选用半成品硫黄胶泥。

② 浇筑硫黄胶泥的温度，控制在 140～150℃范围内。

③ 浇筑时间不得超过 2min。

④ 上下节桩连接的中心线偏差不得大于 10mm，节点弯曲矢高不得大于 $1/1000L$（L 为两节桩长）。

⑤ 硫黄胶泥灌筑后需停息的时间应大于 7min。

⑥ 硫黄胶泥半成品应每 100kg 做一组试件（一组 3 件）。

（二）检验批施工质量验收

检验批划分：按有关施工质量验收规范及现场实际情况划分。

1. 主控项目

静力压桩主控项目检验标准及检验方法见表 3-25。

表 3-25　静力压桩主控项目检验标准及检验方法

序序号	检查项目	允许偏差或允许值		检验方法	检验数量
		单位	数量		
1	桩体质量检验	按基桩检测技术规范		按基桩检测技术规范	根据经批准的施工方案确定
2	桩位偏差	按规范要求		用钢尺量	
3	承载力	按基桩检测技术规范		按基桩检测技术规范	

2. 一般项目

静力压桩一般项目检验标准及检验方法见表 3-26。

表 3-26　静力压桩一般项目检验标准及检验方法

序号	检查项目	允许偏差或允许值		检验方法	检验数量
		单位	数量		
1	成品桩质量：外观、外形尺寸、强度	表面平整，颜色均匀，掉角深度小于10mm，蜂窝面积小于总面积的0.5%，按规范要求满足设计要求		直观，按规范要求检查产品合格证书或钻芯试压	根据经批准的施工方案确定
2	硫黄胶泥质量（半成品）	设计要求		检查产品合格证书或抽样送检	
3	接桩 电焊接桩：焊缝质量	按规范要求		按规范要求	
	电焊结束后停歇时间	min	＞1.0	用秒表测定	
	硫黄胶泥接桩：胶泥浇筑时间	min	＜2	用秒表测定	
	浇筑后停歇时间	min	＞7	用秒表测定	
4	电焊条质量	设计要求		检查产品合格证书	
5	压桩压力（设计有要求时）	%	±5	检查压力表读数	
6	接桩时上下节平面偏差 接桩时节点弯曲矢高	mm	＜10 ＜1/1000L	用钢尺量 用钢尺量	
7	桩顶标高	mm	±50	用水准仪检查	

二、　先张法预应力管桩工程

（一）　质量控制

（1）设备要求

① 打入法施工可采用国产导杆式柴油打桩机、轮胎式两用打桩机、规带式导杆支撑打桩机（可打斜桩），打入法施工应严格按设计规定选择锤重。

② 斜桩沉桩机械一般采用 K35 采油打桩机，由于打斜桩桩架受力性能改变。因此要对桩架、顶升架及打桩机的稳定性进行复核，不能满足要求时应进行加固。对桩帽应设滑槽并支撑于桩架的滑杆上，使其与桩架平行，在桩架的底部增加一个活动卡桩器，以保证桩倾角正确而桩不会外倾。

（2）施工前应检查进入现场的成品桩、接桩用电焊条等产品质量。先张法预应力管桩均为工厂生产后运到现场施打，工厂生产时的质量检验应由生产单位负责，但运入工地后，打桩单位有必要对外观尺寸进行检验并检查合格证书。

（3）施工过程中应检查桩的贯入情况、桩顶完整状况、电焊接桩质量、桩体垂直度、电焊后的停歇时间。重要工程应对电焊接头做 10% 的焊缝探头检查。先张法预应力管桩强度较高，锤击力性能比一般混凝土预制桩好，抗裂性强。因此，总的锤击数较高，相应的电焊接桩质量要求也高，尤其是电焊后要有一定的间歇时间，不能焊完即锤击，这样容易使接头损伤。为此，对重要工程应对接头做 X 光检查。

（4）施工结束后，应做承载力检验及桩体质量检验。由于锤击次数多，对桩体质量进行检验是很有必要的，可检查桩体是否被打裂、电焊接头是否完整。

（二）检验批施工质量验收

检验批划分：按有关施工质量验收规范及现场实际情况划分。

1. 主控项目

先张法预应力管桩主控项目检验标准及检验方法见表3-27。

表3-27　先张法预应力管桩主控项目检验标准及检验方法

序号	检查项目	允许偏差或允许值		检验方法	检验数量
		单位	数量		
1	桩体质量检验	按基桩检测技术规范		按基桩检测技术规范	根据经批准的验收方案确定
2	桩位偏差	按规范要求		用钢尺量	
3	承载力	按基桩检测技术规范		按基桩检测技术规范	

2. 一般项目

先张法预应力管桩一般项目检验标准及检验方法见表3-28。

表3-28　先张法预应力管桩一般项目检验标准及检验方法

序号	检查项目		允许偏差或允许值		检验方法	检验数量
			单位	数量		
1	成品桩质量	外观	无蜂窝、露筋、裂缝、色感均匀、桩顶处无孔隙		直观	根据经批准的施工方案确定
2		桩径	mm	±5	用钢尺量	
		管壁厚度	mm	±5	用钢尺量	
		桩尖中心线	mm	<2	用钢尺量	
		顶面平整度	mm	10	用水平尺量	
		桩体弯曲	mm	<1/1000L（L为桩长）	用钢尺量	
3	接桩	焊缝质量	按规范要求		规范规定要求	
		电焊结束后停歇时间	min	>1.0	用秒表测定	
		上下节平面偏差	min	<10	用钢尺量	
		节点弯曲矢高	min	<1/1000L（L为桩长）	用钢尺量	
4	停锤标准		设计要求		现场实测或查沉桩记录	
5	桩顶标高		mm	±50	用水准仪检查	

三、 混凝土灌注桩工程

（一）质量控制

（1）施工前应对水泥、砂、石子（如现场搅拌）、钢材等原材料进行检查，对施工组织设计中制订的施工顺序、监测手段（包括仪器、方法）也应检查。

（2）施工中应对成孔、清渣、放置钢筋笼、灌注混凝土等进行全过程检查，人工挖孔桩尚应复验孔底持力层土（岩）性。嵌岩桩必须有桩端持久力层的岩性报告。

（3）成孔深度应符合下列要求：

① 摩擦型桩。摩擦型桩以设计桩长控制成孔深度；端承摩擦型桩必须保证设计桩长及桩端进入持力层深度；当采用锤击沉管法成孔时，桩管入土深度控制以标高为主、以贯入度控制为辅。

② 端承型桩。当采用冲（钻）、挖掘成孔时，必须保证桩孔进入设计持力层的深度；当用锤击沉管法成孔时，沉管深度控制以贯入度为主、以设计持力层为辅。

（4）灌注桩成孔施工的允许偏差见表 3-29。

表 3-29　灌注桩成孔施工的允许偏差

序号	成孔方法		桩径偏差 /mm	垂直度允许偏差/%	桩位允许偏差/mm	
					单桩、条形桩基沿垂直轴线方向和群桩的边桩	条形桩基沿轴线方向和群桩的中间桩
1	泥浆护壁冲（钻）孔桩	$D \leqslant 1000mm$	± 50	<1	$D/6$ 且不大于 100	$D/4$ 且不大于 150
		$D > 100mm$			$100+0.01H$	$150+0.01H$
2	锤击（振动）沉管、振动冲击沉管成孔	$D \leqslant 500mm$	-20	<1	70	150
		$D > 500mm$			100	
3	螺旋钻、机动洛阳铲钻孔扩底				70	
4	人工挖孔桩	现浇混凝土护壁	$+50$	<0.5	50	200
		长钢套管护壁		<1	100	

注：1. 桩径允许偏差的负值是指个别断面。

2. H 为施工现场地面标高与桩顶设计标高的距离；D 为设计桩径。

（5）钢筋笼的制作应符合下列要求：

① 钢筋的种类、钢号及规格尺寸应符合设计要求。

② 钢筋笼的绑扎场地宜选择现场内运输和就位都较方便的地方。

③ 钢筋笼的绑扎顺序是先将主筋间距布置好，待固定住架立筋后，再按规定的间距绑扎箍筋。主筋净距必须大于混凝土粗骨料粒径 3 倍以上。主筋与架立筋、箍筋之间的节点固定可用电弧焊接等方法。主筋一般不设弯钩，根据施工工艺要求所设弯钩不得向内圆伸露，以免妨碍导管工作。钢筋笼的内径应比导管接头处外径大 100mm 以上。

④ 从加工、控制变形及搬运、吊装等综合因素考虑，钢筋笼不宜过长，应分段制作，钢筋分段长度一般为 8m 左右。但对于长桩，在采取一些辅助措施后，也可为 12m 左右或更长一些。

⑤ 为防止钢筋笼在搬运、吊装和安放时变形，可采取下列措施：

a. 每隔 2.0～2.5m 设置加劲箍筋一道，加劲箍筋宜设置在主筋外侧；在钢筋笼内每隔 3～4m 装一个可拆卸的十字形临时加劲架，在钢筋笼安放入孔后再拆除。

b. 在直径 2～3m 的大直径桩中，可使用角钢或扁钢作为架立钢筋，以增大钢筋笼的刚度。

c. 在钢筋笼外侧或内侧的轴线方向安设支柱。

（6）钢筋笼的堆放、搬运和起吊应严格执行规程，应考虑放入孔的顺序、钢筋笼变形等因素。堆放时，支垫数量要足够，支垫位置要适当，以堆放两层为好。如果能合理使用架立筋牢固绑扎，可以堆放三层。对在堆放、搬运和起吊过程中已经发生变形的钢筋笼，应进行维修后再使用。

（7）混凝土灌注桩钢筋笼质量检验标准见表 3-30。

表 3-30　混凝土灌注桩钢筋笼质量检验标准

项目	序号	检查项目	允许偏差或允许值/mm	检验方法
主控项目	1	主筋间距	± 10	用钢尺量
	2	长度	± 10	用钢尺量
一般项目	1	钢筋材质检验	设计要求	抽样送检
	2	箍筋间距	± 20	用钢尺量
	3	直径	± 10	用钢尺量

（8）钢筋笼入孔前，要先进行清孔。清孔时应把泥渣清理干净，保证实际有效孔深满足设计要求，以免钢筋笼放不到设计深度。

（9）钢筋笼安放入孔要对准孔位，垂直缓慢地放入孔内，避免碰撞孔壁。钢筋笼放入孔内后，要立即采用措施固定好位置。当桩长度较大时，钢筋笼采用逐段接长放入孔内。先将第一段钢筋笼放入孔中，利用其上部架立筋暂时固定在护筒（泥浆护壁钻孔桩）或套管（贝诺托桩）等上部，然后吊起第二段钢筋笼对准位置后，其接头用焊接连接。钢筋笼安放完毕后，一定要检测确认钢筋笼顶端的高度。

（10）钢筋笼主筋保护层应符合下列要求。

① 为确保钢筋笼主筋保护层的厚度，可采取下列措施：

a. 在钢筋笼周围主筋上每隔一定间距设置混凝土垫块，混凝土垫块根据保护层厚度及孔径设计。

b. 用导向钢管控制保护层厚度，钢筋笼由导管中放入，导向钢管长度宜与钢筋笼长度一致，在灌注混凝土过程中再分段拔出导管或灌注完混凝土后一次拔出。

c. 在主筋外侧安设定位器，其外形呈圆弧状突起。定位器在贝诺托法（又称套管法）中通常使用直径为9~13mm的普通圆钢，在反循环钻成孔法和钻斗钻成孔法中，为了防止桩孔侧面受到损坏，大多使用宽度为50mm左右的钢板，长度为400~500mm，在同一断面上定位器有4~5处，沿桩长的间距为2~10m。

② 主筋的混凝土保护层厚度不应小于50mm（水下浇筑混凝土桩），或不应小于30mm（非水下浇筑混凝土桩）。

③ 钢筋笼主筋的保护层允许偏差：水下浇筑混凝土桩±20mm；非水下浇筑混凝土桩±10mm。

（11）施工结束后，应检查混凝土强度，并应做桩体质量及承载力的检验。

（二）检验批施工质量验收

检验批划分：同一规格，相同材料、工艺和施工条件的混凝土灌注桩，每300根桩划分为一个检验批，不足300根的也应划分为一个检验批。

灌注桩混凝土强度检验的试件应在施工现场随机抽取，来自同一搅拌站的混凝土，每浇筑50m³必须至少留置一组试件；当混凝土浇筑量不足50m³，每连续浇筑12小时必须至少留置1组试件。对单柱单桩每根桩至少留置1组试件。

1. 主控项目

混凝土灌注桩主控项目检验标准及检验方法见表3-31。

表 3-31　混凝土灌注桩主控项目检验标准及检验方法

序号	检查项目	允许偏差或允许值		检验方法	检验数量
		单位	数量		
1	桩位	规范规定要求		基坑开挖前量护筒，开挖后量桩中心	根据经批准的施工验收方案确定
2	孔深	mm	+300	按有关施工质量验收规范及现场实际情况划分	
3	桩体质量检验	按基桩检测技术规范。如钻芯取样，大直径嵌岩桩应钻至桩尖下50mm		检查检测报告	
4	混凝土强度	设计要求		试件报告或钻芯取样送检	
5	承载力	按基桩检测技术规范		按基桩检测技术规范	

2. 一般项目

混凝土灌注桩一般项目检验标准及检验方法见表3-32。

表 3-32　混凝土灌注桩一般项目检验标准及检验方法

序号	检查项目	允许偏差或允许值		检验方法	检验数量
		单位	数量		
1	垂直度	规范规定要求		测大管或钻杆，或用超声波探测，干施工时吊垂球	全数
2	桩径	规范规定要求		用井径仪或超声波检测，干施工时吊垂球	全数
3	泥浆相对密度（黏土或砂性土中）	1.15～1.20		用密度计测，清孔后在距孔底 50cm 处取样	全数
4	泥浆面标高（高于地下水位）	m	0.5～1.0	目测	全数
5	沉渣厚度：端承桩、摩擦型桩	mm	≤50	用沉渣仪或重锤测量	全数
6	混凝土坍落度：水下灌注　干施工	mm　mm	≤160～220　70～100	用坍落度仪检测	每工班不少于 4 次
7	钢筋笼安装深度	mm	±100	用钢尺量	全数
8	混凝土充盈系数	>1		检查每根桩的实际灌注量	全数
9	桩顶标高	mm	+30 −50	用水准仪检测，需扣除桩顶浮浆层及劣质桩体	全数

任务五　地下防水工程质量控制与验收

地下防水工程是地基与地基分部工程的子分部工程，其分项工程的划分应符合表 3-33 的规定。

表 3-33　地下防水工程的分项工程划分

子分部工程		分项工程
地下防水工程	主体结构防水	防水混凝土、水泥砂浆防水层、卷材防水层、涂料防水层、塑料防水板和防水层、金属板防水层、膨润土防水材料防水层
	细部构造防水	施工缝、变形缝、后浇带、穿墙管、埋设件、预留通道接头、桩头、孔口、坑、池
	特殊施工法结构防水	锚喷支护、地下连续墙、盾构隧道、沉井、逆筑结构
	排水	渗排水、盲沟排水、隧道排水、坑道排水、塑料排水板排水
	注浆	预注浆、后注浆、结构裂缝注浆

一、防水混凝土工程

（一）质量控制

1. 材料要求

（1）水泥的选择应符合下列规定：

① 宜采用普通硅酸盐水泥或硅酸盐水泥，采用其他品种水泥时应经试验确定；

② 在受侵蚀性介质作用时，应按介质的性质选用相应的水泥品种；

③ 不得使用过期或受潮结块的水泥，并不得将不同品种或强度等级的水泥混合使用。

（2）砂、石的选择应符合下列规定：

① 砂宜选用中粗砂，含泥量不应大于 3.0%，泥块含量不宜大于 1.0%。

② 不宜使用海砂；在没有使用河砂的条件时，应对海砂进行处理后才能使用，且控制氯离子含量不得大于 0.06%。

③ 碎石或卵石的粒径宜为 5～40mm，含泥量不应大于 1.0%，泥块含量不应大于 0.5%。

④ 对长期处于潮湿环境的重要结构混凝土用砂、石，应进行碱活性检验。

（3）矿物掺合料的选择应符合下列规定：

① 粉煤灰的级别不应低于Ⅱ级，烧失量不应大于 5%；

② 硅粉的比表面积不应小于 15000m²/kg，二氧化硅含量不应小于 85%；

③ 粒化高炉矿渣粉的品质要求应符合《用于水泥和混凝土中的粒化高炉矿渣粉》（GB/T 18046）的有关规定；

（4）混凝土拌和用水，应符合《混凝土用水标准》（JGJ 63—2006）的有关规定。

（5）外加剂的选择应符合下列规定：

① 外加剂的品种和用量应经试验确定，所用外加剂应符合《混凝土外加剂应用技术规范》（GB 50119—2013）的质量规定；

② 掺加引气剂或引气型减水剂的混凝土，其含气量宜控制在 3%～5%；

③ 考虑外加剂对硬化混凝土收缩性能的影响；

④ 严禁使用对人体产生危害、对环境产生污染的外加剂。

2. 防水混凝土的配合比

防水混凝土的配合比应经试验确定，并应符合下列规定：

（1）试配要求的抗渗水压值应比设计值提高 0.2MPa。

（2）混凝土胶凝材料总量不宜小于 320kg/m³，其中水泥用量不宜小于 260kg/m³，粉煤灰掺量宜为胶凝材料总量的 20%～30%，硅粉的掺量宜为胶凝材料总量的 2%～5%。

（3）水胶比不得大于 0.50，有侵蚀性介质时水胶比不宜大于 0.45。

（4）砂率宜为 35%～40%，泵送时可增至 45%。

（5）灰砂比宜为 1:1.5～1:2.5。

（6）混凝土拌合物的氯离子含量不应超过胶凝材料总数的 0.1%；混凝土中各类材料的总碱量即氧化钠当量不得大于 3kg/m³。

3. 混凝土拌制和浇筑过程质量控制

（1）拌制混凝土所用材料的品种、规格和用量，每工作班检查不应少于两次。每盘混凝土各组成材料计量结果的允许偏差应符合表 3-34 的规定。

表 3-34　混凝土组合材料计量结果的允许偏差

混凝土组成材料	每盘计量/%	累计计量/%
水泥、掺合物	±2	±1
粗、细骨料	±3	±2
水、外加剂	±2	±1

注：累计计量仅适用计算机控制计量的搅拌站。

（2）混凝土在浇筑地点的坍落度，每工作班至少检查两次。混凝土的坍落度试验应符合《普通混凝土拌和物性能试验方法标准》（GB/T 50080）的有关规定。混凝土实测的坍落度与要求坍落度之间的偏差应符合表 3-35 的规定。

表 3-35　混凝土坍落度允许偏差

要求坍落度/mm	允许偏差/mm
≤40	±10
50~90	±15
>90	±20

（3）防止混凝土采用预拌混凝土时，入泵坍落度宜控制在 120~160mm，坍落度每小时损失不应大于 20mm，坍落度总损失值不应大于 40mm。

（4）泵送混凝土在交货地点的入泵坍落度，每工作班至少检查两次。混凝土入泵时的坍落度允许偏差应符合表 3-36 的规定。

表 3-36　混凝土入泵时的坍落度允许偏差

所需坍落度/mm	允许偏差/mm
≤100	±20
>100	±30

（5）当防水混凝土拌合物在运输后出现离析，必须进行二次搅拌。当坍落度损失后不能满足施工要求时，应加入原水胶比的水泥浆或掺加同品种的减水剂进行搅拌，严禁直接加水。

4. 防水混凝土抗压强度控制

防水混凝土抗压强度试件，应在混凝土浇筑地点随机取样后制作，并应符合下列规定。

（1）同一工程、同一配合比的混凝土，取样频率与试件留置组数应符合《混凝土结构工程施工质量验收规范》（GB 50204—2015）的有关规定。

（2）抗压强度试验应符合《普通混凝土力学性能试验方法标准》（GB/T 50107—2010）的有关规定。

5. 防水混凝土抗渗性能控制

防水混凝土抗渗性能应采用标准条件下养护混凝土抗渗试件的试验结果评定，试件应在混凝土浇筑地点随机取样后制作，并应符合下列规定：

（1）连续浇筑混凝土每 500m³ 应留置一组 6 个抗渗试件，且每项工程不得少于两组；采用预拌混凝土的抗渗试件，留置组数应视结构的规模和要求而定。

（2）抗渗性能试验应符合《普通混凝土长期性能和耐久性能试验方法标准》（GB/T 50082—2009）的有关规定。

6. 大体积防水混凝土的施工过程控制

大体积防水混凝土的施工应采取材料选择、温度控制、保温保湿等技术措施。在设计许可的情况下，掺粉煤灰混凝土设计强度等级的龄期宜为 60d 或 90d。

（二）检验批施工质量验收

检验批划分：在施工方案中确定，按不同地下层的层次、变形缝、施工段或施工面积划分，同时不超过 500m²（展开面积）为一个检验批。假定某高层地下室结构，地下室地板和周围地下室混凝土墙都是防水混凝土，按照设计要求，地下室地板和周围地下室墙体分开施工，留设了水平施工缝；又因为建筑物较长，在建筑物的长度方向设置了后浇带（地下室地板没有），这样防水混凝土分项工程就形成了 3 个检验批（注意：因设置了后浇带，在此处形成了一个细部构造分项工程检验批）。若设计中地下室地板或周围地下室墙体的混凝土又由不同的抗渗等级组成，检验批的数量还要增加。

检验批的抽样检验数量：防水混凝土分项工程检验批的抽样检验数量，应按混凝土外露面积每 100m² 抽查 1 处，每处 10m³，且不得少于 3 处。

1. 主控项目

防水混凝土主控项目检验标准及检验方法见表 3-37。

表 3-37　防水混凝土主控项目检验标准及检验方法

序号	项目	质量标准及要求	检验方法
1	原材料、配合比及坍落度	防水混凝土的原材料、配合比及坍落度必须符合设计要求及有关标准的规定	检查出厂合格证、质量检验报告、配合比通知单、计量措施和现场抽样试验报告
2	抗压强度、抗渗压力	防水混凝土的抗压强度和抗渗压力必须符合设计要求	检查混凝土抗压、抗渗试验报告
3	细部做法	防水混凝土的变形缝、施工缝、后浇带、穿墙管道、埋设件等设置和构造，均需符合设计要求，严禁有渗漏	观察检查和检查隐蔽工程验收记录

2. 一般项目

防水混凝土一般项目检验标准及检验方法见表 3-38。

表 3-38　防水混凝土一般项目检验标准及检验方法

序号	项目	质量标准及要求	检验方法
1	表面质量	防水混凝土结构表面应坚实、洁净、平静、干燥，不得有露筋、蜂窝等缺陷；埋设件的位置应正确	观察和尺量检查
2	裂缝宽度	防水混凝土结构表面的裂缝宽度不应大于 0.2mm，并不得贯通	用刻度放大镜检查
3	防水混凝土结构厚度及迎水面钢筋保护层厚度	防水混凝土结构厚度不应小于 250mm，其允许偏差为 +15mm、-10mm；迎水面钢筋保护层厚度不应小于 50mm，其允许偏差为 ±10mm	用尺量和检查隐蔽工程验收记录

二、卷材防水层工程

（一）质量控制

（1）卷材防水层应采用高聚物改性沥青防水卷材和合成高分子防水卷材。所选用的基层处理剂、胶黏剂、密封材料等配套材料，均应与铺贴的卷材材性相容。

目前，国内外用的主要卷材品种有：高聚物改性沥青防水卷材，如 SBS、APP 等防水卷材；合成高分子防水卷材，有三元乙丙、氯化聚乙烯、聚氯乙烯等防水卷材，该类材料具有延伸率较大、对基层伸缩或开裂变形适应性较强的特点，适用于地下防水施工。不同种类卷材的配套材料不能相互混用，否则有可能发生腐蚀侵害或达不到黏结质量标准。

（2）铺贴防水卷材前，应将找平层清扫干净。在基面上涂刷基层处理剂；当基面较潮湿时，应涂刷湿固化型胶黏剂或潮湿界面隔离剂。

（3）两幅卷材短边和长边的搭接宽度均不应少于 100mm。采用多层卷材时，上下两层和相邻两幅卷材的接缝应错开 1/4 幅宽，且两层卷材不得相互垂直铺贴。

建筑工程地下防水的卷材铺贴方法，主要采用冷黏法和热熔法。底板垫层混凝土平面部位的卷材宜采用空铺法、点黏法或条黏法，其他与混凝土结构相接触的部位应采用满铺法。

（4）冷黏法铺贴卷材应符合下列规定：

① 胶黏剂涂刷应均匀，不露底，不堆积。

② 铺贴卷材时应控制胶黏剂涂刷与卷材铺贴的间隔时间，排除卷材下面的空气，并辊压黏结牢固，不得有空鼓。

③ 侧墙宜采用聚苯乙烯泡沫塑料保护层或砌保护砖墙（边砌边填实）和铺抹 30mm 厚水泥砂浆。

（二）检验批施工质量验收

检验批划分：在施工方案中确定，按地下楼层、变形缝、施工段及施工面积划分，同时不超过 500m²（展开面积）为一个检验批。

1. 主控项目

卷材防水层主控项目检验标准及检验方法见表 3-39。

表 3-39　卷材防水层主控项目检验标准及检验方法

序号	项目	质量标准及要求	检验方法	检验数量
1	材料要求	卷材防水层所用卷材及主要配套材料必须符合设计要求	检查出厂合格证、质量检验报告和现场抽样试验报告	按铺贴面积每 100m² 抽查 1 处，每处 10m²，且不得少于 3 处
2	细部做法	卷材防水层及其转角处、变形缝、穿墙管道等细部做法均需符合设计要求	观察检查和检查隐蔽工程验收记录	

2. 一般项目

卷材防水层一般项目检验标准及检验方法见表 3-40。

表 3-40　卷材防水层一般项目检验标准及检验方法

序号	项目	质量标准及要求	检验方法	检验数量
1	基层	卷材防水层的基层应牢固，基面应洁净、平整，不得有空鼓、松动、起砂和脱皮现象，基层阴阳角处应做成圆弧形	观察检查和检查隐蔽工程验收记录	按铺贴面积每 100m² 抽查 1 处，每处 10m²，且不得少于 3 处
2	搭接缝	卷材防水层的搭接缝应黏（焊）结牢固、密封严密，不得有皱褶、翘边和鼓泡等缺陷	观察检查	
3	保护层	侧墙卷材防水层的保护层与防水层应黏结牢固、结合紧密、厚度均匀一致	观察检查	
4	卷材搭接宽度的允许偏差	卷材搭接宽度的允许偏差为 10mm	观察和尺量检查	

三、细部构造防水工程

（一）质量控制

（1）防水混凝土结构的变形缝、施工缝、后浇带等细部构造，应采用止水带、遇水膨胀橡胶腻子止水条等高分子防水材料和接缝密封材料。

地下工程应设置封闭严密的变形缝，变形缝的构造应以简单可靠、易于施工为原则。选用变形缝的构造形式和材料时，应根据工程特点、地基或结构变形情况及水压、水质影响等因素，适应防水混凝土结构的伸缩和沉降的需要，并保证防水结构不被破坏。对水压大于0.3MPa、变形量为20～30mm、结构厚度大于或等于300mm的变形缝，应采用中埋式橡胶止水带；对环境温度高于50℃、结构厚度大于或等于30mm的变形缝，可采用2mm厚的紫铜片或3mm厚的不锈钢等金属止水带，其中间呈圆弧形。

（2）变形缝的防水施工应符合下列规定：

① 止水带宽度和材质的物理性能均应符合设计要求，无裂缝和气泡；接头应采用热接不得叠接，接缝平整、牢固，不得有裂口和脱胶现象。

② 中埋式止水带中心线应和变形缝中心线重合，止水带不得穿孔或用铁钉固定。

③ 变形缝设置中埋式止水带时，混凝土浇筑前应校正止水带位置，表面清理干净，止水带损坏处应修补。顶、底板止水带的下侧混凝土应振捣密实。边墙止水带内外侧混凝土应均匀，保持止水带位置正确、平直，无卷曲现象。

④ 变形缝处增设的卷材或涂料层，应按设计要求施工。

（3）施工缝的防水施工应符合下列规定：

① 水平施工缝浇筑混凝土前，应将其表面浮浆和杂物清除，铺水泥砂浆或涂刷混凝土界面处理剂并及时浇筑混凝土。

② 垂直施工缝浇筑混凝土前，应将其表面清理干净，涂刷混凝土界面处理剂并及时浇筑混凝土。

③ 施工缝采用遇水膨胀橡胶腻子止水条时，应将止水条牢固地安装在缝表面预留槽内。

④ 施工缝采用中埋式止水带时，应确保止水带位置准确、固定牢靠。

（4）后浇带的防水施工应符合下列规定：

① 后浇带应在其两侧混凝土龄期达到42d后再施工。

② 后浇带的接缝处理与施工缝相同。

③ 后浇带应采用补偿收缩混凝土，其强度等级不得低于两侧混凝土。

④ 后浇带混凝土养护时间不得少于28d。

（5）穿墙管道的防水施工应符合下列规定：

① 穿墙管止水环与主管或翼环与套管应连续满焊，并做好防腐处理。

② 穿墙管处防水层施工前，应将套管内表面清理干净，套管内的管道安装完毕后，应在两管间嵌入内衬填料，端部用密封材料填缝。柔性穿墙时，穿墙内侧应用法兰压紧。

③ 穿墙管外侧防水层应铺设严密，不留接槎；增铺附加层时，应按设计要求施工。

（6）埋设件的防水施工符合下列规定：

① 埋设件端部或预留孔（槽）底部的混凝土厚度不得小于250mm；当厚度小于250mm时，必须局部加厚或采用其他防水措施。

② 预留地坑、孔洞、沟槽内的防水层，应与孔（槽）外的结构防水层保持连续。

③ 固定模板用的螺栓必须穿过混凝土结构时，螺栓或套管应满焊止水环或翼环；采用工具式螺栓或螺栓加堵头做法，拆模后应采取加强防水措施将留下的凹槽封堵密实。

（7）密封材料的防水施工应符合下列规定：

① 检查黏结基层的干燥程度及接缝的尺寸，接缝内部的杂物应清理干净。

② 热灌法施工应自下向上进行并尽量减少接头，接头应采用斜槎；密封材料熬制及浇灌温度应按有关材料要求严格控制。

③ 冷嵌法施工应分次将密封材料嵌填在缝内，压嵌密实并与缝壁黏结牢固，防止裹入空气。接头应采用斜槎。

④ 接缝处的密封材料底部应嵌填背衬材料，外露密封材料上应设置保护层，其宽度不得小于 100mm。

（二）检验批施工质量验收

检验批划分：在施工方案中确定，根据建筑物地下室的部位和分段施工的要求划分。

1. 主控项目

细部构造工程主控项目检验标准及检验方法见表 3-41。

表 3-41　细部构造工程主控项目检验标准及检验方法

序号	项目	质量标准及要求	检验方法	检验数量
1	材料要求	卷材防水层所用卷材及主要配套材料必须符合设计要求	检验出厂合格证、质量检验报告和现场抽样试验报告	全数检查
2	细部做法	卷材防水层及其转角处、变形缝、穿墙管道等细部做法均需符合设计要求	观察检查和检查隐蔽工程验收记录	

2. 一般项目

细部构造工程一般项目检验标准及检验方法见表 3-42。

表 3-42　细部构造工程一般项目检验标准及检验方法

序号	项目	质量标准及要求	检验方法	检验数量
1	止水带埋设	中埋式止水带中心线应与变形缝中心线重合，止水带应固定牢靠、平直并不得有扭曲现象	观察检查和检查隐蔽工程验收记录	全数检查
2	穿墙管止水环加工	穿墙管止水环与主管或翼环与套管应连续满焊，并做防腐处理		
3	接缝密封材料	接缝处混凝土表面应密实、洁净、干燥，密封材料应嵌填严密、黏结牢固，不得有开裂、鼓泡和下坍现象	观察检查	

四、 地下防水子分部工程质量验收

（一）基本规定

（1）地下防水工程必须由持有资质等级证书的防水专业队伍进行施工，主要施工人员应持有省级及以上建设行政主管部门或其指定单位颁发的执业资格证书或防水专业岗位证书。

（2）地下防水工程施工前，应通过图纸会审，掌握结构主体及细部构造的防水要求，施工单位应编制防水工程专项施工方案，经监理单位或建设单位审查批准后执行。

（3）地下工程所使用防水材料的品种、规格、性能等必须符合现行国家或行业产品标准和设计要求。防水材料必须经具备相应资质的检测单位进行抽样检验，并出具产品性能检测报告。地下工程使用的防水材料及其配套材料，应符合《建筑防水涂料中有害物质限量》（JC 1066—2008）的规定，不得对周围环境造成污染。

（4）地下防水工程的施工，应建立各道工序的自检、交接检和专职人员检查的制度，并有完整的检查记录；工程隐蔽前应由施工单位通知有关单位进行验收，并形成隐蔽工程验收记录；未经监理单位或建设单位代表对上道工序的检查确认，不得进行下道工序的施工。

（5）地下防水工程的分项工程检验批和抽样检验数量应符合下列规定：

① 主体结构防水工程和细部构造防水工程应按结构层、变形缝或后浇带等施工段划分检验批。

② 特殊施工法结构防水工程应按隧道区间、变形缝等施工划分检验批。

③ 排水工程和注浆工程应各为一个检验批。

④ 各检验批的抽样检验数量：细部构造应为全数检查，其他均应符合《地下防水工程质量验收规范》（GB 50208—2011）的规定。

（6）地下工程应按设计的防水等级标准进行验收。地下工程渗漏水调查与检测应按《地下防水工程质量验收规范》（GB 50208—2011）附录 C 执行。

（二）具体要求

（1）地下防水工程质量验收的程序和组织，应符合《建筑工程施工质量验收统一标准》（GB 50300—2013）的有关规定。

（2）检验批的合格判定应符合下列规定：

① 主控项目的质量经抽样检验全部合格。

② 一般项目的质量经抽样检验 80% 以上检测点合格，其余不得有影响使用功能的缺陷；对有允许偏差的检验项目，其最大偏差不得超过《地下防水工程质量验收规范》（GB 50208—2011）规定允许偏差的 1.5 倍。

③ 施工具有明确的操作依据和完整的质量检查记录。

（3）分项工程质量验收合格应符合下列规定：

① 分项工程所含检验批的质量均应验收合格；

② 分项工程所含检验批的质量验收记录应完整。

（4）子分部工程质量验收合格应符合下列规定：

① 子分部所含分项工程的质量均应验收合格；

② 质量控制资料应完整；

③ 地下工程渗漏水检测应符合设计的防水等级标准要求；

④ 观感质量检查应符合要求。

（5）地下防水工程竣工和记录资料应符合表 3-43 的规定。

表 3-43　地下防水工程竣工和记录资料

序号	项目	竣工和记录资料
1	防水设计	施工图、设计交底记录、图纸会审记录、设计变更通知单和材料代用核定单
2	资质、资格证明	施工单位资质证明及施工人员上岗证复印件
3	施工方案	施工方法、设计措施、质量保证措施
4	技术交底	施工操作要求及安全等注意事项
5	材料质量证明	产品合格证、产品性能检测报告、材料进场检测报告
6	混凝土、砂浆质量证明	试配及施工配合比、混凝土抗压强度、抗渗性能检验报告，砂浆黏结强度、抗渗性能检验报告

序号	项目	竣工和记录资料
7	中间检查记录	施工质量验收记录、隐蔽工程验收记录、施工检查记录
8	检验记录	渗漏检测记录、观感质量检查记录
9	施工日志	逐日施工情况
10	其他资料	事故处理报告、技术总结

（6）地下防水工程应对下列部位做好隐蔽工程验收记录：

① 防水层的基层；

② 防水混凝土结构和防水层被掩盖的部位；

③ 施工缝、变形缝、后浇带等防水构造做法；

④ 管道穿过防水层的封固部位；

⑤ 渗排水层、盲沟和坑槽；

⑥ 结构裂缝注浆处理部位；

⑦ 衬砌前围岩渗漏水处理部位；

⑧ 基坑的超挖和回填。

（7）地下防水工程的观感质量检查应符合下列规定：

① 防水混凝土密实，表面应平整，不得有露筋、蜂窝等缺陷；裂缝宽度不得大于 0.2mm，并不得贯通。

② 水泥砂浆防水层应密实、平整，黏结牢固，不得有空鼓、裂纹、起砂、麻面等缺陷。

③ 卷材防水层接缝应粘贴牢固，封闭严密，防水层不得有损伤、空鼓、褶皱等缺陷。

④ 涂料防水层与基层黏结牢靠，不得有脱皮、流淌、鼓泡、露胎、褶皱等缺陷。

⑤ 塑料防水层应铺设牢固、平整，搭接焊缝严密，不得有下垂、绷紧、破损现象。

⑥ 金属板防水层焊缝不得有裂纹、未熔合、夹渣、焊瘤、咬边、烧穿、弧坑、针状气孔等缺陷。

⑦ 施工缝、变形缝、后浇带、穿墙管、埋设件、预留通道接头、桩头、孔口、坑、池等防水构造应符合设计要求。

⑧ 锚喷支护、地下连续墙、盾构隧道、沉井、逆筑结构等防水构造应符合设计要求。

⑨ 排水系统不淤积、不堵塞，确保排水畅通。

⑩ 结构裂缝的注浆效果应符合设计要求。

（8）地下工程出现渗漏水时，应及时进行治理，符合设计的防水等级标准要求后方可验收。

（9）地下防水工程验收后，应填写子分部工程质量验收记录，随同工程验收资料分别由建设单位和施工单位存档。

任务六　地基基础工程常见质量问题分析

一、关于基坑工程

在基坑（槽）或管沟工程等开挖施工中，当现场不宜进行放坡开挖，且可能对邻近建（构）筑物、地下管线、永久性道路产生影响时，应对基坑（槽）管壁进行支护后再开挖。

目前基坑支护的主要方法有：排桩墙支护、水泥土桩墙支护、锚杆及土钉墙支护、钢或混凝土支撑、地下连续墙、沉井与沉箱、降水与排水等。基坑支护虽然不是直接构成工程实体的一部分，但对工程施工过程中的安全来说却有重大意义，也应成为监督的重要内容。

1. 常见质量问题一： 位移

支护结构向基坑内侧产生位移，从而导致桩后地面沉降和附近房屋裂缝、边坡出现滑移、失去稳定。

预防措施：

（1）支护结构挡土桩截面及入土深度应严格计算，防止漏算桩顶地面堆土、行驶机械、运输车辆、堆放材料等附加荷载；

（2）灌注桩与阻水旋喷桩间必须严密结合，使之形成封闭止水幕，阻止桩后土壤在动水压力作用下大量流入基坑；

（3）基坑开挖前应将整个支护系统包括土层锚杆、桩顶圈梁等施工完成，挡土桩应达到强度，以保证支护结构的强度和整体刚度，减少变形；

（4）锚杆施工必须保证锚杆能深入到可靠锚固层内；

（5）施工时，应加强管理，避免在支护结构上大量堆载和停放挖土机械和运输汽车；

（6）基坑开挖前应进行降水，以减少桩侧土压力和水流入基坑使桩产生位移；

（7）当经监测出现位移时，应在位移较大部位卸荷和补桩，或在该部位进行水泥压浆加固土层。

2. 常见质量问题二： 管涌及流砂

基坑开挖时，基坑底部的土产生流动状态，随地下水流一起从坑底或四周涌入基坑，引起周围地面沉陷、建筑物裂缝。

预防措施：

（1）施工前应加强地质勘察，探明土质情况；

（2）挡土桩宜穿透基坑底部粉细砂层；

（3）当挡土桩间存在间隙，应在背面设旋喷止水桩挡水，避免出现流水缺口，造成水土流失或涌入基坑；

（4）桩嵌入基坑底深度应经计算确定，应使土颗粒的浸水密度大于桩侧上渗动水压力；

（5）止水桩设计应使其与挡土桩相切，保持紧密结合，以提高支护刚度和起到帷幕墙的作用；

（6）施工中应先采用井点或深井对基坑进行有效降水；

（7）大型机械行驶及机械开挖应防止损坏给、排水管道，发现破裂应及时修复。

3. 常见质量问题三： 塌方

基坑开挖中支护结构失效，边坡局部大面积失稳塌方。

预防措施：

（1）挡土桩设计应有足够的刚度、强度，并用顶部圈梁连成整体；

（2）土层锚杆应深入到坚实土层内，并灌浆密实；

（3）挡土桩应有足够入土深度，并嵌入到坚实土层内，保证支护结构的整体稳定性；

（4）基坑开挖前应先采用有效降水方法，将地下水降低到开挖基底 0.5m 以下；

（5）应防止随挖随支护，特别要按设计规定程序施工，不得随意改动支护结构的受力状态或在支护结构上随意增加支护设计未考虑的大量施工荷载。

对重要的基坑工程应进行必要的监测，监测内容有：

（1）支护结构的变形；

（2）基坑周边的地面变形；

（3）邻近工程和地下设施的变形；

（4）地下水位；

（5）渗漏、冒水、冲刷、管涌等情况。

基坑支护验收时应具备下列资料：

（1）施工记录和竣工图。

（2）边坡工程与周围建筑物位置关系图。

（3）原材料出厂合格证、复验报告。

（4）混凝土强度试验报告，砂浆试块抗压强度试验报告。

（5）锚杆抗拔试验报告。

（6）边坡和周围建筑物变形监测报告。

（7）设计变更通知、重大问题处理文件和技术洽商记录。

二、关于地基钎探、验槽

1. 常见质量问题一：钎探深度不足，钎探结论不明确

预防措施：

（1）钎探的目的是为了探明基底的基础持力层内有无坟坑、墓穴、防空洞以及土质不均匀等情况，一般来说持力层深度为条基宽度的 3 倍左右、独立基础边长的 1.5 倍，且二者均不小于 5m。所以目前工程中实际钎探的深度达不到地基的主要持力层深度，因此应由设计明确钎探深度，并应按设计要求的深度进行钎探。

（2）在建筑工程开槽挖至设计标高后，应按设计要求进行钎探，并应做好记录；钎探记录包括钎探点平面布置图和钎探记录表，钎探记录应有钎探结论，并应符合下列要求：

① 钎探点平面布置图应与实际基槽（坑）相一致，应标出方向及基槽（坑）各轴线，各轴线号要与设计基础图相一致；

② 钎探点的布置应符合工程设计文件及有关规范、标准的要求；

③ 钎探平面布置图上各点应与现场各钎探点一一对应，不得有误；图上各点应沿基槽（坑）方向按顺序编号，并将距槽边的尺寸、布点形式详细标注在图上。

④ 钎探记录表中各步锤数应为现场实际打钎的锤击数，钎探深度应符合设计要求。钎探过程中如出现异常情况，应在备注栏中注明。

⑤ 地基需作处理时，应将处理部位的尺寸、标高、轴线位置等情况详细标注到钎探平面图中，并应有处理情况的检查验收记录。

2. 常见质量问题二：地基验槽内容不全面

预防措施：

基槽检验工作应包括下列内容：

（1）应做好验槽准备工作，熟悉勘察报告，了解拟建建筑物的类型和特点，研究基础设计图纸及环境监测资料。当遇有下列情况时，应列为验槽的重点：

① 当持力土层的顶部标高有较大的起伏变化时；

② 基础范围内存在两种以上不同成因类型的地层时；

③ 基础范围内存在局部异常土质或坑穴、古井、老地基或古迹遗址时；

④ 基础范围内遇有断层破碎带、软弱岩脉以及湮废河、湖、沟、坑等不良地质条件时；

⑤ 在雨季或冬季等不良气候条件下施工，基底土质可能受到影响时。

（2）验槽应首先核对基槽的施工位置。平面尺寸和槽底标高的允许误差，可视具体的工程情况和基础类型确定。验槽方法宜使用袖珍贯入仪等简便易行的方法为主，必要时可在槽底普遍进行轻便钎探，当持力层下埋有下卧砂层而承压水头高于基底时，则不宜进行钎探，以免造成涌砂。当施工揭露的岩土条件与勘察报告有较大差别或者验槽人员认为必要时，可有针对性地进行补充勘察工作。

（3）基槽检验报告是岩土工程的重要技术档案，应做到资料齐全，及时归档。

三、关于几种常见地基处理方法

（一）换填垫层法

1. 常见质量问题一：接槎位置不正确，接槎处不密实

预防措施：

接槎位置应按规范规定位置留设；分段分层施工应做成台阶形，上下两层接缝应错开 0.5m 以上，每层虚铺应从接槎处往前延伸 0.5m，夯实时夯达 0.3m 以上，接槎时再切齐，再铺下段夯实。

2. 常见质量问题二：不按规定进行压实系数及承载力检验

预防措施：

（1）换填垫层地基竣工验收应采用载荷试验检验其承载力，原则上每 300m² 1 个检验点，每个单位工程检验点数量不宜少于 3 点。

（2）对于局部的换填垫层，由设计单位确定其检验方法。

（3）对于现行国家标准《建筑地基基础设计规范》（GB 50007—2011）划分安全等级为丙级的建筑物和一般不太重要的、小型、轻型或对沉降要求不高的工程，地基竣工验收时可按设计要求做压实系数检验；但当设计有要求或垫层厚度大于 2m 时，仍应按第（1）条要求做载荷试验来检验其承载力。

（4）对于厚度小于 50cm、起"褥垫"作用的换填处理，地基竣工验收时按设计要求做压实系数检验即可。

（5）换填垫层地基除应按要求做载荷试验检验外，尚应在施工过程中对每层的压实系数进行检验。采用环刀法检验垫层施工质量时，取样点应位于每层厚度的 2/3 处。检验数量：对大基坑每 50～100m² 不应少于 1 个检验点，对基槽每 10～20m 不应少于 1 个检验点，每个独立柱基不应少于 1 个检验点。

（二）强夯法

1. 常见质量问题一

夯实过程中无法达到试夯时确定的最少夯击遍数和总下沉量，夯击不密实。

预防措施：

在饱和淤泥、淤泥质土及含水量过大的土层上强夯，宜铺 0.5～2.0m 厚的砂石，才可进行强夯；或适当降低夯击能量，再或采用人工降低地下水位后再强夯。

2. 常见质量问题二

强夯后，实际加固深度局部或大部分未达到要求的影响深度，加固后的地基强度未达到设计要求。

预防措施：

（1）强夯前，应探明地质情况，对存在砂卵石夹层的可适当提高夯击能量，遇障碍物应清除掉；锤重、落距、夯击遍数、锤击数、间距等强夯参数，在强夯前应通过试夯、测试确定；两遍强夯间，应间隔一定时间，对黏土或冲积土，一般为3周，地质条件良好、无地下水的土层，间隔时间可适当缩短。

（2）实际施工中当强夯影响深度不足时，可采取增加夯击遍数，或调节锤击功的大小，一般增大锤击功（如提高落距），可使土的密实度有显著增加。

3. 常见质量问题三

不按规定进行承载力检验。

预防措施：

（1）强夯处理后的地基竣工验收时，其承载力检验应采用原位测试和室内土工试验。承载力原位测试应采用现场载荷试验的方法，载荷试验检验点的数量应根据场地复杂程度和建筑物的重要性确定，对于简单场地上的一般建筑物，每个建筑地基不应少于3点；对于复杂场地或重要建筑地基应增加检验点数。

（2）强夯置换后的地基竣工验收时，其承载力检验除应采用单墩载荷试验检验外，尚应采用动力触探等有效手段查明置换墩着底情况及承载力与密度随深度的变化，对饱和粉土地基允许采用单墩复合地基载荷试验代替单墩载荷试验。强夯置换地基载荷试验和置换墩着底情况检验数量均不应少于墩点数的1%，且不应少于3点。

（3）强夯处理后的地基竣工验收承载力检验，应在施工结束后间隔一定时间才能进行，对于碎石土和砂土地基，其间隔时间可取7～14d；粉土和黏性土地基可取14～28d。强夯置换地基间隔时间可取28d。

（三） 水泥土搅拌法（干法）

1. 常见质量问题一： 夹层、 断桩

预防措施：

雨季、夏季应用防潮包装水泥；水泥喷粉时严格过筛，进行计量和气压检查；注意控制喷粉与提钻速度，宜先喷粉1～2min后再提钻搅拌，遇堵孔时应将钻头提出清理，将上部断桩打去，在原位复喷或邻位补桩。

2. 常见质量问题二： 桩体强度不够

预防措施：

注意控制提升搅拌速度，经常观察电子秤进行了解和控制；防止管路堵塞，遇松软土、黏土时低速钻进搅拌，通过调整转速使喷粉密实、均匀。

3. 常见质量问题三： 不按规定进行承载力检验。

预防措施：

竖向承载水泥土搅拌桩地基竣工验收时，承载力检验应采用复合地基载荷试验和单桩载

荷试验。载荷试验必须在桩身强度满足试验荷载条件时，并宜在成桩 28d 后进行。检验数量为桩总数的 0.5%～1%，且每项单体工程不少于 3 点。

（四）水泥粉煤灰碎石桩法

1. 常见质量问题一： 在桩身完整性检查时发现桩身横向折断或桩身有裂缝

预防措施：

早成桩桩身强度没有达到足以抵挡后成桩产生的土体挤压作用，严重者发生断桩，一般发生桩身局部开裂。故桩身施工时应严格按照合理的施工顺序进行：

（1）对砂性土地基应从外围或两侧向中间进行，以挤压为主的水泥粉煤灰碎石桩宜间隔成桩；

（2）对淤泥质黏性土地基宜从中间向外围或隔排施工；

（3）在既有建（构）筑物邻近施工，应背离建（构）筑物方向进行；

（4）在路堤或岸坡上施工应背离岸坡向坡顶方向进行。

2. 常见质量问题二： 不按规定进行桩身完整性检测及承载力检测

预防措施：

（1）水泥粉煤灰碎石桩地基竣工验收时，承载力检验应采用复合地基载荷试验。检验应在桩身强度满足试验荷载条件时，并宜在施工结束 28d 后进行。试验数量宜为桩总数的 0.5%～1%，且每个单体工程的试验数量不少于 3 点。

（2）应抽取不少于总桩数的 10% 的桩进行低应变动力试验，检测桩身完整性。

四、 桩基础常遇质量问题

桩基础不按规范要求进行承载力及有关质量检测，单柱单桩的大直径嵌岩桩未按规范要求对桩底持力层进行检验。

预防措施：

1. 桩基监督检测

混凝土桩的桩身完整性检测的抽检数量应符合下列规定：

（1）柱下三桩或三桩以下的承台抽检桩数不得少于一根；

（2）地基基础设计等级为甲级，或地质条件复杂、成桩质量可靠性较低的灌注桩，抽检桩数不应少于总桩数的 30%，且不得少于 20 根；其他桩基工程的抽检数量不应少于总桩数的 20%，且不得少于 10 根。地基基础设计等级见表 3-44。

表 3-44　地基基础设计等级

设计等级	建筑和地基类别
甲级	重要的工业与民用建筑物； 30 层以上的高层建筑； 体型复杂、层数相差超过 10 层的高低层连成一体的建筑物； 大面积的多层地下建筑（如地下车库、商场运动场等）； 对地基变形有特殊要求的建筑物； 复杂地质条件下的坡上建筑物（包括高边坡）； 对原有工程影响较大的新建建筑物； 场地和地质条件复杂的一般建筑物； 位于复杂地质条件及软土地区的二层及二层以上地下室的基坑工程

设计等级	建筑和地基类别
乙级	除甲级、丙级以外的工业与民用建筑物
丙级	场地和地质条件简单、荷载分布均匀的七层及七层以下民用建筑及一般工业建筑物；次要的轻型建筑物

注：1. 对端承型大直径灌注桩，应在上述两款规定的抽检数量范围内，选用钻孔抽芯法或声波透射法对部分受检桩进行桩身完整性检测，抽检桩数不得少于总桩数的 10%；其他抽检桩可用可靠的动测法进行检测。

2. 地下水位以上且终孔后桩端持力层已经过核验的人工挖孔桩，以及单节混凝土预制桩，抽检数量可适当减少，但不应少于总桩数的 10%，且不应少于 10 根。

3. 当施工质量有疑问的桩、设计方认为重要的桩、局部地质条件出现异常的桩或施工工艺不同的桩的桩数较多时，或为了全面了解整个工程基桩的桩身完整性情况时，应适当增加抽检数量。

2. 桩基承载力的检测

（1）桩基承载力应按下列要求检测：

① 进行静载试验：抽检数量不应少于单位工程总桩数的 1%，且不少于 3 根；当总桩数在 50 根以内时，不应少于 2 根。

② 进行高应变法检测：抽检数量不应少于单位工程总桩数的 5%，且不得少于 5 根。

（2）对于端承型大直径灌注桩，当受设备或现场条件限制无法采用静载试验及高应变法检测单桩承载力时，可选用下列方法进行检测：

① 当桩端持力层为密实砂卵石或其他承载力类似的土层时，对单桩承载力很高的大直径端承型桩，可采用深层平板载荷试验法检测桩端土层在承压板下应力主要影响范围内的承载力，同一土层的试验点不应少于 3 点。

② 采用岩基载荷试验确定完整、较完整、较破碎岩基作为桩基础持力层时的承载力，载荷试验的数量不应少于 3 个。

③ 采用钻芯法测定桩底沉渣厚度并钻取桩端持力层岩土芯样检验桩端持力层，抽检数量不应少于总桩数的 10%，且不应少于 10 根。

④ 大直径嵌岩桩的承载力可根据终孔时桩端持力层岩性报告结合桩身质量检验报告核验。

3. 桩基的评价性检测与处理

（1）单桩竖向抗压承载力检测：

① 进行单桩承载力静载验收检测，如其检测结果的极差不超过其平均值的 30%，可取其平均值为单桩承载力，如其极差超过其平均值的 30%，宜增加一倍的静载试验数量进行检测；对桩数为 3 根以下的柱下承台，取最小值为其单桩承载力。其扩大检测方案应经设计单位认可。

② 采用高应变法进行单桩承载力验收检测时，单桩竖向极限承载力的评价方法同静载检测。

③ 对桩身完整性检测中发现的 Ⅲ、Ⅳ 类桩，由设计单位确定承载力检测数量，但不应低于 20% 的承载力检测，必要时可对其全部进行承载力检测。

（2）桩身完整性检测 当采用低应变法、高应变法和声波透射法抽检桩身完整性所发现的 Ⅲ、Ⅳ 类桩之和大于抽检桩数的 20% 时，宜采用原检测方法（声波透射法改用钻芯法），在未检桩中继续加倍抽测。桩身浅部缺陷应开挖验证。其检测方案应经设计单位认可。

（3）承载力达不到设计要求及桩身质量检测发现的 Ⅲ、Ⅳ 类桩，应请设计单位拿出处理意见（方案）。桩身完整性分类见表 3-45。

表 3-45　桩身完整性分类

桩身完整性类别	分类原则
Ⅰ 类桩	桩身完整
Ⅱ 类桩	桩身有轻微缺陷，不会影响桩身结构承载力的正常发挥
Ⅲ 类桩	桩身有明显缺陷，对桩身结构承载力有影响
Ⅳ 类桩	桩身存在严重缺陷

（4）人工挖孔桩终孔时，应进行桩端持力层检验。对单柱单桩大直径嵌岩桩，应视岩性检验桩底下 3d 或 5m 深度范围内有无空洞、破碎带、软弱夹层等不良地质条件。

五、　关于基础回填土

1. 常见质量问题一：　橡皮土

橡皮土又称弹簧土，填土夯打后土体发生颤动，形成软塑状态，而体积并没有压缩。
预防措施：

夯实填土时，适当控制土体的含水率，避免在含水率过大的原状土上进行回填。实际施工中可用干土石灰粉等吸水材料均匀掺入土中降低含水量；或将橡皮土翻松、晾干、风干至最优含水量范围后再夯实。

2. 常见质量问题二：　回填土密实度达不到要求，　沉陷

预防措施：

（1）选择符合要求的土料回填，控制土料中不得含有直径大于 50cm 的土块及较多的干土块；按所选用的压实机械性能，通过实验确定含水量控制范围内每层虚铺厚度、压实遍数、机械行驶速度；严格进行水平分层回填压（夯）实；加强现场检验，使其达到要求的密实度。

（2）如土料不合要求，可采取换土或掺入石灰、碎石等压实加固措施；土料含水量过大，可采取翻松、晾晒、风干或掺入干土重新压（夯）实；含水量过小或碾压机具能量过小，可采取增加压实遍数或使用大功率压实机械碾压等措施。

（3）回填前，将槽（坑）中积水排净，淤泥、松土、杂物清理干净，将地坑、坟坑、积水坑等进行认真处理。

3. 常见质量问题三：　基础施工完毕后不及时回填

预防措施：

基础施工完毕后，应及时进行基坑回填工作。回填基坑时，应先清除基坑中的杂物，并应在相对的两侧同时回填并分层夯实。

及时进行基础回填土施工的重要性：
（1）回填不及时直接影响地下结构的耐久性；
（2）基底持力层可能会受到浸泡、冻胀或其他扰动。

六、　关于沉降观测及不均匀沉降的预防

1. 常见质量问题一：　不按要求进行沉降观测或沉降观测起止时间、　布点数量、位置及观测频率不符设计要求

预防措施：

（1）下列建筑物应在施工及使用期间进行沉降观测：

① 地基基础设计等级为甲级的建筑物；

② 复合地基或软弱地基上设计等级为乙级的建筑物；

③ 加层、扩建的建筑物；

④ 受邻近深基坑开挖影响或受地下水等环境因素变化影响的建筑物；

⑤ 需要积累建筑经验或进行设计反分析的工程；

⑥ 20 层以上或 14 层以上造型复杂的建筑物；

⑦ 建于黏性土、粉土上的一级建筑桩基及软土地区的一级、二级建筑桩基，在其施工过程及建成后使用期间，必须进行系统的沉降观测直至沉降稳定。

（2）充分熟悉图纸设计要求，及时委托具有资质的部门进行沉降观测，并做好相关记录；若发现沉降异常，应立即联系设计单位进行处理。

2. 常见质量问题二： 地基产生不均匀沉降

预防措施：

（1）建筑措施：

① 建筑体型（平面及剖面）力求简单，尽量避免弯曲多变；高度差异或荷载差异不宜过大，避免立面高低起伏、参差不齐。平面形状复杂或过长、立面上各部位高差较大的建筑物，由于地基中应力不均匀、整体刚度差，使建筑物的某些部分形成一个或数个沉降中心，或在纵横单元相交处，基础密集，地基应力重叠，较易产生不均匀沉降，造成建筑物开裂、损坏甚至倾斜。

② 设置沉降缝，将建筑物分隔成几个刚度较好的单元，使建筑平面变得简单，可有效地减轻地基不均匀沉降；或将高低悬殊较大的两部分基础（或较大建筑物基础）隔开一定距离，再在其间设置能自沉降的独立连接体（如通廊等）或简支、悬臂结构，使每个单元有调整不均匀变形的能力。同时，可防止相邻建筑物过近，由于地基应力扩散作用而相互影响，引起相邻建筑物产生附加沉降。

通常在建筑平面的转折处、高度差异或荷载差异较大处、长高比过大的砌体承重结构或钢筋混凝土框架结构的适当部位、地基土的压缩行有显著差异处、建筑结构（或基础）类型不同处、分期建造房屋的交界处等部位设置沉降缝。

③ 对于有高差的建筑物，采取合理布置建筑物重、高部分的位置，如在地基比较均匀的情况下，将重、高部分布置在两端，而不设在建筑物中部，以利于减少建筑物的不均匀沉降。

④ 建筑物各组成部分的标高应根据预估沉降量将沉降较大者予以提高；建筑物与设备间应留有足够的净空；当建筑物有管道穿过时，应留足够尺寸的空洞或采用柔性接头等措施。

（2）结构措施：

① 减小基础底面附加应力。因基底附加应力愈大，地基变形愈大，相应的不均匀沉降也就愈大。通常采用轻质墙体材料和轻型结构，减少墙体自重；采用架空地板代替室内厚填土；设置地下室或半地下室，减轻室内覆土的重量，减轻对地基的荷载；采取覆土少、自重轻的基础形式等，以减少基底压力或附加应力。改变基底尺寸，调整基础沉降，上部结构荷载大的基础，采用较大的基础底面积，以调整基底应力，使沉降趋于均匀。

② 当基础不均匀沉降超过容许值时，适当调整各部分的荷载分布、基础宽度或埋置深度，使各区段的软持力层厚度接近，以达到均匀沉降。

③ 在软土地基，对不均匀沉降要求严格或重要的建筑物，选用较小的基底应力，以增

强地基的可靠度，保证建筑物的安全和正常使用；也可对建筑物各部分采用不同的基底压力，可调整不均匀沉降，如在预估建筑物可能沉降较大的部位采用较小的地基承载力。

④ 对建筑体型复杂、荷载差异较大的框架结构，采取加强基础整体刚度的办法，如采用箱形基础、桩基础、厚度较大的筏形基础等，以减少不均匀沉降。

⑤ 对于砌体承重结构，控制建筑物的长高比及合理布置纵横墙增强其整体刚度和强度，如控制三层和三层以上房屋的长高比不大于2.5；当长高比在2.5～3时，尽量做到纵墙不转折或少转折，其内墙间距不宜过大，必要时适当增强基础刚度和强度，当房屋的预估最大沉降量小于或等于120mm时，其长高比可不受限制。

⑥ 在基础和墙体内设置钢筋混凝土圈梁等，以提高砌体抗剪和抗拉强度，加强基础的刚度和强度，增强建筑物的整体性，防止或减少裂缝、倾斜的出现，即使出现也能阻止其继续发展；圈梁应设置在外墙、内纵墙和主要内横墙上，并宜在平面内形成封闭系统。

⑦ 对开洞过大致使墙体削弱时，宜在削弱部位适当配筋或采用构造柱及圈梁加强。

⑧ 在软弱地基上的工业与公用建筑物，可考虑将上部结构做成静定体系，当发生不均匀沉降时，不致引起很大的附加应力，以适应不均匀沉降的要求。

（3）地基处理措施：

① 对软弱土层为淤泥或淤泥质土时，应充分利用其上覆较好土层作为持力层；对于有机质含量较多的生活垃圾和对基础有侵蚀性的工业废料等杂填土地基，应先进行地基处理。

② 当地基承载力和变形不能满足设计要求时，应将地基进行人工处理。

（4）施工措施：

① 施工时合理安排施工顺序，在软弱地基上，先施工建筑高层及结构较重的主体建筑部分，待有一定沉降后，再施工较低、较轻的附属建筑；同一建筑，先施工较深部分，后施工较浅部分，以减少一部分沉降差；如条件允许，应尽可能增大两者施工的间隔时间。

② 施工时，注意保护基槽底面土的原状结构，避免扰动；基坑采用机械开挖时，应预留150～300mm厚土层用人工挖除；开挖后应立即施工基础，防止长期暴露或受地下水、雨水浸泡而影响地基持力层强度和增加沉降量。

③ 如基槽、坑开挖，原土已被扰动或超挖，应进行处理，一般先铺一层中粗砂，然后再铺碎砖、片石、块石等，或直接用3:7灰土夯实处理，有时还应视被破坏程度，适当降低地基原来的承载力。

④ 对活荷载占较大比重的构筑物或构筑物群，竣工交付使用期间应控制加载速率，掌握加载数量和间隔时间，或调整活荷载的分布，要求分批、对称、缓慢、均匀地加载，以控制产生过大的不均匀沉降，避免产生倾斜。

⑤ 在已建成的建（构）筑物周围不应大量的地面荷载，以免引起附加沉降。

⑥ 建筑物周围打桩时，合力安排沉桩流水作业，采取间隔沉桩控制沉桩速率，或采取钻孔取土成孔打入桩施工法，或预制桩改为钻孔灌注桩，或在一侧挖隔振沟，以减少对已有建（构）筑物的振动、挤压影响。

技能训练

一、单选题

1. 对土方开挖检查数量的要求，不正确的是（   ）。

A. 对标高质量检查时，基坑每 10m² 取 1 点，每坑不少于 2 点

B. 对边坡质量检查时，每 20m 取 1 点，每边不少于 1 点

C. 表面平整度要求每 30～50m² 取 1 点

D. 基底土性应全数观察检查

2. 土方开挖工程质量检验的主控项目有标高、长宽和（   ）。

A. 表面平整度　　　　B. 边坡　　　　C. 基底土性　　　　D. 观感质量

3. 土方开挖工程质量检验标准中，柱基按总数抽查（   ），但不少于 5 个，每个不少于 2 点。

A. 5%　　　　B. 7%　　　　C. 10%　　　　D. 15%

4. 土方开挖工程质量检验标准中，基槽、管沟、排水沟、路面基层每（   ）取 1 点，但不少于 5 个。

A. 20m　　　　B. 25m　　　　C. 30m　　　　D. 35m

5. 填土工程质量检验标准中，密实度控制基坑和室内填土，每层按每（   ）取样一组。

A. 20m²　　　　B. 20～300m²　　　　C. 50～400m²　　　　D. 100～500m²

6. 填土工程质量检验标准中，基坑和管沟回填每（   ）取样一组，但每层均不得少于一组，取样部位在每层压实后的下半部。

A. 10m²　　　　B. 10～20m²　　　　C. 20～50m²　　　　D. 30～70m²

7. 灰土地基验收标准中，石灰粒径应（   ）。

A. >6mm　　　　B. ≥5mm　　　　C. ≤5mm　　　　D. <6mm

8. 轻型打夯机施工的灰土分层铺设的厚度一般不大于（   ）。

A. 250mm　　　　B. 350mm　　　　C. 450mm　　　　D. 1m

9. 灰土地基施工应采用（   ）。

A. 最大含水量　　　　B. 最小含水量　　　　C. 最优含水量　　　　D. 天然含水量

10. 下列选项中，不属于砂及砂石地基主控项目的是（   ）。

A. 压实系数　　　　B. 石料粒径　　　　C. 配合比　　　　D. 地基承载力

11. 下列关于灌注桩钢筋笼制作质量控制正确的是（   ）。

A. 主筋净距必须大于混凝土粗骨粒径 2 倍以上

B. 加劲箍宜设在主筋内侧

C. 钢筋笼的内径应比导管接头处的外径大 100mm 以上

D. 分节制作的钢筋笼，主筋接头宜用绑扎

12. 混凝土灌注桩检验的主控项目不包括（   ）。

A. 桩位、孔深和混凝土强度　　　　　　B. 桩体质量检验

C. 桩承载力　　　　　　　　　　　　　D. 混凝土充盈系数

13. 试配混凝土的抗渗等级应比设计要求提高（   ）MPa。

A. 0.1　　　　B. 0.2　　　　C. 0.3　　　　D. 0.4

14. 当规定坍落度为 90mm 时，防水混凝土的坍落度允许偏差为（   ）。

A. ±15mm　　　　B. ±20mm　　　　C. ±25mm　　　　D. ±30mm

15. 混凝土在浇筑地点的坍落度，每工作班至少检查（   ）次。

A. 1　　　　B. 2　　　　C. 3　　　　D. 4

二、多选题

1. 下列属于填土工程主控项目的有（   ）。

A. 表面平整度　　　　B. 标高　　　　C. 回填土料　　　　D. 分层压实系数

2. 下列属于土方开挖工程质量检验标准中主控项目的是（   ）。

A. 基底土性　　　　B. 标高　　　　C. 边坡　　　　D. 长度、宽度

3. 填土工程质量检验标准中，关于标高说法正确的是（   ）。

A. 柱基按总数抽查 5%，但不少于 5 个，每个不少于 2 点

B. 场地平整填方，每层按每 $400\sim900\text{m}^2$ 取样一组

C. 基坑每 20m^2 取 1 点，每坑不少于 2 点

D. 基槽、管沟、排水沟、路面基层每 20m 取 1 点，但不少于 5 点

E. 场地平整每 $100\sim400\text{m}^2$ 取 1 点，但不少于 10 点

4. 灰土地基验收标准的主控项目中，（　　）必须达到设计要求值。

A. 低级承载力　　　　　　　　B. 石料粒径

C. 灰土配合　　　　　　　　　D. 砂石料有机含量

E. 压实系数

5. 下列选项中，关于灰土地基验收标准，说法错误的是（　　）。

A. 主控项目基本达到设计要求值

B. 土料中的最大粒径必须小于 15mm

C. 含水量与要求的最优含水量比较，应为 $\pm2\%$

D. 分层铺设厚度偏差，与设计要求比较，应为 $\pm50\text{mm}$

E. 土料中的有机质含量应小于或等于 10%

6. 静力压桩施工结束后，应做（　　）等主控项目检验。

A. 桩承载力　　　B. 桩体质量　　　　C. 压桩压力　　　　D. 桩外观

7. 当防水混凝土拌和物坍落度损失后不能满足施工要求时，应（　　）。

A. 加入原水胶比的水泥浆进行搅拌　　　B. 直接二次搅拌

C. 掺加同品种的减水剂进行搅拌　　　　D. 直接加水搅拌

三、案例分析题

某城市建设公司准备建造某住宅工程，该工程 8 层，共计 22 栋，总建筑面积达 20212.34m^2。设计为框架结构，混凝土灌注桩，现着手准备土方工程。

根据以上内容，回答下列问题：

(1) 土方工程施工前的质量控制措施有哪些？

(2) 混凝土灌注桩工程质量检验标准与检验方法的主要内容是什么？

项目四
砌体结构工程

【学习目标】

通过本项目内容的学习，使学生掌握砌体工程质量控制要点，了解砌体工程质量验收标准及检验方法。掌握砌体工程常见质量问题的处理方法。为学生将来从事工程设计、工程施工和管理工作奠定良好的基础。

【学习要求】

（1）会选择砌体工程常用材料。

（2）掌握砖砌体、混凝土小型空心砌块、配筋砌体、填充墙砌体工程质量控制要点及验收项目和验收标准。

（3）通过学习，熟练掌握常见砌体工程质量问题的产生原因和预防处理方法。

任务一　砌体工程质量控制与验收

砖砌体工程的块体，一般采用烧结普通砖、烧结多孔砖、混凝土多孔砖、混凝土实心砖、蒸压灰砂砖、蒸压粉煤灰砖等。

一、砖砌体工程质量控制

（1）块体质量要求

① 砌体砌筑时，混凝土多孔砖、蒸压灰砂砖、蒸压粉煤灰砖等块体的产品龄期不得小于28d。

② 不同品种的砖不得在同一楼层混砌。

③ 砌筑烧结普通砖、烧结多孔砖、混凝土实心砖、蒸压灰砂砖、蒸压粉煤灰砖砌体时，砖应提前1～2d适度湿润，严禁采用干砖或处于吸水饱和状态的砖砌筑，块体湿润程度宜符合下列规定：

a. 烧结类块体的相对含水率为60%～70%。

b. 混凝土多孔砖及混凝土实心砖不需浇水湿润，但在气候干燥、炎热的情况下，宜在砌筑前对其喷水湿润。其他非烧结类块体的相对含水率为40%～50%。

（2）砌筑砂浆拌制和使用要求

① 砂浆配合比、和易性应符合设计及施工要求。砂浆现场拌制时，各组分材料应采用重量计量。

② 拌制水泥砂浆时，应先将砂和水泥干拌均匀后，再加水搅拌均匀；拌制水泥混合砂浆时，应先将砂与水泥干拌均匀后，再添掺加料（石灰膏）和水搅拌均匀；拌制水泥粉煤灰砂浆时，应先将水泥、粉煤灰、砂干拌均匀后，再加水搅拌均匀；掺用外加剂拌制砂浆时，

应先将外加剂按规定浓度溶于水中，在拌合水加入时投入外加剂溶液，外加剂不得直接加入拌制砂浆中。

③ 砌筑砂浆应采用机械搅拌，自投料完起算其搅拌时间，水泥砂浆和水泥混合砂浆不少于 2min；水泥粉煤灰砂浆和掺用外加剂的砂浆不得少于 3min；掺用有机塑化剂的砂浆应控制在 3～5min。对于掺用缓凝剂的砂浆，其使用时间可根据具体情况而适当延长。

④ 砌筑砂浆应随拌随用，水泥砂浆和水泥混合砂浆应分别在 3h 和 4h 内使用完毕；当施工期间最高气温超过 30℃时，必须分别在拌成后 2h 和 3h 内使用完毕。超出上述时间的砂浆不得使用，并不应再次拌和使用。

⑤ 砂浆拌和后和使用过程中，均应盛入储灰器中，当出现泌水现象时，应在砌筑前再次拌和方可使用。

⑥ 施工中应在砂浆拌和地点留置砂浆强度试块，各类型及强度等级的砌筑砂浆每一检验批不超过 250m² 的砌体，每台搅拌机应至少制作一组试块（每组 6 块），其标准养护试块 28d 的抗压强度应满足设计要求。

（3）砌筑前检查测量放线的测量结果并进行复核。标志板、皮数杆设置位置准确牢固。

（4）施工过程中应随时检查砌体的组砌形式，保证上下皮砖至少错开 1/4 的砖长，避免产生通缝；240mm 厚承重墙的每层墙的最上一皮砖，砖砌体的阶台水平面上及挑出层的外皮砖，应整砖丁砌；多孔砖的孔洞应垂直于受压面砌筑。半盲孔多孔砖的封底面应朝上砌筑。

（5）施工中应采用适当的砌筑方法。采用铺浆法砌筑砌体，铺浆长度不得超过 750mm；当施工期间气温超过 30℃时，铺浆长度不得超过 500mm。

（6）施工过程中应随时检查墙体平整度和垂直度，并应采取"三皮一吊、五皮一靠"的检查方法，保证墙面横平竖直；随时检查砂浆的饱满度，水平灰缝饱满度应达到 80％，竖向灰缝不应出现瞎缝、透明缝和假缝。

（7）施工过程中应检查转角处和交接处的砌筑及接槎的质量。检查时要注意砌体的转角处和交接处应同时砌筑，严禁无可靠措施的内外墙分砌施工。抗震设防区应按规定在转角和交接部位设置拉结钢筋（拉结筋的设置应予以特别的关注），砖砌体施工临时间断处补砌时，必须将接槎处表面清理干净，洒水湿润，并填实砂浆，保持灰缝平直。

（8）设计要求的洞口、管线、沟槽应在砌筑时按设计留设或预埋，超过 300mm 的口上部应设过梁，不得随意在墙体上开洞、凿槽，尤其严禁开凿水平槽。

（9）在砌体上预留的施工洞口，其洞口侧边距墙端不应小于 500mm，洞口净宽不应超过 1m，并在洞口设过梁。

（10）检查脚手架眼的设置是否符合要求。在下列位置不得留设脚手架眼：半砖厚墙、料石清水墙和砖柱；过梁上、与过梁呈 60°的三角形范围及过梁净跨 1/2 的高度范围内；门窗洞口两侧 200mm 及转角 450mm 范围内的砖砌体；宽度小于 1m 的窗间墙；梁及梁垫下及其左右 500mm 范围内。

（11）检查构造柱的设置、施工（构造柱与圈梁交接处箍筋间距不均匀是常见的质量缺陷）是否符合设计及施工规范的要求。

（12）砌体的伸缩缝、沉降缝、防震缝中，不得有混凝土、砂浆块、砖块等杂物。

（13）砌体中的预埋件应做防腐处理。

二、 砖砌体工程质量验收

1. 主控项目

（1）砖和砂浆的强度等级必须符合设计要求。

抽查数量：每一生产厂家的砖到现场后，按烧结砖 15 万块、多孔砖 5 万块、灰砂砖及粉煤灰砖 10 万块各为一验收批，抽检数量为 1 组。砂浆试块的抽检数量执行《砌体结构工程施工质量验收规范》（GB 50203—2011）的有关规定。

检验方法：检查砖和砂浆试块试验报告。

（2）砌体水平灰缝的砂浆饱满度不得低于 80%；砖柱水平灰缝和竖向灰缝饱满度不低于 90%。

抽检数量：每检验批抽查不应少于 5 处。

检验方法：用百格网检查砖底面与砂浆的黏结痕迹面积。每处检测 3 块砖，取其平均值。

（3）砖砌体的转角处和交接处应同时砌筑，严禁无可靠措施的内外墙分砌施工。在抗震设防烈度为 8 度及 8 度以上的地区对不能同时砌筑而又必须留置的临时间断处应砌成斜槎，普通砖砌体斜槎水平投影长度不应小于高度的 2/3；多孔砖砌体的斜槎长高比不应小于 1/2。斜槎高度不得超过一步脚手架的高度。

抽检数量：每检验批抽查不应少于 5 处。

检验方法：观察检查。

（4）非抗震设防及抗震设防烈度为 6 度、7 度地区的临时间段处，当不能留斜槎时，除转角处外，可留直槎，但直槎必须做成凸槎，留直槎处应加设拉结筋，拉接钢筋应符合下列规定：

① 每 120mm 墙厚放置 φ6 拉结钢筋（120mm 厚墙应放置 2φ6 拉结钢筋）。

② 间距沿墙高不应超过 500mm，且竖向间距偏差不应超过 100mm。

③ 埋入长度从留槎处算起每边均不应小于 500mm，对抗震设防烈度为 6 度、7 度的地区，不应小于 1000mm。

④ 末端应有 90°弯钩。

抽检数量：每检验批抽查不应少于 5 处。

检验方法：观察和尺量检查。

2. 一般项目

（1）砖砌体组砌方法应正确，内外搭砌，上、下错缝。清水砌墙、窗间墙无通缝；混水墙中不得有长度大于 300mm 的通缝，长度为 200～300mm 的通缝每间不超过 3 处，且不得位于同一面墙体上。砖柱不得采用包心砌法。

抽检数量：外墙每 20m 抽查一处，每处 3～5m，且不应少于 3 处；内墙按有代表性的自然间抽 10%，且不应少于 3 间。

检验方法：观察检查。砌体组砌方法抽检每处应为 3～5m。

（2）砖砌体的灰缝应横平竖直，厚薄均匀。水平灰缝厚度及竖向灰缝宽度宜为 10mm。但不应小于 8mm，也不应大于 12mm。

抽检数量：每检验批不应少于 5 步脚手架施工的砌体，每 20m 抽查 1 处。

检验方法：水平灰缝厚度用尺量 10 皮砖砌体高度折算；竖向灰缝宽度用尺量以砌体长度折算。

（3）砖砌体尺寸、位置的允许偏差及检验应符合表 4-1 的规定。

表 4-1　砖砌体尺寸、位置的允许偏差及检验

项次	项目			允许偏差/mm	检验方法	抽检数量
1	轴线位移			10	用经纬仪和尺或其他测量仪器检查	承重墙、柱全数检查
2	基础墙、柱顶面标高			±15	用水准仪和尺检查	不应小于 5 处
3	墙面垂直度	每层		5	用 2m 托线板检查	不应小于 5 处
		全高	≤10m	10	用经纬仪、吊线和尺或其他测量仪器检查	外墙全部阳角
			>10m	20		

项次	项目		允许偏差/mm	检验方法	抽检数量
4	表面平整度	清水墙、柱	5	用 2m 靠尺和楔形塞尺检查	有代表性的自然间抽 10%，但不应少于 3 间，每间不应少于 2 处
		混水墙、柱	8		
5	水平灰缝平直度	清水墙	4	拉 5m 线和尺检查	有代表性的自然间抽 10%，但不应少于 3 间，每间不应少于 2 处
		混水墙	10		
6	门窗洞口高、宽（塞口）		±5	用尺检查	检验批洞口的 10%，且不应少于 5 处
7	外墙上下窗口偏移		20	以底层窗口为准，用经纬仪或吊线检查	检验批的 10%，且不应少于 5 处
8	清水墙游丁走缝		20	以每层第一皮砖为准，用吊线和尺检查	有代表性的自然间抽 10%，但不应少于 3 间，每间不应少于 2 处

3. 砖砌体工程检验批质量验收记录

砖砌体工程检验批质量验收按表 4-2 进行记录。

表 4-2　砖砌体工程检验批质量验收记录

工程名称			分项工程名称			验收部位	
施工单位						项目经理	
施工执行标准名称及编码						专业工长	
分包单位						施工班组长	

质量验收规范的规定			施工单位检查评定记录					监理(建设)单位验收记录
主控项目	1. 砖强度等级	设计要求 MU						
	2. 砂浆强度等级	设计要求 M						
	3. 斜槎留置	5.2.3 条						
	4. 直槎拉结筋及接槎处理	5.2.4 条						
	5. 砂浆饱满度	≥80%						
	6. 轴线位移	≤10mm						
	7. 垂直度（每层）	≤5mm						
一般项目	1. 组砌方法	5.3.1 条						
	2. 水平灰缝厚度	5.3.2 条						
	3. 顶（楼）面标高	±15mm 以内						
	4. 表面平整度	清水≤5mm　混水≤8mm						
	5. 门窗洞口（后塞口）高、宽	±5mm 以内						
	6. 窗口偏移	20mm						
	7. 水平灰缝平直度	清水≤7mm　混水≤10mm						
	8. 清水墙游丁走缝	≤20mm						

施工单位检查评定结果	项目专业质量检查员： 项目专业质量（技术）负责人：
	年　月　日
监理（建设）单位验收结论	监理工程师（建设单位项目技术负责人）：
	年　月　日

任务二　混凝土小型空心砌块砌体工程质量控制与验收

混凝土小型空心砌块（以下简称小砌块）包括普通混凝土小型空心砌块和轻骨料混凝土小型空心砌块两种。

一、小型空心砌块砌体工程质量控制

（1）施工前，应按房屋设计图编绘小砌块平面、立面排块图，施工中应按排块图施工。

（2）施工采用的小砌块的产品龄期不应小于 28d。

（3）砌筑小砌块时，应清除表面污物，剔除外观质量不合格的小砌块。

（4）砌筑小砌块砌体，宜选用专用小砌块砌筑砂浆。

（5）底层室内地面以下或防潮层以下的砌体，应采用强度等级不低于 C20 的混凝土灌实小砌块的孔洞。

（6）砌筑普通混凝土小型空心砌块砌体，不需对小砌块浇水湿润，如遇天气干燥炎热，宜在砌筑前对其喷水湿润；对轻骨料混凝土小砌块，应提前浇水湿润，块体的相对含水率宜为 40%～50%。雨天及小砌块表面有浮水时，不得施工。

（7）承重墙体严禁使用断裂的小砌块。

（8）小砌块墙体应对孔错缝搭砌，搭接长度不应小于 90mm。墙体的个别部位不能满足上述条件时，应在灰缝中设置拉结筋或钢筋网片，但竖向通缝仍不得超过两皮小砌块。

（9）小砌块应将生产时的底面朝上反砌于墙上。

（10）小砌块墙体宜逐块坐（铺）浆砌筑。

（11）在散热器、厨房和卫生间等设备的卡具安装处砌筑的小砌块，宜在施工前用强度等级不低于 C20（或 Cb20）的混凝土将其空洞灌实。

（12）每步架墙（柱）砌筑完后，应随即刮平墙体灰缝。

（13）芯柱处小砌块墙体砌筑应符合下列规定：

① 每一楼层芯柱处第一皮砌块应采用开口小砌块。

② 砌筑时应随砌随清除小砌块孔内的毛边，并将灰缝中挤出的砂浆刮净。

（14）芯柱混凝土宜选用专用小砌块灌孔混凝土。浇筑芯柱混凝土应符合下列规定：

① 每次连续浇筑的高度宜为半个楼层，但不应大于 1.8m；

② 浇筑芯柱混凝土时，砌筑砂浆强度应大于 1MPa；

③ 清除孔内落掉的砂浆等杂物，并用水冲洗；

④ 浇筑芯柱混凝土前，应先注入适量与芯柱混凝土成分相同的去石水泥砂浆；

⑤ 每次浇筑 400～500mm 高度捣实一次，或边浇筑边捣实。

二、 混凝土小型空心砌块砌体工程质量验收

检验批划分：依据拟定的施工方案内容要求，按不同的结构层、变形缝、施工段，以及不同砌块规格、品种、组砌形式、砌筑方法或砌筑面积大小为一个检验批。

1. 主控项目

（1）小砌块和砂浆的强度等级必须符合设计要求。

抽检数量：每一生产厂家。每1万块小砌块至少应抽检1组；用于多层以上建筑的基础和底层的小砌块抽检数量不应少于2组。砂浆试块的抽检数量应执行《砌体结构工程施工质量验收规范》（GB 50203—2011）的有关规定。

检验方法：检查小砌块和砂浆试块试验报告。

（2）砌体水平灰缝和竖向灰缝的砂浆饱满度，按净面积计算不得低于90%。

抽检数量：每检验批抽查不应少于5处。

检验方法：用专用百格网检测小砌块与砂浆黏结痕迹，每处检测3块小砌块，取平均值。

（3）墙体转角处和纵横墙交接处应同时砌筑。临时间断处应砌成斜槎，斜槎水平投影长度不应小于高度的2/3。

抽检数量：每检验批抽20%接槎，且不应少于5处。

检验方法：观察检查。

2. 一般项目

（1）砌体的水平灰缝厚度和竖向灰缝宽度宜为10mm，但不应小于8mm，也不应大于12mm。

抽检数量：每层楼的检测点不应少于5处。

检验方法：水平灰缝宽度用尺量5皮小砌块的高度折算；竖向灰缝宽度用尺量2m砌体长度折算。

（2）小砌块墙体的一般尺寸、位置允许偏差应按表4-1执行。

3. 混凝土小型空心砌块砌体工程检验批质量验收记录

混凝土小型空心砌块砌体工程检验批质量验收按表4-3进行记录。

表 4-3　混凝土小型空心砌块砌体工程检验批质量验收记录

工程名称			分项工程名称		验收部位	
施工单位					项目经理	
施工执行标准名称及编号					专业工长	
分包单位					施工班组长	
质量验收规范的规定			施工单位检查评定记录		监理（建设）单位验收记录	
主控项目	1. 小砌块强度等级	设计要求 MU				
	2. 砂浆强度等级	设计要求 M				
	3. 砌筑留槎	6.2.3 条				
	4. 混凝土强度等级	设计要求 C				
	5. 转角、交接处	6.2.3 条				
	6. 施工洞口砌法	6.2.3 条				
	7. 水平灰缝饱满度	≥90%				
	8. 竖向灰缝饱满度	≥80%				
	9. 轴线位移	≤10mm				
	10. 垂直度（每层）	≤5mm				

一般项目	1. 灰缝厚度宽度	8～12mm								
	2. 顶面标高	±15mm 以内								
	3. 表面平整度	清水≤5mm 混水≤8mm								
	4. 门窗洞口	±10mm 以内								
	5. 窗口偏移	20mm 以内								
	6. 水平灰缝平直度	清水≤7mm 混水≤10mm								

施工单位检查评定结果	项目专业质量（技术）负责人：　　　　　　　　　　项目专业质量（技术）负责人： 　　　　　　　　　　　　　　　　　　　　　　　　　　　　　年　月　日
监理（建设）单位验收结论	监理工程师（建设单位项目专业技术负责人）： 　　　　　　　　　　　　　　　　　　　　　　　　　　　　　年　月　日

任务三　配筋砌体工程质量控制与验收

配筋砌体主要包括网状配筋砌体、组合砖砌体和配筋小砌块砌体 3 种。组合砖砌体分为砖砌体和钢筋混凝土面层或钢筋砂浆面层组合砌体柱（墙）、砖砌体和钢筋混凝土构造柱组合墙 2 种。

一、配筋砌体工程质量控制

（1）配筋砌体工程应符合《砌体结构工程施工质量验收规范》（GB 50203—2011）的要求和规定。

（2）施工配筋小砌块砌体剪力墙，应采用专用的小砌块砌筑砂浆砌筑，专用小砌块灌孔混凝土浇筑芯柱。

（3）设置在灰缝内的钢筋，应居中置于灰缝内，水平灰缝厚度应大于钢筋直径 4mm 以上。

（4）砌体水平灰缝中钢筋的锚固长度不宜小于 $50d$，且其水平或垂直弯折段长度不宜小于 $20d$ 和 150mm，钢筋的搭接长度不应小于 $55d$（d 为钢筋直径）。

（5）配筋砌块砌体剪力墙的灌孔混凝土中竖向受拉钢筋，钢筋搭接长度不应小于 $35d$ 且不应小于 300mm。

（6）砌体与构造柱、芯柱的连接处应设 $2\phi6$ 拉结筋或 $\phi4$ 钢筋网片，间距沿墙高不应超过 500mm（小砌块为 600mm）；埋入墙内长度每边不宜小于 600mm；对抗震设防地区不宜小于 1m；钢筋末端应有 90°弯钩。

（7）钢筋网可采用连弯网或方格网。钢筋直径宜采用 3～4mm；采用连弯网时，钢筋的直径不宜大于 8mm。

（8）钢筋网中钢筋的间距不应大于 120mm，并不应小于 30mm。

（9）构造柱浇灌混凝土前，必须将砌体留槎部位和模板浇水湿润，将模板内的落地灰、砖渣和其他杂物清洗干净，并在结合面处注入适量与构造柱混凝土相同的去石水泥砂浆。振捣时，应避免接触墙体，严禁通过墙体传震。

（10）配筋砌块芯柱在装配式楼盖处应贯通，并不得削弱芯柱截面尺寸。

（11）构造柱纵筋应穿过圈梁，保证纵筋上下贯通；构造柱箍筋在楼层上下各500mm范围内应进行加密，间距宜为100mm。

（12）墙体与构造柱连接处应砌成马牙槎，从每层柱脚起先退后进，马牙槎的高度不应大于300mm，并应先砌墙后浇混凝土构造柱。

（13）小砌块墙中设置构造柱时，与构造柱相邻的砌块孔洞，当设计无具体要求时，抗震设防烈度为6度宜灌实，7度应灌实，8度灌实并插筋。

二、 配筋砌体工程质量验收

检验批划分：依据拟定的施工方案内容要求，按不同的结构层、变形缝、施工段，以及不同砌块规格、品种、组砌形式、砌筑方法或砌筑面积大小为一个检验批。

1. 主控项目

（1）钢筋的品种、规格、数量和设置部位应符合设计要求。

检验方法：检查钢筋的合格证书、钢筋性能复试试验报告、隐蔽工程记录。

（2）构造柱、芯柱、组合砌体构件，配筋砌体剪力墙构件的混凝土或砂浆的强度等级应符合设计要求。

抽检数量：每检验批砌体，试块不应少于1组，验收批砌体试块不得少于3组。

检验方法：检验混凝土或砂浆试块试验报告。

（3）构造柱与墙体的连接应符合下列规定：

① 墙体应砌成马牙槎，马牙槎凹凸尺寸不宜小于60mm，高度不应超过300mm，马牙槎应先退后进，对称砌筑；马牙槎尺寸偏差每一构造柱不应超过2处。

② 预留拉结筋的规格、尺寸、数量及位置应正确，拉结钢筋应沿墙高每隔500mm设2ϕ6，伸入墙内不宜小于600mm，钢筋的竖向移位不应超过100mm；且竖向移位每一构造柱不得超过2处。

③ 施工中不得任意弯折拉结筋。

抽检数量：每检验批抽20%构造柱，且不应少于3处。

检验方法：观察检查和尺量检查。

④ 配筋砌体中受力钢筋的连接方式及锚固长度、搭接长度应符合设计要求。

检查数量：每检验批抽查不应少于5处。

检验方法：观察检查。

2. 一般项目

（1）构造柱一般尺寸允许偏差及检验方法应符合表4-4的规定。

表4-4　构造柱一般尺寸允许偏差及检验方法

项次	项目			允许偏差/mm	检验方法
1	中心线位置			10	用经纬仪和尺检查或其他测量仪器检查
2	层间错位			8	用经纬仪和尺检查或其他测量仪器检查
3	垂直度	每层		10	用2m托线板检查
		全高	≤10mm	15	用经纬仪、吊线和尺检查或其他测量仪器检查
			>10m	20	

抽检数量：每检验批抽查不应少于5处。

（2）设置在砌体灰缝中钢筋得防腐保护符合《砌体结构工程施工质量验收规范》（GB 50203—2011）的规定，钢筋防护层完好，不应有肉眼可见裂纹、剥落和擦痕等缺陷。

抽检数量：每检验批抽 10%。

检验方法：观察检查。

（3）网状配筋砌体中，钢筋网及放置间距应符合设计规定。每一构件钢筋网沿砌体高度位置超过设计规定一皮砖厚不得少于 5 处。

抽检数量：每检验批抽查不应少于 5 处。

检验方法：通过钢筋规格检查钢筋网成品，钢筋网放置位置，采用局部剔缝观察，或用探针刺入灰缝内检查，或用钢筋位置测定仪测定。

合格标准：钢筋网沿砌体高度位置超过设计规定一皮砖厚不得多于 1 处。

（4）钢筋安装位置的允许偏差及检验方法应符合表 4-5 的规定。

表 4-5　钢筋安装位置的允许偏差及检验方法

项目			允许偏差/mm	检验方法
绑扎钢筋网	长、宽		±10	钢尺检查
	网眼尺寸		±20	钢尺量连续三档，取最大值
绑扎钢筋骨架	长		±10	钢尺检查
	宽、高		±5	钢尺检查
受力钢筋	间距		±10	钢尺量两端，中间各一点，取最大值
	排距		±5	
	保护层厚度	基础	±10	钢尺检查
		柱、梁	±5	钢尺检查
		板、墙、壳	±3	钢尺检查
绑扎箍筋、横向钢筋间距			±20	钢尺量连续三档，取最大值
钢筋弯起点位置			20	钢尺检查
预埋件	中心线位置		5	钢尺检查
	水平高差		+3，0	钢尺和塞尺检查

抽检数量：每检验批抽查不应少于 5 处。

3. 配筋砌体工程检验批质量验收记录

配筋砌体工程检验批质量验收记录应按表 4-6 进行记录。

表 4-6　配筋砌体工程检验批质量验收记录

工程名称		分项工程名称		验收部位	
施工单位				项目经理	
施工执行标准名称及编号				专业工长	
分包单位				施工班组长	

质量验收规范的规定			施工单位检查评定记录	监理（建设）单位验收记录
主控项目	1. 钢筋品种、规格、数量和设置部位	8.2.1 条		
	2. 混凝土强度等级	设计要求 C		
	3. 马牙槎拉结筋	第 8.2.3 条		
	4. 钢筋连接	第 8.2.4 条		
	5. 钢筋锚固长度	第 8.2.4 条		
	6. 钢筋搭接长度	第 8.2.4 条		
一般项目	1. 构造柱中心线位置	≤10mm		
	2. 构造柱层间错位	≤8mm		
	3. 构造柱垂直度（每层）	≤10mm		
	4. 灰缝钢筋防腐	第 8.3.2 条		
	5. 钢网配筋规格	第 8.3.3 条		
施工单位检查评定结果	项目专业质量检查员：		项目专业质量（技术）负责人：	
				年　月　日
监理（建设）单位验收结论	监理工程师（建设单位项目专业技术负责人）：			
				年　月　日

任务四　填充墙砌体工程质量控制与验收

填充墙砌体广泛采用的块材主要有烧结空心砖、蒸压加气混凝土砌块、轻骨料混凝土小型空心砌块 3 种。

一、填充墙砌体工程质量控制

（1）填充墙砌体砌筑，应待承重主体结构检验批验收合格后进行。

（2）蒸压加气混凝土砌块、轻骨料混凝土小型空心砌块砌筑时，其产品龄期应超过 28d。蒸压加气混凝土砌块的含水率宜小于 30%。

（3）空心砖、蒸压加气混凝土砌块、轻骨料混凝土小型空心砌块等的运输、装卸过程中，严禁抛掷和倾倒。进场后应按品种、规格分别堆放整齐，堆置高度不宜超过 2m。蒸压加气混凝土砌块在运输及堆放中应防止雨淋。

（4）吸水率较小的轻骨料混凝土小型空心砌块及采用薄灰砌筑法施工的蒸压加气混凝土砌块，砌筑前不应对其浇（喷）水湿润；在气候干燥炎热的情况下，对吸水率较小的轻骨料混凝土小型空心砌块宜在砌筑前喷水湿润。

（5）填充墙砌体砌筑前块材应提前 2d 浇水湿润。蒸压加气混凝土砌块砌筑时，应向砌筑面适量浇水。蒸压加气混凝土砌块采用蒸压加气混凝土砌块砌筑砂浆或普通砌筑砂浆砌筑时，应在砌筑当天对砌块砌筑面喷水湿润。块体湿润程度宜符合下列规定：

① 烧结空心砖的相对含水率为 60%～70%；

② 吸水率较大的轻骨料混凝土小型空心砌块、蒸压加气混凝土砌块的相对含水率为 40%～50%。

（6）在厨房、卫生间、浴室等处采用轻骨料混凝土小型空心砌块、蒸压加气混凝土砌块砌筑墙体时，墙底部宜现浇混凝土坎台，其高度宜为150mm。

（7）轻骨料小砌块、加气砌块和薄壁空心砖（如三孔硅）砌筑时，墙底部应砌筑烧结普通砖、多孔砖、普通小砖块（采用混凝土管孔更好）或浇筑混凝土，其高度不宜小于200mm。

（8）空心砖填充墙体底部须砌根据已弹出的窗门洞口位置墨线，核对门窗间墙的长度尺寸是否符合排砖模数，若不符合模数，则要考虑好砍砖及排放计划（空心砖则应考虑局部砌红砖），用于错缝和转角处的七分头砖应用切砖机切，不允许砍砖，所切的砖或丁砖应排在窗口中间或其他不明显的部位，空心砖不允许切割。

（9）填充墙砌筑时应错缝搭砌。单排孔小砌块应对孔错缝砌筑，当不能对孔时，搭接长度不应小于90mm，加气混凝土砌块搭接长度不小于砌块长度的1/3；当不能满足要求时，应在水平灰缝中设置钢筋加强。

（10）砌块的垂直灰缝厚度以15mm为宜，不得大于20mm，水平灰缝厚度可根据墙体与砌块高度确定，但不得大于15mm，也不应小于10mm，灰缝要求横平竖直、砂浆饱满。

（11）填充墙的水平灰缝砂浆饱满度均应不小于80%；小砌块、加气砌块砌体的竖向灰缝也不应小于80%，其他砖砌体的竖向灰缝应填满砂浆，并不得有透明缝、瞎缝、假缝。

（12）填充墙拉结筋处的下皮小砌块宜采用半盲孔小砌块或用混凝土灌实孔洞的小砌块；薄灰砌筑法施工的蒸压加气混凝土砌块砌体，拉结筋应放置在砌块上表面设置的沟槽内。

（13）加气混凝土砌块墙上不得留有脚手眼。

（14）钢筋混凝土结构中砌筑填充墙时，应沿框架柱（剪力墙）全高每隔500mm（砌块模数不能满足时可以为600mm）配2φ6拉结筋，拉结筋伸入墙内的长度应符合设计要求；当设计无具体要求时，非抗震设防及抗震设防烈度为6度、7度时，不应小于墙长的1/5，且不小于700mm，8度、9度时宜沿墙全长贯通。

（15）填充墙与承重主体结构间的空（缝）隙部位施工，应在填充墙砌筑14d后进行。

（16）蒸压加气混凝土砌块、轻骨料混凝土小型空心砌块不应与其他块体混砌，不同强度等级的同类块体也不得混砌。但是，窗台处和因安装门窗需要，在门窗洞口处两侧填充墙上、中、下部可采用其他块体局部嵌砌；对与框架柱、梁不脱开方法的填充墙，填塞填充墙顶部与梁之间缝隙可采用其他块体。

二、 填充墙砌体工程质量验收

检验批划分：依据拟定的施工方案内容要求，按不同的结构层、变形缝、施工段，以及不同砖块规格、品种、组砌形式、砌筑方法或砌筑面积大小为一个检验批。

1. 主控项目

（1）烧结空心砖、小砌块和砌筑砂浆的强度等级应符合设计要求。

抽验数量：烧结空心砖每10万块为一验收批，小砌块每1万块为一验收批，不足上述数量时按一批计，抽检数量为一组。砂浆试块的抽检数量执行《砌体结构工程施工质量验收规范》（GB 50203—2011）的有关规定。

检验方法：检查砖、小砌块进场复验报告和砂浆试块试验报告。

（2）填充墙砌体应与主体结构可靠连接，其连接构造应符合设计要求，未经设计同意，不得随意改变连接构造方法。每一填充墙与柱的拉结筋的位置超过一皮块体高度的数量不得多于一处。

抽检数量：每检验批抽查不应少于5处。

检验方法：观察检查。

（3）填充墙与承重墙、柱、梁的连接钢筋，当采用化学植筋的连接方法时，应进行实体检测。锚固钢筋拉拔试验的轴向受拉非破坏承载力的检验值应为 6.0kN。抽检钢筋在检验值作用下应基材无裂缝、钢筋无滑移宏观裂损现象；持荷 2min 期间荷载值降低不大于 5%。检验批验收可按《砌体结构工程施工质量验收规范》（GB 50203—2011）表 B.0.1 通过正常检验一次，二次抽样判定。填充墙砌体植筋锚固力检测记录可按《砌体结构工程施工质量验收规范》（GB 50203—2011）表 C.0.1 填写。

抽查数量：按《砌体结构工程施工质量验收规范》（GB 50203—2011）表 9.2.3 确定。

检验方法：原位试验检查。

2. 一般项目

（1）填充墙砌体尺寸、位置的允许偏差及检验方法应符合表 4-7 的规定。

表 4-7 填充墙砌体尺寸、位置的允许偏差及检验方法

序号	项目		允许偏差/mm	检验方法
1	轴线位移		10	用尺检查
2	垂直度（每层）	≤3mm	5	用 2m 托线板或吊线、尺检查
		>3mm	10	
3	表面平整度		8	用 2m 靠尺和楔形尺检查
4	门窗洞口高、宽（后窗口）		±5	用尺检查
5	外墙上、下窗口偏移		20	用经纬仪或吊线检查

注：抽查数量对表中的 1、2、3 项，在检验批的标准间中随机抽查 10%，但不应少于 3 间；大面积房间和楼道按两个轴线或每 10 延长米按一标准间计数。每间检验不应少于 3 处。对表中 4、5 项，在检验批中抽检 10%，且不应少于 5 处。

（2）填充墙砌体的砂浆饱满度及检验方法应符合表 4-8 的规定

表 4-8 填充墙砌体的砂浆饱满度及检验方法

砌体分类	灰缝	饱满度及要求	检验方法
空心砖砌体	水平	≥80%	采用百格网检查块体底面或侧面砂浆的黏结痕迹面积
	垂直	填满砂浆，不得有透明缝、瞎缝、假缝	
蒸压加气混凝土砌块、轻骨料混凝土	水平	≥80%	
混凝土小型空心砌块砌体	垂直	≥80%	

抽查数量：每步架不少于 3 处，且不应少于 5 处

（3）填充墙留置的拉结钢筋或网片的位置应与块体皮数相符合。拉结钢筋或网片应置于灰缝中，埋置长度应符合设计要求，竖向位置偏差不应超过一皮砖高度。

抽检数量：检验批抽检 20%，且不应少于 5 处。

检查方法：观察和用尺量检查。

（4）砌体填充墙砌筑时应错缝搭砌，蒸压加气混凝土砌块搭砌长度不应小于砌块长度的 1/3；轻骨料混凝土小型空心砌块搭砌长度不应小于 90mm；竖向通缝不应大于 2 皮。

抽检数量：在检验批的标准间中抽查 10%，且不应少于 3 间。

检验方法：观察检查。

（5）填充墙的水平灰缝厚度和竖向灰缝宽度应正确，烧结空心砖、轻骨料混凝土小型空心砌块砌体的灰缝应为 8～12mm；蒸压加气混凝土砌块砌体的水平灰缝厚度宜为 15mm。竖向灰缝宽度宜为 20mm。

抽检数量：在检验批的标准间中抽查 10%，且不应少于 3 间。

检查方法：水平灰缝厚度用尺量 5 皮空心砖或小砌块的高度和 2m 砌体长度折算。

3. 填充墙砌体工程检验批质量验收记录

填充墙砌体工程检验批质量验收按表 4-9 进行记录

表 4-9　填充墙砌体工程检验批质量验收记录

工程名称			分项工程名称					验收部位		
施工单位								项目经理		
施工执行标准名称及编号								专业工长		
分包单位								施工班组长		
质量验收规范的规定			施工单位检查评定记录					监理（建设）单位验收记录		
主控项目	1. 块材强度等级	设计要求 MU								
	2. 砂浆强度等级	设计要求 M								
一般项目	1. 轴线位移	≤10mm								
	2. 垂直度（每层）	≤5mm								
	3. 水平缝砂浆饱满度	≥80%								
	4. 表面平整度	9.3.2 条								
	5. 门窗洞口	±5mm								
	6. 窗口偏移	≤20mm								
	7. 无混砌现象	9.3.2 条								
	8. 拉结钢筋	9.3.3 条								
	9. 搭砌长度	9.3.4 条								
	10. 灰缝厚度、宽度	9.3.5 条								
	11. 梁底砌法	9.3.7 条								
施工单位检查结果			项目专业质量检查员：　　项目专业质量（技术）负责人： 年　月　日							
监理（建设）单位验收结论			监理工程师（建设单位项目专业技术负责人）： 年　月　日							

任务五　砌体结构工程常见质量问题分析

一、　各类砌体工程共有的质量问题

各类砌体结构工程的质量问题是工程中不可避免的现象，但并不是每种质量问题都会引起工程事故。如砌体结构的墙面渗漏、砂浆不足等质量缺陷，仅仅影响建筑物的使用功能（保温、隔热、隔声、渗水等）和美观。但有的质量问题就会引起工程事故，如砌体、砂浆强度不足，配筋砌体中钢筋的漏放和锈蚀，很容易引起砌体结构错位、变形以及局部倒塌。而砌体裂缝，有的也仅仅影响建筑物的使用功能和美观（大多数填充墙砌体裂缝），有的则会引起工程事故（很多承重墙裂缝），所以，本节将对各类砌体结构（包括砖砌体、配筋砌体、混凝土小型空心切块、填充墙砌体）共有的工程质量事故予以分析。砌体结构常见的工程质量事故有砌体结构裂缝、砌体结构错位和变形、砌体结构局部倒塌。

1. 砌体结构裂缝

砌体中常见的裂缝有四类，它们是斜裂缝（正八字、倒八字等）、竖向裂缝、水平裂缝和不规则裂缝，其中前三类最常见。大量常见的砌体裂缝既不危及结构安全，也不影响正常使用，只要"墙面不渗漏、开裂"，就定性为"质量缺陷"或者"质量通病"。对于这类砌体裂缝，建筑企业应当修复。少数危及结构安全的裂缝、造成渗漏的裂缝，已影响建筑物的安全的正常使用，有的还会降低耐久性，应当予以重视，认真分析产生裂缝的原因，并做出必要的处理和明确的结论。

2. 砌体结构错位、变形

包括砌体结构房屋的整体沉降、倾斜，柱、墙或整栋楼房的错位，砌体结构在施工或使用阶段失稳变形等。

3. 砌体结构局部倒塌

砌体结构局部倒塌最多的是柱、墙工程，砖拱倒塌也时有发生。柱、墙的倒塌中，比较集中在独立墙和窗间墙工程。

二、各类砌体工程共有质量问题的原因

1. 砌体结构裂缝产生的原因

（1）温度收缩变形　包括由于温度收缩变形造成的"八"字形裂缝、"X"字形裂缝等。

① 因日照及气温变化，不同材料及不同结构部位的变形不一致，造成混凝土平屋顶下的砌体裂缝，或单层厂房山墙或生活间砖墙上出现裂缝。

② 气温或环境温度差太大，造成较长房屋中部附近出现通长竖向裂缝。

③ 北方地区施工期不采暖，砖墙收缩受到地基约束而造成窗台及其以下砌体中产生斜向或竖向裂缝。

④ 砌体中较大尺寸的混凝土结构构件的收缩，造成墙体裂缝。

⑤ 温度变形造成女儿墙出现竖向裂缝或水平裂缝等。

（2）地基不均匀沉降　包括由于地基不均匀沉降造成的八字缝、斜裂缝、水平裂缝等。

① 地基沉降差大，在房屋下部出现斜向裂缝。

② 地基局部坍塌，墙体出现水平和斜向裂缝。

③ 地基冻胀造成基础埋深不足的砌体裂缝。

④ 填土地基或黄土地基浸水后产生不均匀沉降，导致墙体开裂。

⑤ 地下水位较高的软土地基，因人工降低地下水位引起附加沉降，导致砌体开裂。

（3）结构荷载过大或砌体截面过小

① 设计计算错误造成砖柱、窗间墙及大梁下砌体裂缝经常产生。

② 改变建筑用途或构造造成砌体裂缝。例如，横墙承重的小开间办公室改成大会议室，纵墙的窗间墙成了承重墙，因承载力不足而发生裂缝。

③ 乱改设计。常见的如任意修改砌筑砂浆的品种和强度等级，导致砌体裂缝。

④ 任意在原有建筑物上加层，导致原有的柱或窗间墙等产生裂缝。

⑤ 挡土墙后的填土料改变或排水、泄水不良，造成挡土墙因抗剪强度不足而产生水平

裂缝等。

（4）设计构造不当

① 沉降缝设置不当。如设置的位置不当、缝宽不足等均导致砌体裂缝。

② 建筑物结构整体性差。如砖混结构住宅中，楼梯间砖墙的钢筋混凝土圈梁不闭合交圈，而引起裂缝。

③ 墙内留洞。如住宅外交接处留烟囱孔，影响内外墙连接，使用后因温度变化而开裂。

④ 不同结构混合使用，又无适当措施。如在钢筋混凝土梁上砌墙，因梁挠度而引起砌体裂缝。

⑤ 新旧建筑连接不当。如原有建筑扩建时，新、旧建筑的基础分离、新旧砖墙砌成整体，结合处产生的裂缝。

⑥ 留大窗洞的墙体构造不当。造成大窗台下墙出现上宽下窄的竖向裂缝。

（5）材料质量不良

① 砂浆体积不稳定。如水泥安定性不合格，或用含硫量过高的硫铁矿渣代替砂，引起砂浆开裂。

② 砖体积不稳定。如使用出厂不久的灰砖砌墙，较易引起裂缝。

（6）施工质量低劣

① 组砌方法不合理，漏放构造钢筋。如内墙不同时砌筑，又不留踏步式接槎，或不放拉结钢筋，导致内外墙连接处产生通长竖向裂缝。

② 砌体中通缝、重缝多。如集中使用断砖砌墙，导致墙体开裂。

③ 留洞或留槽不当。如宽度不大的窗间墙上留脚手架洞，导致砌体开裂。

（7）其他

① 地震。多层砖混结构房屋在强烈地震下，容易产生斜向或交叉形裂缝。

② 机械振动、爆破影响。如在已有建筑物附近爆破，导致砌体裂缝等。

2. 砌体结构错位、变形的原因

（1）地基沉降不均匀、承载力低　这是造成砌体结构房屋错位、变形，特别是房屋整体沉降、倾斜的主要原因。

（2）砌体强度不足　由于设计截面太小；水、电、暖、卫和设备留洞槽削弱断面过多；材料质量不合格；施工质量差，如砌筑砂浆强度低下，砂浆饱满度严重不足等。砌体强度不足很容易造成砌体结构的变形、开裂，严重的甚至倒塌。

（3）砌体稳定性不足　设计时不验算高厚比，违反了砌体设计规范和有关限制的规定；砌筑砂浆实际达不到设计要求；施工顺序不当，如纵横墙不同时砌筑，导致新砌纵横墙失稳；施工工艺不当，如灰砖砌筑时浇水，导致砌筑中失稳；挡土墙抗倾覆、抗滑稳定性不足等。上述原因导致砌体结构的墙或柱的高厚比过大，这类事故被称为砌体的稳定性不足事故。砌体稳定性不足常常导致结构在施工阶段或使用阶段失稳变形。

（4）房屋整体刚度不足　一般仓库等空旷建筑，由于设计构造不良，或选用的计算方案欠妥，或门窗洞对墙面削弱过大等原因，而造成房屋使用中刚度不足，出现振动，从而会引起房屋的错位、变形。

3. 砌体结构局部倒塌的原因

柱、墙砌体破坏倒塌的原因主要有以下几种：

（1）设计构造方案或计算简图错误　例如，单层房屋长度虽不大，但一端无横墙时，仍按刚性方案计算，必导致倒塌；又如跨度较大的大梁（如>14m）搁置在窗间墙上，大梁和梁垫现浇成整体墙梁连接点仍按铰接方案设计计算，也可导致倒塌；再如，单坡梁支承在砖墙或柱上，构造或计算方案不当，在水平分力作用下倒塌等。

（2）砌体设计强度不足　不少柱、墙倒塌是由于未设计计算而造成。事后验算，其安全度都达不到设计规范的要求。此外，计算错误也时有发生。

（3）乱改设计　例如，任意削弱砌体截面尺寸，导致承载能力不足或高厚比超过规范规定而失稳倒塌；又如预制梁为现浇梁，梁下的墙高由原来的非承重墙变为承重墙而倒塌。

（4）施工期失稳　例如，灰砖含水率过高，砂浆太稀，砌筑中失稳垮塌；砖墙砌筑工艺不当，又无足够的拉结力，砌筑中也易垮塌。一些较高墙的墙顶构件没有安装时，形成一端自由，易在大风等水平荷载作用下倒塌。

（5）材料质量差　砖强度不足或用断砖砌筑柱，砂浆实际强度低下等原因可能引起倒塌。

（6）施工工艺错误或施工质量低劣　例如，现浇梁板拆模过早，这部分荷载传递至砌筑不久的砌体上，因砌体强度不足而倒塌；墙轴线错位后处理不当；砌体变形后用撬棍校直；配筋砌体中漏放钢筋等均可导致砌体倒塌。

（7）旧房加层　不经论证就在原有建筑上加层，导致墙柱破坏而倒塌。

三、 各类砌体工程共有质量问题的处理

1. 砌体裂缝的处理

（1）填缝封闭　常用材料有水泥砂浆、树脂砂浆等，这类硬质填缝材料极限拉伸率很低，如砌体尚未稳定，修补后可能再次开裂。

（2）表面覆盖　对建筑物正常使用无明显影响的裂缝，为了美观的目的，可以采用表面覆盖装饰材料，而不封堵裂缝。

（3）加筋锚固　砖墙两面开裂时，需要在两侧每隔5皮砖剔凿一道长1m（裂缝两侧各0.5m）、深50mm的砖缝，埋入ϕ6钢筋一根，端部弯直钩并嵌入砖墙竖缝，然后用强度等级为M10的水泥砂浆嵌填严实。施工时要注意以下三点：

① 两面不要剔同一条缝，最好隔两皮砖。

② 必须处理好一面，并等砂浆有一定强度后再施工另一面。

③ 修补前剔开的砖缝要充分浇水湿润，修补后必须浇水养护。

（4）水泥灌浆　有重力灌浆和压力灌浆两种。由于灌浆材料强度都大于砌体强度，因此，只要灌浆方法和措施适当，经水泥灌浆修补的砌体强度都能满足要求。而且具有修补质量可靠，价格较低，材料来源广和施工方便等优点。

（5）钢筋水泥夹板墙　墙面裂缝较多，而且裂缝贯穿墙厚时，常在墙体两面增加钢筋（或小型钢）网，并用穿"∽"筋拉结固定后，两面涂抹或喷涂水泥砂浆进行加固。

（6）外包加固　常用来加固柱，一般有外包角钢和外包钢筋混凝土两类。

（7）整体加固　当裂缝较宽且墙身变形明显，或内外墙拉结不良时，仅用封堵或灌浆等措施难以取得理想效果，这时常用加设钢拉杆，有时还设置封闭交圈的钢筋混凝土或钢腰箍进行整体加固。

（8）变换结构类型　当承载能力不足导致砌体裂缝时，常用这类方法处理。最常见的是柱承重改为加砌一道墙变为承重墙，或用钢筋混凝土代替砌体等。

（9）将裂缝转为伸缩缝　在外墙上出现随环境温度而周期性变化，且较宽的裂缝时，封

堵效果往往不佳，有时可将裂缝边缘修直后，作为伸缩缝处理。

（10）其他方法　若因梁下未设混凝土垫块，导致砌体局部承压强度不足而裂缝，可采用后加垫块方法处理。对裂缝较严重的砌体有时还可采用局部拆除重砌等。

2. 砌体结构错位、变形的处理

这类事故可能危及施工或使用阶段的安全，因此均应认真分析处理，常用方法有以下几种：

（1）应急措施与临时加固　对那些强度或稳定性不足可能导致沉降，甚至倒塌的建筑物，应及时支撑防止事故恶化，如临时加固有危险，则不要冒险作业，应划出安全线，严禁无关人员进入，防止不必要的伤亡。

（2）校正砌体变形　可采用支撑压顶，或用钢丝或钢筋校正砌体变形后，再作加固等方式处理。

（3）封堵孔洞　由墙身留洞口过大造成的事故可采用仔细封堵孔洞，恢复墙整体性处理措施，也可在孔洞处增作钢筋混凝土框加强。

（4）增设壁柱　有明设和暗设两类，壁柱材料可用同类砌体，或用钢筋混凝土或钢结构。

（5）加大砌体截面　用同材料加大砖柱截面，有时也加配钢筋。

（6）外包钢筋混凝土或钢　常用于柱子加固。

（7）改变结构方案　如增加横墙、变弹性方案为刚性方案；柱承重改为墙承重；山墙增设抗风圈梁（墙不长时）等。

（8）增设卸荷结构　如墙柱增设预应力补强撑杆。

（9）预应力锚杆加固　例如，重力式挡土墙用预应力锚杆加固后，提高抗倾覆和抗滑移能力。

（10）局部拆除重做　用于柱子强度、刚度严重不足。

3. 砌体结构局部倒塌的处理

仅因施工错误而造成的局部倒塌事故，一般不采用按原设计重建方法处理。但是多数倒塌事故与设计、施工两方面的原因有关，这类事故均需要重新设计后，严格按施工规范的要求重建。

（1）排险拆除工作　局部倒塌事故发生后，对那些虽未倒塌但有可能坠落垮塌的结构构件，必须按下述要求进行排险拆除。

① 拆除工作必须自上而下地进行。

② 确定适当的拆除部位，并应保证未拆除部分结构的安全，以及修复部分与原有建筑的连接构造要求。

③ 拆除承重的墙柱前，必须作结构验算，确保拆除中的安全，必要时应设可靠的支撑。

（2）鉴定未倒塌部分　对未倒塌部分必须从设计到施工进行全面检查，必要时还应作检测鉴定，以确定其可否利用、怎样利用、是否需要补强加固等。

（3）确定倒塌原因　重建或修复工程，应在原因明确，并采取针对性措施后方可进行，避免处理不彻底，甚至引起意外事故。

（4）选择补强措施　原有建筑部分需要补强时，必须从地基基础开始进行验算，防止出现薄弱截面或节点。补强方法要切实可行，并抓紧实施，以免延误处理时机。

一、单选题

1. 水泥砂浆和水泥混合砂浆采用机械搅拌，自投料完毕算起，搅拌时间（ ）。

    A. 不得少于 3min   B. 不得少于 2min

    C. 应为 3～5min   D. 不得少于 5min

2. 掺用有机塑化剂的砂浆采用机械搅拌。自投料完毕算起，搅拌时间应为（ ）。

    A. 1min   B. 2min

    C. 2～3min   D. 3～5min

3. 砂浆应随拌随用，当施工期间最高气温超过 30℃时，水泥砂浆应在拌成后（ ）使用完毕。

    A. 5h 内   B. 4h 内

    C. 3h 内   D. 2h 内

4. 每一检验批且不超过 250m^3 砌体的各种类型及强度等级的砌筑砂浆，每台搅拌机应至少抽检（ ）次。

    A. 1   B. 2

    C. 3   D. 4

5. 砌筑时蒸压灰砂砖，粉煤灰砖的产品龄期（ ）。

    A. 不得多于 28d   B. 不得少于 28d

    C. 不得少于 21d   D. 不得多于 21d

6. 砖砌体灰缝如果采用铺浆法砌筑，施工期间气温超过 30℃时，铺浆长度（ ）。

    A. 不得超过 650mm   B. 不得超过 600mm

    C. 不得超过 550mm   D. 不得超过 500mm

7. 砖砌体预留孔和预埋件中，设计要求的洞口、管道、沟槽，应在砌筑时按要求预留或预埋，未经同意，不得打凿墙体和在墙体上开凿水平沟槽，超过（ ）的洞口上都应设过梁。

    A.300mm   B.350mm

    C.400mm   D.450mm

8. 砖砌体水平灰缝的砂浆饱满度不得（ ）。

    A. 小于 90%   B. 小于 85%

    C. 小于 80%   D. 小于 75%

9. 砖砌体中，用（ ）检查砖底面与砂浆的黏结痕迹面积。

    A. 直角尺   B. 百格网

    C. 钢尺   D. 经纬仪

10. 当检查砌体砂浆饱满度时，每处检测（ ）砖，取其平均值。

    A. 两块   B. 三块

    C. 四块   D. 五块

11. 砖砌体的转角处和交接处应同时砌筑，严禁无可靠措施的内外墙分砌施工。对不能同时砌筑而又必须留置的临时间断处应砌成斜槎，普通砖砌体斜槎水平投影长度不应小于高度的（ ）。

    A. 1/2   B. 1/3

    C. 2/3   D. 1/4

12. 砖砌体一般项目合格标准中，混水墙中长度大于或等于（ ）mm 的通缝每间不超过 3 处，且不得位于同一面墙体。

    A. 100   B. 200   C. 300   D. 400

13. 砖砌体的灰缝应横平竖直，厚薄均匀。水平灰缝厚度宜为 10mm，但不应该小于（ ），也不应大于 12mm。

A. 5mm B. 6mm C. 7mm D. 8mm

14. 配筋砖砌体水平灰缝中钢筋的搭接长度不应小于（ ）。

A. 55d B. 60d C. 65d D. 70d

15. 配筋砖砌体钢筋网可采用方格网或连接弯网，钢筋直径宜采用（ ）。

A. 1～2mm B. 1～3mm C. 2～3mm D. 3～4mm

16. 配筋砖砌体钢筋网中钢筋的间距不应大于（ ），并不应小于30mm。

A. 110mm B. 115mm C. 120mm D. 125mm

17. 配筋砖砌体工程中，构造柱纵筋应穿过圈梁，保证纵筋上下贯通；构造柱箍筋在楼层上、下各500mm范围内应进行加密，间距宜为（ ）。

A. 90mm B. 100mm C. 110mm D. 120mm

18. 配筋砌体工程质量验收时，一般项目中的组合砖砌体构件，竖向受力钢筋保护层厚度允许偏差为（ ）。

A. ±2mm B. ±3mm C. ±4mm D. ±5mm

19. 填充墙砌体工程中，蒸压加气混凝土砌块、轻骨料混凝土小型空心砌块砌筑时，其产品龄期（ ）。

A. 应超过28d B. 不应超过28d C. 应超过30d D. 不超过28d

20. 填充墙砌体工程中，（ ）砌筑时，应向砌筑面适量浇水。

A. 加气混凝土砌块 B. 蒸压加气混凝土砌块
C. 烧结空心砖 D. 轻骨料混凝土小型空心砖

21. 在厨房、卫生间、浴室等处采用轻骨料混凝土小型空心砌块、蒸压加气混凝土砌块砌筑墙体时，墙底部宜现浇混凝土坎台，其高度宜为（ ）mm。

A. 120 B. 150 C. 200 D. 240

22. 填充墙砌筑时应墙缝搭砌，加气混凝土砌块搭接长度不小于砌块长度的（ ）。

A. 1/2 B. 2/3 C. 1/3 D. 3/4

23. 填充墙与承重主体结构间的空（缝）隙部位施工，应在填充墙砌筑（ ）后进行。

A. 3d B. 7d C. 14d D. 28d

24. 填充墙砌体工程质量验收时，空心砖、轻骨料混凝土小型空心砌块的砌体灰缝应为（ ）。

A. 4～8mm B. 6～10mm C. 8～12mm D. 10～14mm

25. 填充墙砌体工程中，（ ）砌体的水平灰缝厚度及竖向灰缝宽度不应超过15mm。

A. 烧结空心砖 B. 加气混凝土砌块
C. 轻骨料混凝土小型空心砌块 D. 蒸压加气混凝土砌块

二、多选题

1. 配筋砌体工程中构造柱与墙体的连接处应砌成马牙槎，马牙槎应先退后进，预留的拉结钢筋应位置正确，施工中不得任意弯折，质量验收时，其合格标准为（ ）。

A. 钢筋竖向移位不应超过100mm

B. 钢筋竖向移位不应超过150mm

C. 每一马牙槎沿高度方向尺寸不应超过300mm

D. 每一马牙槎沿高度方向尺寸不应超过350mm

E. 钢筋竖向位移和马牙槎尺寸偏差每一构造柱不应超过2处

2. 填充墙砌体工程中，（ ）由于干缩值大（是烧结黏土砖的数倍），不应与其他块材混砌。

A. 轻骨料混凝土小型砌块 B. 烧结空心砖
C. 薄壁空心砖 D. 多孔砖

3. 不得设置脚手眼的部位有（ ）。

A. 180mm 厚墙、料石清水墙和独立柱石

B. 过梁上与过梁成 60°的三角形范围及过梁净跨度 1/2 的高度范围内

C. 宽度小于 1m 的窗间墙

D. 砌体门窗洞口两侧 200mm 的转角处 450mm 范围内

4. 填充墙砌体垂直度的检查工具有（ 　　 ）。

A. 2m 托线板　　　　 B. 吊线　　　 C. 尺　　　　 D. 经纬仪

5. 属于小砌块的主控项目是（ 　　 ）。

A. 砌体灰缝砂浆饱满度　　　　 B. 砌筑留槎

C. 轴线与垂直度控制　　　　 D. 墙体灰缝尺寸

6. 关于填充墙砌体的尺寸允许偏差正确的是（ 　　 ）。

A. 轴线位移 ±10mm　　　　 B. 垂直度允许偏差 10mm

C. 表面平整度 8mm　　　　 D. 门窗洞口 ±10mm

三、案例分析题

某建筑工程位于西四环和西三环之间，建筑面积为 52000m²，框架结构，筏板式基础，地下 2 层，基础埋深约为 14.2m，该工程由某建筑公司组织施工，于 2002 年 6 月开工建设，混凝土强度等级为 C35 级，墙体采用小型空心砌块。

根据以上内容，回答下列问题：

（1）该混凝土小型砌体工程的材料质量要求是什么？

（2）该项目质量验收的主要内容及方法是什么？

项目五
混凝土结构工程

【学习目标】

通过本项目内容的学习，使学生掌握混凝土工程质量控制要点，了解混凝土工程质量验收标准及检验方法。掌握混凝土工程常见质量问题的处理方法。为学生将来从事工程设计、工程施工和管理工作奠定良好的基础。

【学习要求】

（1）掌握模板工程、钢筋工程、混凝土工程质量控制要点及验收项目和验收标准，能对其进行质量验收。

（2）通过学习，熟练掌握混凝土工程质量问题的产生原因和预防处理方法。

（3）会使用混凝土工程质量验收时常用的检验工具。

混凝土结构子分部工程，可根据结构的施工方法分为现浇混凝土结构子分部工程和装配式混凝土结构子分部工程；根据结构的分类，还可分为钢筋混凝土结构子分部工程和预应力混凝土结构子分部工程等。混凝土结构子分部工程可划分为模板、钢筋、预应力、混凝土、现浇结构和装配式结构等分项工程。各分项工程可根据与施工方式相一致且便于控制施工质量的原则，按工作班、楼层、结构缝或施工段划分为若干检验批。

任务一 模板工程质量控制与验收

一、模板安装工程质量控制与验收

（一）模板安装工程质量控制

1. 模板安装的一般要求

（1）模板的接缝不应漏浆；在浇筑混凝土前，木模板应浇水湿润，但模板内不应有积水。

（2）模板与混凝土的接触面应清理干净并涂刷隔离剂，但不得采用影响结构性能或妨碍装饰工程施工的隔离剂。

（3）竖向模板和支架的支撑部分必须坐落在坚实的基础上，且要求接触地面平整。

（4）安装过程中应多检查，注意垂直度、标高、中心线及各部分的尺寸，确保机构部分的几何尺寸和相邻位置的正确。

（5）浇筑混凝土前，模板内的杂物应清理干净。

（6）模板安装应按编制的模板设计文件和施工技术方案施工。在浇筑混凝土前，应对模板工程进行验收。

2. 模板安装偏差的控制

（1）模板轴线放线时，应考虑建筑装饰装修工程的厚度尺寸，留出装饰厚度。

（2）模板安装的顶部及根部应设标高标记，并设限位措施，确保标高尺寸准确。支模时应拉水平通线，设竖向垂直控制线，确保横平竖直，位置正确。

（3）基础的杯芯模板应刨光直拼，并钻有排气孔，减少浮力；杯口模板中心线应准确，模板钉牢，以免浇筑混凝土时芯模上浮；模板厚度应一致，格栅面应平整格栅木料要有足够强度和刚度。墙模板的穿墙螺栓直径间距和垫块规格应符合设计要求。

（4）柱子支模前必须先校正钢筋位置。成排柱支模时应先立两端柱模板，在底部弹出通线，定出位置并兜方找中，校正与复核位置无误后，顶部拉通线，再立中间柱模板。柱箍间距按柱截面大小及高度决定，一般控制在500~1000mm，根据柱距选用剪刀撑、水平支撑、四面斜撑撑牢，保证模板位置准确。

（5）梁模板上口应设临时撑头，侧模板下口应贴紧底模板或墙面，斜撑与上口钉牢，保持上口呈直线；深梁应根据梁的高度及核算的荷载及侧压力适当加横梁。

（6）梁柱节点连接处一般下料尺寸略缩短，采用边模板包底模板，拼缝应严密，支撑牢靠，及时错位可采取有效、可靠措施予以纠正。

3. 模板支架安装的要求

（1）支架模板的地坪、胎模等应保持平整光洁，不得产生下沉、裂缝、起鼓或起砂等现象。

（2）支架的立柱底部应铺设适合的垫板；支撑在疏松土质上时基土必须经过夯实，并应通过计算，确定其有效支撑面积，并应有可靠的排水措施。

（3）立柱与立柱之间的带锥销横杆，应用锤子敲紧，避免立柱失稳，支撑完毕应设专人检查。

（4）安装现浇结构的上层模板及其支架时，下层楼板应具有承受上层荷载的承载能力或加设支架支撑，保证有足够的刚度和稳定性；多楼板支架系统的立柱应安装在同一垂直线上。

4. 模板变形的控制

（1）超过3m高度的大型模板的侧模应留门子板；模板应留清扫口。

（2）控制模板起拱高度，消除在施工中因结构自重、施工荷载作用引起的挠度。对跨度不小于4m的现浇钢筋混凝土梁、板，其模板应按计划要求起拱；当设计没有具体要求时，起拱高度宜为跨度的1/1000~3/1000。

（3）浇筑混凝土高度应控制在允许范围内，浇筑时应均匀、对称下料，以免局部侧压力过大导致胀模。

（二）模板安装工程质量验收

1. 主控项目

（1）模板及支架用材料的技术指标应符合国家现行有关标准的规定，进场时应抽样检验模板和支架材料的外观、规格和尺寸。

检查数量：按国家现行相关标准的规定确定。

检验方法：检查质量证明文件，观察，尺量。

（2）现浇混凝土结构模板及支架的安装质量，应符合国家现行有关标准的规定和施工方案的要求。

检查数量：按国家现行相关标准的规定确定。

检验方法：按国家现行有关标准的规定执行。

（3）后浇带处的模板及支架应独立设置。

检查数量：全数检查。

检验方法：观察。

（4）支架竖杆和竖向模板安装在土层上时，应符合下列规定：

① 土层应坚实、平整，其承载力或密实度应符合施工方案的要求；

② 应有防水、排水措施，对冻胀性土，应有预防冻融措施；

③ 支架竖杆下应有底座或垫板。

检查数量：全数检查。

检验方法：观察；检查土层密实度检测报告、土层承载力验算或现场检测报告。

2. 一般项目

（1）模板安装质量应符合下列规定：

① 模板的接缝应严密；

② 模板内不应有杂物、积水或冰雪等；

③ 模板与混凝土的接触面应平整、清洁；

④ 用作模板的地坪、胎膜等应平整、清洁，不应有影响构件质量的下沉、裂缝、起砂或起鼓；

⑤ 对清水混凝土及装饰混凝土构件，应使用能达到设计效果的模板。

检查数量：全数检查。

检验方法：观察。

（2）隔离剂的品种和涂刷方法应符合施工方案的要求，隔离剂不得影响结构性能及装饰施工；不得沾污钢筋、预应力筋、预埋件和混凝土接槎处；不得对环境造成污染。

检查数量：全数检查。

检验方法：检查质量证明文件；观察。

（3）模板的起拱应符合现行国家标准《混凝土结构工程施工规范》（GB 50666—2011）的规定，并应符合设计及施工方案的要求。

检查数量：在同一检验批内，对梁，跨度大于 18m 时应全数检查，跨度不大于 18m 时应抽查构件数量的 10%，且不应少于 3 件；对板，应按有代表性的自然间抽查 10%，且不应少于 3 间；对大空间结构，板可接纵、横轴线划分检查面，抽查 10%，且不应少于 3 面。

检验方法：水准仪或尺量。

（4）现浇混凝土结构多层连续支模应符合施工方案的规定，上下层模板支架的竖杆宜对准，竖杆下垫板的设置应符合施工方案的要求。

检查数量：全数检查。

检验方法：观察。

（5）固定在模板上的预埋件和预留孔洞不得遗漏，且应安装牢固。有抗渗要求的混凝土结构中的预埋件，应按设计及施工方案的要求采取防渗措施。

预埋件和预留孔洞的位置应满足设计和施工方案的要求。当设计无具体要求时，其位置偏差应符合表 5-1 的规定。

检查数量：在同一检验批内，对梁、柱和独立基础，应抽查构件数量的 10%，且不应少于 3 件；对墙和板，应按有代表性的自然间抽查 10%，且不应少于 3 间；对大空间结构墙可按相邻轴线间高度 5m 左右划分检查面，板可按纵、横轴线划分检查面，抽查 10%，且均不应少于 3 面。

检验方法：观察，尺量。

表 5-1　预埋件、预留孔洞的允许偏差

项目		允许偏差/mm
预埋钢板中心线位置		3
预埋管、预留孔中心位置		3
插筋	中心线位置	5
	外露长度	+10，0
预埋螺栓	中心线位置	2
	外露长度	+10，0
预留洞	中心线位置	10
	尺寸	+10，0

注：检查中心线位置时，应沿纵、横两个方向测量，并取其中偏差的较大值。

（6）现浇结构模板安装的尺寸偏差及检验方法应符合表 5-2 的规定。

检查数量：在同一检验批内，对梁、柱和独立基础，应抽查构件数量的 10%，且不应少于 3 件；对墙和板，应按有代表性的自然间抽查 10%，且不应少于 3 间；对大空间结构，墙可按相邻轴线间高度 5m 左右划分检查面，板可按纵、横轴线划分检查面，抽查 10%，且均不少于 3 面。

表 5-2　现浇结构模板安装的尺寸偏差及检验方法

项目		允许偏差/mm	检验方法
轴线位置		5	用钢尺检查
底模上表面标高		±5	用水准仪或拉线、钢尺检查
模板内部尺寸	基础	±10	用钢尺检查
	柱、墙、梁	4，−5	用钢尺检查
	楼梯相邻踏步高差	±5	用钢尺检查
层高	柱、墙层高≤5m	6	用经纬仪或吊线、钢尺检查
	柱、墙层高＞5m	8	用经纬仪或吊线、钢尺检查
相邻两板表面高度差		2	用钢尺检查
表面平整度		5	用 2m 靠尺和塞尺检查

注：检查轴线位置时，应沿纵、横两个方向测量，并取其中较大值。

（7）预制构件模板安装的允许偏差应符合表 5-3 的规定。

表 5-3　预制构件模板安装的允许偏差及检验方法

项目		允许偏差/mm	检验方法
长度	板、梁	±5	用钢尺量两边，取其中较大值
	薄腹板、桁架	±10	
	柱	0，−10	
	墙板	0，−5	
宽度	板、墙板	0，−5	用钢尺量一端及中部，取其中较大值
	梁、薄腹板、桁架、柱	+2，−3	
高（厚）度	板	+2，−3	用钢尺量一端及中部，取其中较大值
	墙板	0，−5	
	梁、薄腹板、桁架、柱	+2，−3	
侧向弯度	梁、板、柱	$L/1000$ 且≤15	用拉线、钢尺量最大弯曲处
	墙板、薄腹板、桁架	$L/1500$ 且≤15	

项目		允许偏差/mm	检验方法
板的表面平整度		3	用2m靠尺和塞尺检查
相邻板的高度差		1	用钢尺检查
对角线差	板	7	用钢尺量两个对角线
	墙板	5	
翘曲	板、墙板	$L/1500$	用调平尺在两端测量
设计起拱	薄腹板、桁架、梁	± 3	用拉线、钢尺量跨中

注：L 为构件长度。

检查数量：首次使用及大修后的模板应全数检查；使用中的模板应定期检查，并根据使用情况不定期抽查。

二、 模板拆除工程质量控制与验收

（1）模板及其支架的拆除时间和顺序应事先在施工技术方案中确定，拆模必须按顺序进行，一般是先支的后拆，后支的先拆；先拆非承重部分，后拆承重部分。重大复杂模板拆除，按专门制订的拆模方案执行。

（2）现浇楼板采用早拆模施工时，经理论计算复核后将大跨度楼板改成支模形式为小跨度的楼板（≤2m）；当浇筑的楼板混凝土实际强度达到50％的设计强度标准时，可拆除模板，保留支架，严禁调换支架。

（3）多层建筑施工，当上层楼板正在浇筑混凝土时，下一层楼板的模板支架不得拆除，再下一层楼板的支架，只可拆除一部分；跨度在4m及4m以上的梁下均应保留支架，其间距不得大于3m。

（4）高层建筑的梁、板完成一层结构，其底部及其支架的拆除时间控制，应对所用混凝土的强度发展情况，分层进行核算，保证下层梁及楼板混凝土能承受上层全部荷载。

（5）拆除时应先清理脚手架上的垃圾杂物，再拆除连接杆件，经检验安全可靠后方可按顺序拆除。拆除时要统一指挥，专人监护，设计警戒区，避免交叉作业，拆下物品及时清运、整修、保养。

（6）后张法预应力结构构件，侧模宜在预应力张拉前拆除；底模及支架的拆除应按施工技术方案执行，当没有具体要求时，应在结构构件建立预应力之后拆除。

（7）后浇带模板的拆除和支顶方法应按施工技术方案执行。

（8）底板及其支架拆除时的混凝土强度应符合设计要求；当设计无具体要求时，混凝土强度应符合表5-4的规定。

表 5-4　底模拆除时混凝土的强度要求

构件类型	跨度构件/m	达到设计的混凝土立方体抗压强度标准值的百分率/%
板	≤2	≥50
	>2，≤8	≥75
	>8	≥100
梁、拱、壳	≤8	≥75
	>8	≥100
悬臂构件		≥100

任务二　钢筋工程质量控制与验收

一、钢筋工程质量控制

1. 钢筋加工质量控制

（1）仔细查看结构施工图，了解不同结构件的配筋数量、规格、间距、尺寸等（注意：处理好接头位置和接头百分率问题）。

（2）钢筋的表面应该整洁。油渍、漆污和用锤敲击时能剥落的浮皮、铁锈等应在使用前清除干净，在焊接前，焊点处的水锈应清除干净。

（3）在切断过程中，如果发现钢筋劈裂、缩头或严重弯头，必须切除；若发现钢筋的硬度与该钢筋有较大出入，应向有关人员报告，查明情况。钢筋的端口，不得为马蹄形或出现起弯现象。

（4）钢筋切断时，将同规格钢筋根据不同长度搭配，统筹排料；一般先断长料，后断短料，减少短头，减少损耗。断料时，应避免用短尺量长料，防止在量料中产生累计误差。

（5）钢筋调直宜采用机械方法，也可采用冷拉方法。当采用冷拉方法调直钢筋时，HPB300 级钢筋的冷拉率不宜大于 4%，HRB335 级、HRB400 级和 RRB400 级钢筋的冷拉率不宜大于 1%。

（6）钢筋加工过程中，检查钢筋冷拉的方法和控制参数；检查钢筋翻样图及配料单中钢筋的尺寸、形状是否符合设计要求，加工尺寸偏差是否符合规定；检查受力钢筋加工时的弯钩形式和弯钩形状及弯曲半径；检查箍筋末端的弯钩形式。

（7）钢筋加工过程中，若发现钢筋脆断、焊接性能不良或力学性能显著不正常时，应立即停止使用，并对该批钢筋进行化学成分检验或其他专项检验，按检验结果进行技术处理，如果发现力学性能或化学成分不符合要求，必须退货处理。

2. 钢筋连接工程质量控制

（1）钢筋连接操作前应进行安全技术交底，并履行相关手续。

（2）机械连接、焊接（应注意闪光对焊和电渣压力焊的适用范围）、绑扎搭接是钢筋连接的主要方法，纵向受力钢筋的连接方式应符合设计要求。在施工现场应按国家现行标准的规定，对钢筋的机械接头、焊接接头外观质量和力学性能抽取试件进行检验，其质量必须符合要求。绑扎接头应重点检查搭接长度，特别注意钢筋接头百分率对搭接长度的修正；闪光对焊焊接质量的判别对于缺乏此项经验的人员来说比较困难。因此，具体操作时，在焊接人员、设备、焊接工艺和焊接参数等的选择与质量验收时应予以特别重视。

（3）钢筋机械连接和焊接的操作人员必须持证上岗。焊接操作工只能在其上岗证规定的施焊范围实施操作。

（4）钢筋连接所用的焊（条）剂、套筒等材料必须符合技术检验认定的技术要求，并具有相应的出厂合格证。

（5）钢筋机械连接和焊接操作前应首先抽取试件，以确定钢筋连接的工艺参数。

（6）在同一构件中钢筋机械连接接头或焊接接头的设置宜相互错开，接头位置、接头百分率应符合规范要求。同一构件相邻纵向受力钢筋的绑扎搭接接头宜相互错开，纵向受拉钢筋搭接接头面积百分率应符合设计要求；绑扎搭接接头中钢筋的横向净距不应小于钢筋直径，且不应小于 25mm，同时钢筋接头宜设置在受力较小处，同一纵向受力钢筋不宜设置两个或两个以上接头。接头末端至弯起点的距离不应小于钢筋直径的 10 倍。

（7）帮条焊适用于焊接直径为 10～40mm 的热轧光圆及带肋钢筋、直径为 10～25mm 的余热处理钢筋。搭接焊适用焊接的钢筋与帮条焊相同。电弧焊接接头外观质量检查应注意以下几点：

① 焊缝表面应平整，不得有凹陷或焊瘤。

② 焊接接头区域不得有肉眼可见的裂纹。

③ 咬边深度、气孔、夹渣等缺陷允许值应符合相关规定。

④ 坡口焊、熔槽帮条焊和窄间隙焊接头的焊缝余高不得大于 3mm。

（8）适用于焊接直径为 14～40mm 的 HPB300 级、HRB335 级钢筋。焊机容量应根据钢筋直径选定。电渣压力焊应用于柱、墙、烟囱等现浇混凝土结构中竖向钢筋的连接，不得用于梁、板等构件中的水平钢筋连接。

（9）适用于焊接直径为 14～40mm 的热轧圆钢及带肋钢筋。当焊接直径不同钢筋时，两直径之差不得大于 7mm。气压焊等压法、二次加压法、三次加压法等工艺应根据钢筋直径等条件选用。

（10）进行电阻电焊、闪光对焊、电渣压力焊、埋弧压力焊时，应随时观察电源电压的波动情况。当电源电压下降大于 5%、小于 8% 时，应采取提高焊接变压器级数的措施；当大于或等于 8% 时，不得进行焊接。钢筋电渣压力焊焊接接头外观质量检查应注意以下几点：

① 四周焊包突出钢筋表面的高度不得小于 4mm。

② 钢筋与电极接触处，应无烧伤缺陷。

③ 接头处的弯折角不得大于 3°。

④ 接头处的轴线偏移不得大于钢筋直径的 0.1 倍，且不得大于 2mm。

（11）带肋钢筋套筒挤压深度应符合设计要求：

① 钢筋插入套筒内深度应符合设计要求。

② 钢筋端头离套筒长度中心点不宜超过 10mm。

③ 先挤压一端钢筋，插入连接钢筋后，再挤压另一端套筒，挤压宜从套筒中部开始，依次向两端挤压，挤压机与钢筋轴线保持垂直。

（12）钢筋锥螺纹连接的螺纹丝头的锥度、螺距必须与套筒的锥度、螺距一致。对准轴线将钢筋拧入套筒内，接头拧紧值应满足规定的力矩。

3. 钢筋安装工程质量控制

（1）钢筋安装前，应进行安全技术交底，并履行有关手续。

（2）钢筋安装前，应根据施工图核对钢筋的品种、规格、尺寸和数量，并落实钢筋安装工序。

（3）钢筋安装时检查钢筋骨架、钢筋网绑扎方法是否正确，绑扎是否牢固可靠。

（4）纵向受拉钢筋的绑扎搭接接头的搭接长度，应根据位于同一连接段区段内的钢筋搭接，接头面积百分率按《混凝土结构设计规范》（GB 50010—2010）中的公式计算，且不小于 300mm。

（5）在任何情况下，纵向受力钢筋的搭接长度不得小于 100mm，受压钢筋搭接长度不应小于 200mm。在绑扎接头的搭接长度范围内，应采用铁丝绑扎三点。

（6）绑扎钢筋用钢丝规格是 20～22 号镀锌钢丝或 20～22 号钢丝（火烧丝），绑扎楼板钢筋网片时，一般用单根 22 号钢丝；绑扎梁柱钢筋骨架时，则用双根 22 号钢丝。

（7）钢筋混凝土梁、柱、墙板钢筋安装时要注意的控制点：

① 框架结构节点核心区、剪力墙结构暗柱与连梁交接处，梁与柱的箍筋设置是否符合要求。

② 框架剪力墙结构或剪力墙结构中连梁箍筋在暗柱中的设置是否符合要求。

③ 框架梁、柱箍筋加密区长度和间距是否符合要求。

④ 框架梁、连梁在柱、墙、梁中的锚固方式、锚固长度是否符合设计要求（工程中往往存在部分钢筋水平段锚固不满足设计要求的现象）。

⑤ 框架柱在基础梁、板或承台中的箍筋设置（类型、根数、间距）是否符合要求。

⑥ 剪力墙结构跨高比小于或等于 2 时，检查连梁中交叉加强钢筋的设置是否符合要求。

⑦ 剪力墙竖向钢筋搭接长度是否符合要求（注意搭接长度的修正，通常是接头百分数的修正）。

⑧ 框架柱特别是角柱箍筋间距、剪力墙暗柱箍筋形式和间距是否符合要求。

⑨ 钢筋接头质量、位置和百分率是否符合设计要求。

⑩ 注意在施工时，由于施工方法等原因可能形成短柱或短梁。

⑪ 注意控制基础梁柱交接处、阳角放射筋部位的钢筋保护层质量。

⑫ 框架梁与连系梁钢筋的相互位置关系必须正确，特别注意悬臂梁与其支撑梁钢筋位置的相互关系。

⑬ 当剪力墙钢筋直径较细时，注意控制钢筋的水平度与垂直度，应采取适当措施（如增加梯子筋数量等）确保钢筋位置正确。

⑭ 当剪力墙钢筋直径较细时，剪力墙钢筋往往"跑位"，通常可在剪力墙上口采用水平梯子筋加以控制。

⑮ 柱中钢筋根数、直径变化处及构件截面发生变化处的纵向受力钢筋的连接和锚固方式应予以关注。

（8）工程实践中为便于施工，剪力墙中的拉结筋加工往往是一端加工成 135°弯钩，另一端暂时加工成 90°弯钩，待拉结筋就位后再将 90°弯钩弯折成形。这样，如果加工措施不当往往会出现拉结筋变形使剪力墙筋骨架减小，钢筋安装时应予以控制。

（9）注意控制预留洞口加强筋的设置是否符合设计要求。

（10）工程中常常出现由于墙柱钢筋固定措施不合格，导致下柱（墙）钢筋位置偏离设计要求的现象，隐蔽工程验收时应查验防止墙柱钢筋错位的措施是否得当。

（11）钢筋安装时，检查梁、柱箍筋弯钩处是否沿受力钢筋方向相互错开放置，绑扎扣是否按变换方向进行绑扎。

（12）钢筋安装完毕后，检查钢筋保护层垫块、马镫等是否根据钢筋直径、间距和设计要求正确放置。

（13）钢筋安装时，检查受力钢筋放置的位置是否符合设计要求，特别是梁、板、悬挑构件的上部纵向受力钢筋。

二、 钢筋工程质量验收

1. 一般规定

（1）浇筑混凝土之前，应进行钢筋隐蔽工程验收。隐蔽工程验收应包括下列主要内容：

① 纵向受力钢筋的牌号、规格、数量、位置；

② 钢筋的连接方式、接头位置、接头质量、接头面积百分数、搭接长度、锚固方式及锚固长度;

③ 箍筋、横向钢筋的牌号、规格、数量、间距、位置,箍筋弯钩的弯折角度及平直段长度;

④ 预埋件的规格、数量和位置。

(2) 钢筋、成型钢筋进场检验,当满足下列条件之一时,其检验批容量可扩大一倍。

① 获得认证的钢筋、成型钢筋;

② 同一厂家、同一牌号、同一规格的钢筋,连续三批均一次检验合格;

③ 同一厂家、同一类型、同一钢筋来源的成型钢筋,连续三批均一次检验合格。

2. 原材料

(1) 主控项目

① 钢筋进场时,应按国家现行标准《钢筋混凝土用钢 第 1 部分:热轧光圆钢筋》(GB 1499.1—2008)、《钢筋混凝土用钢 第 2 部分:热轧带肋钢筋》(GB 1499.2—2007)、《钢筋混凝土用余热处理钢筋》(GB 13014—2013)、《钢筋混凝土用钢 第 3 部分:钢筋焊接网》(GB/T 1499.3)、《冷轧带肋钢筋》(GB 13788—2008)、《高延性冷轧带肋钢筋》(YB/T 4260—2011)、《冷轧扭钢筋》(JG 190—2006)及《冷轧带肋钢筋混凝土结构技术规程》(GJ 95—2011)、《冷轧扭钢筋混凝土构件技术规程》(JGJ 115—2006)、《冷拔低碳钢丝应用技术规程》(JGJ 19—2010)抽取试件作屈服强度、抗拉强度、伸长率、弯曲性能和重量偏差检验,检验结果应符合相应标准的规定。

检查数量:按进场批次和产品的抽样检验方案确定。

检验方法:检查质量证明文件和抽样检验报告。

② 成型钢筋进场时,应抽取试件作屈服强度、抗拉强度、伸长率和重量偏差检验,检验结果应符合国家现行相关标准的规定。

对由热轧钢筋制成的成型钢筋,应当有施工单位或监理单位的代表驻厂监督生产过程,并提供原材料钢筋力学性能第三方检验报告时,可仅进行重偏差检验。

检查数量:同一厂家、同一类型、同一钢筋来源的成型钢筋,不超过 30t 为一批,每批中每种钢筋牌号、规格均应至少抽取 1 个钢筋试件,总数不应少于 3 个。

检验方法:检查质量证明文件和抽样检验报告。

③ 对按一级、二级、三级抗震等级设计的框架和斜撑构件(含梯段)中的纵向受力普通钢筋应采用 HRB335E、HRB400E、HRB500E、HRBF335E、HRBF400E 或 HRBF500E 钢筋,其强度和最大力下总伸长率的实测值应符合下列规定:

a. 抗拉强度实测值与屈服强度实测值的比值不应小于 1.25;

b. 屈服强度实测值与屈服强度标准值的比值不应大于 1.30;

c. 最大力下总伸长率不应小于 9%。

检查数量:按进场的批次和产品的抽样检验方案确定。

检验方法:检查抽样检验报告。

(2) 一般项目

① 钢筋应平直、无损伤,表面不得有裂纹、油污、颗粒状或片状老锈。

检查数量:进场和使用前全数检查。

检验方法:观察检查。

② 成型钢筋的外观质量和尺寸偏差应符合国家现行相关标准的规定。

检查数量：同一厂家、同一类型的成型钢筋，不超过30t为一批，每批随机抽取3个成型钢筋试件。

检验方法：观察，尺量。

③ 钢筋机械连接套筒、钢筋锚固板以及预埋件等的外观质量应符合国家现行相关标准的规定。

检查数量：按国家现行相关标准的规定确定。

检验方法：检查产品质量证明文件；观察，尺量。

3. 钢筋加工

（1）主控项目

① 钢筋弯折的弯弧内直径应符合下列规定：

a. 光圆钢筋，不应小于钢筋直径的2.5倍；

b. 335MPa级、400MPa级带肋钢筋，不应小于钢筋直径的4倍；

c. 500MPa级带肋钢筋，当直径为28mm以下时不应小于钢筋直径的6倍，当直径为28mm及以上时不应小于钢筋直径的7倍；

d. 箍筋弯折处尚不应小于纵向受力钢筋的直径。

检查数量：按每工作班同一类型钢筋、同一加工设备抽查不应少于3件。

检验方法：尺量。

② 纵向受力钢筋的弯折后平直段长度应符合设计要求。光圆钢筋末端作180°弯钩时，弯钩的平直段长度不应小于钢筋直径的3倍。

检查数量：按每工作班同一类型钢筋、同一加工设备抽查不应少于3件。

检验方法：尺量。

③ 箍筋、拉筋的末端应按设计要求作弯钩，并应符合下列规定：

a. 对一般结构构件，箍筋弯钩的弯折角度不应小于90°，弯折后平直段长度不应小于箍筋直径的5倍；对有抗震设防要求或设计有专门要求的结构构件，箍筋弯钩的弯折角度不应小于135°，弯折后平直段长度不应小于箍筋直径的10倍。

b. 圆形箍筋的搭接长度不应小于其受拉锚固长度，且两末端弯钩的弯折角度不应小于135°，弯折后平直段长度对一般结构构件不应小于箍筋直径的5倍，对有抗震设防要求的结构构件不应小于箍筋直径的10倍。

c. 梁、柱复合箍筋中的单肢箍筋两端弯钩的弯折角度均不应小于135°，弯折后平直段长度应符合a中对箍筋的有关规定。

检查数量：按每工作班同一类型钢筋、同一加工设备抽查不应少于3件。

检验方法：尺量。

④ 盘卷钢筋调直后应进行力学性能和重量偏差检验，其强度应符合国家现行有关标准的规定，其断后伸长率、重量偏差应符合表5-5的规定。力学性能和重量偏差检验应符合下列规定：

a. 应对3个试件先进行重量偏差检验，再取其中2个试件进行力学性能检验。

b. 重量偏差应按下式计算：

$$\Delta = \frac{W_d - W_0}{W_0} \times 100 \tag{5-1}$$

式中　Δ——重量偏差，%；

W_d——3个调直钢筋试件的实际重量之和，kg；

W_0——钢筋理论重量，取每米理论重量（kg/m）与 3 个调直钢筋试件长度之和（m）的乘积，kg。

c. 检验重量偏差时，试件切口应平滑并与长度方向垂直，其长度不应小于 500mm；长度和重量的量测精度分别不应低于 1mm 和 1g。

采用无延伸功能的机械设备调直的钢筋，可不进行本条规定的检验。

表 5-5 盘卷钢筋调直后的断后伸长率、重量偏差要求

钢筋牌号	断后伸长率 A/%	重量偏差/%	
		直径 6～12mm	直径 14～16mm
HPB300	≥21	≥−10	—
HRB335、HRBF335	≥16	≥−8	≥−6
HRB400、HRBF400	≥15		
RRB400	≥13		
HRB500、HRBF500	≥14		

注：断后伸长率 A 的量测标距为 5 倍钢筋直径。

检查数量：同一加工设备、同一牌号、同一规格的调直钢筋，重量不大于 30t 为一批，每批见证抽取 3 个试件。

检验方法：检查抽样检验报告。

（2）一般项目

① 钢筋宜采用无延伸功能的机械设备进行调直，也可采用冷拉方法调直，当采用冷拉方法调直时，HPB300 级光圆钢筋的冷拉率不宜大于 4%；HRB335、HRB400、HRB500、HRBF335、HRBF400、HRBF500 及 RRB400 级带肋钢筋的冷拉率不宜大于 1%。

检查数量：按每工作班按同一类型钢筋、同一加工设备抽查不应少于 3 件。

检查方法：观察检查，用钢尺检查。

② 钢筋加工的形状、尺寸应符合设计要求，其允许偏差应符合表 5-6 的规定。

表 5-6 钢筋加工的允许偏差

项目	允许偏差/mm
受力钢筋长度方向的净尺寸	±10
弯起钢筋的弯折位置	±20
箍筋的内径尺寸	±5

检查数量：按每工作班按同一类型钢筋、同一加工设备抽查不应少于 3 件。

检查方法：用钢尺检查。

4. 钢筋连接

（1）主控项目

① 纵向受力钢筋的连接方式应符合设计要求。

检查数量：全数检查。

检验方法：观察检查。

② 在施工现场应按《钢筋机械连接通用技术规程》（JGJ 107）、《钢筋焊接及验收规程》（JGJ 18—2012）的规定，抽取钢筋机械连接接头、焊接接头试件做力学性能检验，其质量应符合相关规程的规定。

检查数量：按有关规程规定。

检验方法：检查产品合格证、接头力学性能试验报告。

（2）一般项目

① 钢筋的接头宜设置在受力较小处。同一纵向受力钢筋不宜设置两个或两个以上接头。

接头末端至钢筋弯起点的距离不应小于钢筋直径的 10 倍。

检查数量：全数检查

检验方法：观察检查、用钢尺检查。

② 在施工现场应按《钢筋机械连接通用技术规程》(JGJ 107)、《钢筋焊接及验收规程》(JGJ 18—2012) 的规定，对钢筋机械连接接头、焊接接头的外观进行检查，其质量应符合有关标准的规定。

检查数量：全数检查。

检验方法：观察检查。

③ 当受力钢筋采用机械连接接头或焊接接头时，设置在同一构件内的接头宜相互错开。

检查数量：在同一检查批内，对梁、柱和独立基础，应抽查构件数量的 10%，且不少于 3 件；对墙和板，应按有代表性的自然间抽查 10%，且不少于 3 间；对大空间结构，墙可按相邻轴线间高度 5m 左右划分检查面，板可按纵横轴线划分检查面，抽查 10%，且均不少于 3 面。

检查方法：观察检查，用钢尺量检查。

④ 同一构件中相邻纵向受力钢筋的绑扎搭接接头宜相互错开。绑扎搭接接头中钢筋的横向净距不应小于钢筋直径，且不应小于 25mm。

检查数量：在同一检查批内，对梁、柱和独立基础，应抽查构件数量的 10%，且不少于 3 件；对墙和板，应按有代表性的自然间抽查 10%，且不少于 3 间；对大空间结构，墙可按相邻轴线间高度 5m 左右划分检查面，板可按纵横轴线划分检查面，抽查 10%，且均不少于 3 面。

检查方法：观察检查，用钢尺检查。

⑤ 在梁、柱类构件的纵向受力钢筋搭接长度范围内应按设计要求配置箍筋。

检查数量：在同一检验批内，对梁、柱和独立基础，应抽查构件数量的 10%，且不少于 3 件；对墙和板，应按有代表性的自然间抽查 10%，且不少于 3 间；对大空间结构，墙可按相邻轴线间高度 5m 左右划分检查面，板可按纵横轴线划分检查面，抽查 10%，且均不少于 3 面。

检查方法：用钢尺检查。

5. 钢筋安装

(1) 主控项目　钢筋安装时受力钢筋的品种、级别、规格和数量必须符合设计要求。

检查数量：全数检查。

检验方法：观察检查，用钢尺检查。

(2) 一般项目　钢筋安装位置允许偏差和检验方法应符合表 5-7 的规定。

检查数量：在同一检验批内，对梁、柱和独立基础，应抽查构件数量的 10%，且不少于 3 件；对墙和板，应按有代表性的自然间抽查 10%，且不少于 3 间；对大空间结构，墙可按相邻轴线间高度 5m 左右划分检查面，板可按纵横轴线划分检查面，抽查 10%，且均不少于 3 面。

表 5-7　钢筋安装位置的允许偏差和检验方法

项目		允许偏差/mm	检验方法
绑扎钢筋网	长、宽	±10	用钢尺检查
	网眼尺寸	±20	用钢尺量连续三档，取偏差绝对值最大处

项目		允许偏差/mm	检验方法
绑扎钢筋骨架	长	±10	用钢尺检查
	宽、高	±5	用钢尺检查
纵向受力钢筋	锚固长度	负偏差不大于20	用钢尺检查
受力钢筋	间距	±10	用钢尺量两端中间各一点，取最大值
	排距	±5	
	保护层厚度 基础	±10	用钢尺检查
	保护层厚度 柱、梁	±5	用钢尺检查
	保护层厚度 板、墙、壳	±3	用钢尺检查
绑扎箍筋、横向钢筋间距		±20	用钢尺连续三档，取最大值
钢筋弯起点位置		20	用钢尺检查
预埋件	中心线位置	5	用钢尺检查
	水平高差	+3.0	用钢尺和塞尺检查

注：1. 检查预埋件中心线位置时，应沿横、纵两个方向量测，取其中的较大值。

2. 表中梁、板类构件上部纵向受力钢筋保护层厚度的合格率应达到90%以上，且不得有超过表中数值1.5倍的尺寸偏差。

任务三　混凝土工程质量控制与验收

混凝土分项工程是从水泥、砂、石、水、外加剂、矿物掺合料等原材料进场检验，混凝土配合比设计及称量、拌制、运输、浇筑、养护、试件制作直至混凝土达到预定强度等一系列技术工作和完成实体的总称。混凝土分项工程所含的检验批可根据施工工序和验收的需要确定。

一、混凝土工程质量控制

1. 混凝土施工前检查

（1）混凝土施工前应检查混凝土的运输设备是否良好，道路是否通畅，保证混凝土的连续浇筑和良好的和易性。运至浇筑地点时，混凝土坍落度应符合规范要求。

（2）冬期施工混凝土宜优先使用预拌混凝土，混凝土用水泥应根据养护条件等选择水泥品种，其最小水泥用量、水灰比应符合要求，预拌混凝土企业必须制订冬期混凝土生产和质量保证措施；供货期间，施工单位、监理单位、建设单位应加强对混凝土厂家生产状况的随机抽查，并重点抽查预拌混凝土原材料质量和外加剂相容性试验报告、计量配比单、上料电子称量、坍落度出厂测试情况。

（3）混凝土浇筑前检查模板表面是否清理干净，防止拆模时混凝土表面黏膜出现麻面。木模板应浇水湿润，防止出现由于木模板吸水黏结或脱模过早，拆模时缺棱、掉角导致露筋。

（4）混凝土施工前应审查施工缝、后浇带处理的施工技术方案。检查施工缝、后浇带留设的位置是否符合规范和设计要求，其处理应按施工技术方案执行。混凝土施工缝不应随意留置，其位置应事先在施工技术方案中确定。

2. 混凝土现场搅拌

混凝土现场搅拌时应对原材料的计量进行检查，并经常检查坍落度，严格控制水灰比。

检查混凝土搅拌的时间，并在混凝土搅拌后和浇筑地点分别抽样检查混凝土的坍落度，每班至少检查两次，评定时间以浇筑地点的测定值为准。

3. 泵送混凝土

泵送混凝土时应注意以下方面的问题：

（1）操作人员应持证上岗，应有高度的责任感和职业素质，并能及时处理操作过程中出现的故障。

（2）泵与浇筑地点联络畅通。

（3）泵送前应先用水灰比为0.7的水泥砂浆湿润管道，同时要避免将水泥砂浆集中浇筑。

（4）泵送过程严禁加水，需要增加混凝土的坍落度时，应加入与混凝土相同品种的水泥和水灰比相同的水泥浆。

（5）应配专人巡视管道，发现异常及时处理。

（6）在梁、板上铺设的水平管道泵送时振动大，应采取相应的防止损坏的钢筋骨架（网片）措施。

4. 混凝土浇筑、振捣

（1）加强混凝土坍落度、入模温度、外加剂种类及掺量的控制，其中外加剂应符合《混凝土外加剂》（GB 8076—2008）、《混凝土外加剂应用技术规范》（GB 50119—2013）等规范规定。

（2）应防止浇筑速度过快，避免在钢筋上面和墙与板、梁与柱交界处出现裂缝。

（3）应防止浇筑不均匀，或接槎处处理不好，避免形成裂缝。混凝土浇筑应在混凝土初凝前完成，浇筑高度不宜超过2m，竖向结构不宜超过3m，否则应检查是否采取了相应措施。控制混凝土一次浇筑的厚度，并保证混凝土的连续浇筑。浇筑与墙、柱连成一体的梁和板时，应在墙、柱浇筑完毕1～1.5h后，再浇筑梁和板；梁和板宜同时浇筑混凝土。

（4）浇筑混凝土时，施工缝的留设位置与处理应符合有关规定。

（5）混凝土浇筑时应检查混凝土振捣的情况，保证混凝土振捣密实。防止振捣棒撞击钢筋，使钢筋移位。合理使用混凝土振捣机械，掌握正确的振捣方法，控制振捣的时间。

（6）混凝土施工前工程中应对混凝土的强度进行检查，在混凝土浇筑地点随机留取标准养护试件和同条件养护试件，其留取的数量应符合要求，同条件试件必须与其代表的构件一起养护。

5. 混凝土养护

（1）混凝土浇筑后随机检查是否按施工技术方案进行养护，并对养护的时间进行检查落实。

（2）冬期施工方案必须有针对性，方案中应明确所采用的混凝土养护方式；避免混凝土受冻所需的热源方式；混凝土覆盖所需的保温材料；各部位覆盖层数；用于测量温度的用具的数量。所有冬期施工所需要的保温材料，必须按照方案配置，并堆放在楼层中，经监理单位对保温材料的种类和数量检查检验后，符合冬期施工方案计划才可进行混凝土浇筑。

（3）混凝土的养护是在混凝土浇筑完毕后12h内进行，养护时间一般为14～28d。混凝土浇筑后应对养护的时间进行检查落实。

二、 混凝土工程质量验收

（一） 一般规定

（1）结构构件的混凝土强度，应按《混凝土强度检验评定标准》（GBJ 107），对采用蒸汽法养护的混凝土结构构件，其混凝土试件应先随同结构构件同条件蒸汽养护，再转入标准条件养护共 28d。当混凝土中掺用矿物质掺合料时，确定混凝土强度时的龄期可按《粉煤灰混凝土应用技术规范》（GBJ 146）等规定取值。

（2）检验评定混凝土强度用的混凝土试件的尺寸及强度的尺寸换算系数应按表 5-8 取用，其标准成型方法、标准养护条件及强度试验方法应符合普通混凝土力学性能试验方法标准的规定。

表 5-8 混凝土试件尺寸及强度的尺寸换算系数

骨料最大直径/mm	试件尺寸/mm	强度的尺寸换算系数
≤31.5	100×100×100	0.95
≤40	150×150×150	1.00
≤63	200×200×200	1.05

注：对强度等级和 C60 及以上的混凝土试件，其强度的尺寸换算系数通过试验确定。

（3）结构构件拆模、出池、出厂、吊装、张拉、放张及施工时间临时负荷时的混凝土强度，应根据同条件养护的标准尺寸试件的混凝土强度确定。

（4）当混凝土试件强度评定不合格时，可采用非破损或局部破损的检测方法，按国家现行有关标准的规定对结构构件中的混凝土强度进行确定，并作为处理的依据。

（5）混凝土的冬期施工应符合《建筑工程冬期施工规程》（JGJ 104）和施工技术方案的规定。

（二） 混凝土施工

1. 主控项目

（1）结构混凝土的强度等级必须符合设计要求。用于检查结构构件混凝土强度的试件，应在混凝土的浇筑地点随机抽取。取样与试件留置应符合以下规定：

① 每拌制 100 盘且不超过 100m³ 的同配合比的混凝土，取样不得少于 1 次；

② 每工作班拌制的同一配合比的混凝土不足 100 盘时，取样不得少于 1 次；

③ 当一次连续浇筑超过 1000m³ 时，同一配合比的混凝土每 200m³ 取样不得少于 1 次；

④ 每一楼层、同一配合比的混凝土，取样不得少于 1 次；

⑤ 每次取样应至少留置一组标准养护试件，同条件养护试件的留置组数应根据实际需要确定。

检验方法：检查施工记录及试件强度试验报告。

（2）对有抗渗要求的混凝土结构，其混凝土试件应在浇筑地点随机取样。同一工程、同一配合比的混凝土，取样不应少于 1 次，留置组数可根据实际需要确定。

检验方法：检查试件抗渗试验报告。

（3）混凝土原材料每盘称量的允许偏差应符合表 5-9 的规定。

表 5-9　原材料每盘称量的允许偏差

材料名称	允许偏差
水泥、掺合料	±2%
粗、细骨料	±3%
水、外加剂	±2%

注：1. 各种衡器应定期校验，每次使用前应进行零点校核，保持计量准确。

2. 当遇雨天或含水率有显著变化时，应增加含水率检测次数，并及时调整水和骨料的用料。

检查数量：每工作班抽查不应少于一次。

检验方法：复称检查。

（4）混凝土运输、浇筑及间歇的全部时间不应超过混凝土的初凝时间。同一施工段的混凝土应连续浇筑，并应在底层混凝土初凝之前将上一层混凝土浇筑完毕。

当底层混凝土初凝后浇筑上一层混凝土时，应按施工技术方案中对施工缝的要求进行处理。

检查数量：全数检查。

检验方法：观察检查，检查施工记录。

2. 一般项目

（1）施工缝的位置应在混凝土浇筑前按设计要求和施工技术方案确定。施工缝的处理应按施工技术方案执行。

检查数量：全数检查。

检验方法：观察检查，检查施工记录。

（2）后浇带的留置位置应按设计要求和施工技术方案确定后。后浇带混凝土浇筑应按施工技术方案进行。

检查数量：全数检查。

检验方法：观察检查，检查施工记录。

（3）混凝土浇筑完毕后，应按施工技术方案及时采取有效的养护措施，并应符合下列规定：

① 应在浇筑完毕后的 12h 以内对混凝土加以覆盖并保湿养护。

② 混凝土浇水养护的时间：对采用硅酸盐水泥、普通硅酸盐水泥或矿渣硅酸盐水泥拌制的混凝土，不得少于 7d；对掺用缓凝型外加剂或有抗渗要求的混凝土，不得少于 14d；当采用其他品种水泥时，混凝土的养护时间应根据所采用水泥的技术性能确定。

③ 浇水次数应能保持混凝土处于湿润状态；混凝土养护用水应与拌制用水相同；当日平均气温低于 5℃，不得浇水。

④ 采用塑料布覆盖养护的混凝土，其敞露的全部表面应覆盖严密，并保持塑料布内有凝结水。

⑤ 混凝土表面不便浇水或使用塑料布时，宜涂刷养护剂。

⑥ 对大体积混凝土的养护，应根据气候条件按施工技术方案采取温度控制措施。

⑦ 混凝土强度达到 $1.2N/mm^2$ 前，不得在其上踩踏或安装模板及支架。

检查数量：全数检查。

检查方法：观察检查，检查施工记录。

任务四　现浇结构工程质量控制与验收

一、现浇结构工程质量控制

（1）现浇混凝土结构待强度达到一定程度拆模后，应及时对混凝土外观质量进行检查

（严禁未经检查擅自处理混凝土缺陷），对影响到结构性能、使用功能或耐久性的严重缺陷，应由施工单位根据缺陷的具体情况提出技术处理方案，处理后，对经处理的部位应重新检查验收。

（2）现浇结构不应有影响结构性能和使用功能的尺寸偏差，混凝土设备基础不应有影响结构性能和设备安装的尺寸偏差，现浇结构的外观质量不应有严重缺陷。

（3）对于现浇混凝土结构外形尺寸偏差，检查主要轴线、中心线位置时，应沿纵横两个方向测量，并取其中的较大值。

二、 现浇结构工程质量验收

1. 一般规定

（1）现浇结构的外观质量缺陷，应由监理（建设）单位、施工单位等各方根据其对结构性能使用功能影响的严重程度，按表 5-10 确定。

表 5-10   现浇结构外观质量缺陷

名称	现象	严重缺陷	一般缺陷
露筋	构件内钢筋未被混凝土包裹而外露	纵向受力钢筋有露筋	其他钢筋有少量露筋
蜂窝	混凝土表面缺少水泥砂浆而形成石子外露	构件主要受力部位有蜂窝	其他部位有少量蜂窝
孔洞	混凝土中孔穴深度和长度均超过保护层厚度	构件主要受力部位有孔洞	其他部位有少量孔洞
夹渣	混凝土中夹有杂物且深度超过保护层厚度	构件主要受力部位有夹渣	其他部位有少量夹渣
疏松	混凝土中局部不密实	构件主要受力部位有疏松	其他部位有少量疏松
裂缝	缝隙从混凝土表面延伸至混凝土内部	构件主要受力部位有影响结构性能或使用功能的裂缝	其他部位有少量不影响结构性能或使用功能的裂缝
连接部位缺陷	构件连接处混凝土有缺陷及连接钢筋、连接件松动	连接部位有影响结构传力性能的缺陷	连接部位有基本不影响结构传力性能的缺陷
外形缺陷	缺棱掉角、棱角不直、翘曲不平、飞边凸肋等	清水混凝土构件有影响使用功能或装饰效果的外形缺陷	其他混凝土构件有不影响使用功能的外形缺陷
外表缺陷	构件表面麻面、掉皮、起砂、沾污等	具有重要装饰效果的清水混凝土构件有外表缺陷	其他混凝土构件有不影响使用功能的外表缺陷

（2）现浇结构拆模后，应由监理（建设）单位、施工单位对外观质量和尺寸偏差进行检查，做出记录，并应及时按施工技术方案对缺陷进行处理。

2. 外观质量

（1）主控项目   现浇结构外观质量不应有严重缺陷。

对已经出现的严重缺陷，应由施工单位提出技术处理方案，并经监理（建设）单位认可后进行处理，对经过处理的部位，应重新检查验收。

检查数量：全数检查。

检验方法：观察检查，检查技术处理方案。

（2）一般项目   现浇结构的外观质量不宜有一般缺陷。

对已经出现的一般缺陷，应由施工单位按技术处理方案进行处理，并重新检查验收。

检查数量：全数检查。

检验方法：观察检查，检查技术处理方案。

3. 尺寸偏差

（1）主控项目　现浇结构不应有影响结构性能和使用功能的尺寸偏差。混凝土设备基础不应有影响结构性能和设备安装的尺寸偏差。

对超过尺寸允许偏差且影响结构性能和安装、使用功能的部位，应由施工单位提出技术处理方案，并经监理（建设）单位认可后进行处理。对经过处理的部位，应重新检查验收。

检查数量：全数检查。

检验方法：量测检查，检查技术处理方案。

（2）一般项目　现浇结构和混凝土设备基础拆摸后的尺寸偏差应符合表5-11、表5-12的规定。

表 5-11　现浇结构尺寸允许偏差和检验方法

项目		允许偏差/mm	检验方法
轴线位置	基础	15	用钢尺检查
	独立基础	10	
	墙、柱、梁	8	
	剪力墙	5	
垂直度	层高 ≤5m	8	用经纬仪或吊线、钢尺检查
	层高 ＜5m	10	
	全高（H）	$H/1000$，且≤30	经纬仪、钢尺检查
标高	层高	±10	用水准仪或拉线、钢尺检查
	全高	±30	
截面尺寸		+8，-5	用钢尺检查
电梯井	井筒长、宽对定位中心线	+25，0	用钢尺检查
	井筒全高（H）垂直度	$H/1000$，且≤30	用经纬仪、钢尺检查
表面平整度		8	用2m靠尺和塞尺检查
预埋设施中心线位置	预埋件	10	用钢尺检查
	预埋螺栓	5	
	预埋管	5	
预留洞中心线位置		15	用钢尺检查

注：检查轴线、中心线位置时，应沿纵、横两个方向量测，并取其中的较大值。

表 5-12　混凝土设备基础尺寸允许偏差和检验方法

项目		允许偏差/mm	检验方法
坐标位置		20	用钢尺检查
不同平面的标高		0，-20	
平面外形尺寸		±20	用钢尺检查
凸台上平面外形尺寸		0，-20	用钢尺检查
凹穴尺寸		+20，0	用钢尺检查
平面水平度	每米	5	用水平尺、塞尺检查
	全长	10	用水准仪或拉线、钢尺检查
垂直度	每米	5	用经纬仪或吊线、钢尺检查
	全高	10	
预埋地脚	标高（顶部）	+20，0	用水准仪或拉线、钢尺检查
	中心距	±2	用钢尺检查
预埋地脚螺栓	中心线位置	10	用钢尺检查
	深度	+20，0	用钢尺检查
	孔垂直度	10	用吊线、钢尺检查

项目		允许偏差/mm	检验方法
预埋活动地	标高	+20, 0	用水准仪或拉线、钢尺检查
	中心线位置	5	用钢尺检查
	带槽锚板平整度	5	用钢尺、塞尺检查
	带螺纹孔锚板平整度	2	用钢尺、塞尺检查

注：检查坐标、中心线位置时，应沿纵、横两个方向量测，并取其中的较大值。

检查数量：按楼层、结构缝或施工段划分检验批。在同一检验批内，对梁、柱和独立基础，应抽查构件数量的10%，且不少于3件；对墙和板，应按有代表性的自然间抽查10%，且不少于3间；对大空间结构，墙可按相邻轴线间高度5m左右划分检查面，板可按纵、横轴线划分检查面，抽查10%，且均不少于3面；对电梯井，应全数检查；对设备基础，应全数检查。

检验方法：量测检查。

任务五 混凝土结构工程常见质量问题分析

一、 模板安装接缝不严

1. 现象

由于模板间接缝不严有间隙，混凝土浇筑时产生漏浆，混凝土表面出现蜂窝，严重的出现孔洞、露筋。

2. 原因分析

(1) 翻样不认真或有误，模板制作马虎，拼装时接缝过大。

(2) 木模板安装周期过长，因木模干缩造成裂缝。

(3) 木模板制作粗糙，拼缝不严。

(4) 浇筑混凝土时，木模板未提前浇水湿润，使其胀开。

(5) 钢模板变形未及时修整。

(6) 钢模板接缝措施不当。

(7) 梁、柱交接部位，接头尺寸不准、错位。

3. 防治措施

(1) 翻样要认真，严格按1/50～1/10比例将各分部分项细部翻成详图，详细编注，经复核无误后认真向操作工人交底，强化工人质量意识，认真制作定型模板和拼装。

(2) 严格控制木模板含水率，制作时拼缝要严密。

(3) 木模板安装周期不宜过长，浇筑混凝土时，木模板要提前浇水湿润，使其胀开密缝。

(4) 钢模板变形，特别是边框外变形，要及时修整平直。

(5) 钢模板间嵌缝措施要控制，不能用油毡、塑料布、水泥袋等去嵌缝堵漏。

(6) 梁、柱交接部位支撑要牢靠，拼缝要严密（必要时缝间加双面胶纸），发生错位要校正好。

二、 模板拆除后混凝土缺棱掉角

1. 现象

混凝土棱角破损、脱落，见图5-1。

2. 原因分析

（1）拆模过早，混凝土强度不足。

（2）操作人员不认真，用大锤、撬棍硬砸猛撬，造成混凝土棱角破损、脱落。

3. 防治措施

（1）混凝土强度必须达到质量验收标准中的要求方可拆模。

（2）对操作人员进行技术交底，严禁用大锤、撬棍硬砸猛撬。

图 5-1　混凝土缺棱掉角

三、 大模板墙体"烂根" 质量问题

墙体"烂根"已成为剪力墙混凝土施工的一大质量常见问题，尽管采取了不少办法，但效果不佳。某施工单位在施工中对大模板根部进行了改进，将面板底边钢框板割掉，水平上移70mm，重新焊好。在移动后的钢框板上用电钻钻 ϕ16mm 孔，孔距控制为 100～200mm。用3mm厚的钢板制成如图 5-2 所示的卡具，卡住高弹性橡胶条（橡胶条断面尺寸为30mm×40mm）。卡具上表面连接如图 5-2 所示的螺栓，螺栓间距与钢框板上的 ϕ16mm 孔孔距一致。将图 5-2 所示的配件穿过钢框板上的圆孔，与大模板根部相连接。

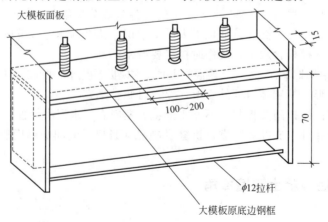

图 5-2　配件与大模板连接示意图

待大模板支撑加固达到要求后，用特制扳手拧动卡具上的螺栓，使橡胶条不断下降并紧贴混凝土表面，不留缝隙。这样做的目的是，利用橡胶的弹性压缩量来抵消混凝土表面因平整度超标而造成的高低差。这种做法在实际工程中应用后，墙体"烂根"现象杜绝。

四、 钢筋存放管理质量常见问题

1. 现象

钢筋品种、强度等级混杂不清，直径大小不同的钢筋堆放在一起；虽然具备必要的合格证件（出厂质量证明书或试验报告单），但证件与实物不符；非同批原材料码放在一堆，难以分辨，影响使用。

2. 原因分析

原材料仓库管理不当，制度不严；钢筋出厂所捆绑的标牌脱落；对直径大小相近的钢筋，用目测有时分不清；合格证件未随钢筋实物同时送交仓库。

3. 预防措施

仓库应设专人验收入库钢筋；库内划分不同钢筋堆放区域，每堆钢筋应立标签或挂牌，标明其品种、强度等级、直径、合格证件编号及整批数量等；验收时要核对钢筋类型，并根据钢筋外表的厂家标记（一般都应有厂名、钢筋品种和直径）与合格证件对照，确认无误；钢筋直径不易分清的，要用卡尺测量检查。

4. 治理方法

发现混料情况后应立即检查并进行清理，重新分类堆放；如果翻垛工作量大，不易清理，应将该堆钢筋做出记号，以备发料时提醒注意；已发出去的混料钢筋应立即追查，并采取防止事故的措施。

五、 钢筋缩径现象常见治理方法

1. 现象

钢筋实际直径（用卡尺测量多点）较进货单标明直径稍大，便按实际直径代换使用。

2. 原因分析

钢筋生产工艺落后（通常是非正规厂家），材质不均匀；个别生产厂为了牟利，故意按正公差生产，以增加重量；利用旧式轧辊轧制，有的是英制直径。

3. 预防措施

要求供料单位正确书写进货单，按货单上的钢筋直径作为检验依据。

4. 治理方法

对于存在正公差直径的钢筋，只能按相应公称直径取用。特别注意直径 6.5mm 和 6mm 的应按《低碳钢热轧圆盘条》（GB/T 701—2008）规定，公称直径既有 6mm 的，也有 6.5mm 的。但设计单位作施工图绝大部分取 6mm；相反施工单位进料却绝大部分取 6.5mm，以致用料混乱的情况屡见，在工程中应根据实际直径作代换，以免造成质量事故或浪费；尤其是当实际直径大小混淆不清时（例如实际 6.35mm，考虑公差后易被充当 6.5mm），更应注意确认实物状况。

六、 钢筋代换截面积不足

1. 现象

绑扎柱子钢筋骨架时，发现受力面钢筋不足。

2. 原因分析

对于偏心受压柱配筋，没有按受力面钢筋进行代换，而按全截面钢筋进行代换。

例如，如图5-3（a）所示是柱子原设计配筋，配料时按全截面钢筋8Φ20＋2Φ14代10Φ18，则应照图5-3（b）绑扎。但是该柱为偏心受压构件，（a）中Φ14不参与受力，故应按每4根20进行代换，而4Φ18的钢筋抗力小于4Φ20的钢筋抗力，因此受力筋（处于受力面）代换后截面不足。

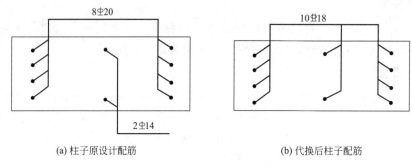

| (a) 柱子原设计配筋 | (b) 代换后柱子配筋 |

图 5-3　柱钢筋代换错误

七、 混凝土施工表面缺陷

1. 现象

现浇混凝土施工混凝土蜂窝、麻面、孔洞。

2. 原因分析

（1）混凝土配合比不合理，碎石、水泥材料计量错误，或加水量不准，造成砂浆少、碎石多。

（2）模板未涂刷隔离剂或不均匀，模板表面粗糙并粘有干混凝土，浇筑混凝土前浇水湿润不够，或模板缝没有堵严，浇捣时，与模板接触部分的混凝土失水过多或滑浆，混凝土呈干硬状态，使混凝土表面形成许多小凹点。

（3）混凝土振捣不密实，混凝土中的气泡未排出，一部分气泡停留在模板表面。

（4）混凝土搅拌时间短，用水量不准确，混凝土的和易性差，混凝土浇筑后有的地方砂浆少、石子多，形成蜂窝。

（5）混凝土一次下料过多，浇筑没有分段、分层灌注；下料不当，没有振捣实或下料与振捣配合不好，未充分振捣又下料。造成混凝土离析，因而出现蜂窝麻面。

（6）模板稳定性不足，振捣混凝土时模板移位，造成严重漏浆。

3. 防治措施

（1）模板面清理干净，不得粘有干硬水泥砂浆等杂物。木模板灌注混凝土前，用清水充分湿润，清洗干净，不留积水，使模板缝隙拼接严密，如有缝隙应填严，防止漏浆。钢模板涂模剂要涂刷均匀，不得漏刷。

（2）混凝土搅拌时间要适宜。

（3）混凝土浇筑高度超过 2m 时，要采取措施，如用串筒、斜槽或振动溜管进行下料。

（4）混凝土入模后，必须掌握振捣时间，一般每点振捣时间为 20～30s。使用内部振动器振捣混凝土时，振动棒应垂直插入，并插入下层尚未初凝的混凝土内 50～100mm，以促使上下层相互结合良好。合适的振捣时间可由下列现象来判断：混凝土不再显著下沉，不再出现气泡，混凝土表面出浆且呈水平状态，混凝土将模板边角部分填满充实。

（5）浇筑混凝土时，经常观察模板，发现有模板移动，立即停止浇筑，并在混凝土初凝前修整完好。

八、 混凝土表面露筋

1. 现象

现浇混凝土施工出现露筋。

2. 原因分析

（1）混凝土振捣时钢筋垫块移位或垫块太少，钢筋紧贴模板致使拆模后露筋，同时因垫块的强度也达不到要求造成振捣时破碎而使钢筋紧贴模板。

（2）钢筋混凝土构件断面小，钢筋过密，如遇大石子卡在钢筋上水泥浆不能充满钢筋周围，使钢筋密集处产生露筋。

（3）混凝土振捣时，振捣棒撞击钢筋，将钢筋振散发生移位，因而造成露筋。

（4）因配合比不当，混凝土产生离析，或模板严重漏浆。

（5）混凝土保护层振捣不密实，或木模板湿润不够，混凝土表面失水过多，或拆模过早等，拆模时混凝土缺棱掉角。

3. 防治措施

（1）钢筋混凝土施工时，注意保证垫块数量、厚度、强度并绑扎固定好。

（2）钢筋混凝土结构钢筋较密集时，要选配适当石子，以免石子过大卡在钢筋处，普通混凝土难以浇筑时，可采用细石混凝土。

（3）混凝土振捣时严禁振动钢筋，防止钢筋变形位移，在钢筋密集处，可采用带刀片的振捣棒进行振捣。

（4）混凝土自由顺落高度超过 2m 时，要用串筒或溜槽等进行下料。拆模时间要根据试块试验结果确定，防止过早拆模。操作时不得踩踏钢筋，如钢筋有踩弯或脱扣者，及时调直，补扣绑好。

九、 混凝土凝结时间长、 早期强度低

1. 现象

普通减水剂混凝土浇灌后 12～15h、高效减水剂混凝土浇灌后 15～20h 甚至更长时间，混凝土还不结硬，仍处于非终凝状态。表现在贯入阻力仍小于 28N，约相当于立方体试块强度 0.8～1.0MPa。28d 抗压强度较正常情况下相同配合比试件的抗压强度低 2～2.5MPa 以上。

2. 原因分析

（1）减水剂掺量有误（超量使用），或计量失准。

（2）减水剂质量有问题，有效成分失常，配制的浓度有误，保管不当，减水剂变质。

（3）施工期间环境温度骤然大幅度降低，加之用水量控制不严，以拌合物坍落度替代混凝土水胶比控制，推延了混凝土拌合物结构强度产生的时间，并损害混凝土的强度。

（4）砂石含水率未测定、不调整。

（5）自动加水控制器失灵。水泥过期、受潮结块。

3. 防治措施

（1）减水剂的掺量应以水泥重量的百分数表示，称量误差不应超过±2％。如系干粉状减水剂，则应先倒入 60℃ 左右的热水中搅拌溶解，制成 20％ 浓度的溶液（以密度计控制）备用。储存期间，应加盖盖好，不得混入杂物和水。使用时应用密度计核查溶液的密度，并应扣除溶液中的水分。

（2）在选择和确定减水剂品种及其掺量时，应根据工程结构要求、材料供应状况、施工工艺、施工条件和环境（如气温）等诸因素通过试验比较确定，不能完全依赖产品说明书推荐的"最佳掺量"。有条件时，应尽可能进行多品种选择比较，单一品种的选择缺乏可比性。

（3）掺减水剂防水混凝土的坍落度不宜过大，一般以 50～100mm 为宜。坍落度愈大，凝结时间愈长，混凝土结构强度的形成时间愈迟，对抗渗性能也不利。

（4）不合格或变质的减水剂不得使用。施工用水泥宜与试验时隶属同一厂批。如水泥品种或生产厂批有变动，即使水泥强度等级相同，其减水剂的适宜掺量，也应重新通过试验确定，不应套用。

十、 混凝土施工外形尺寸偏差

1. 现象

现浇混凝土施工外形尺寸偏差。

2. 原因分析

（1）模板自身变形，有孔洞，拼装不平整。

（2）模板体系的刚度、强度及稳定性不足，造成模板整体变形和位移。

（3）混凝土下料方式不当，冲击力过大，造成跑模或模板变形。

（4）振捣时振捣棒接触模板过度振捣。

（5）放线误差过大，结构构件支模时因检查核对不细致造成的外形尺寸误差。

3. 防治措施

（1）模板使用前要经修整和补洞，拼装严密平整。

（2）模板加固体系要经计算，保证刚度和强度；支撑体系也应经过计算设置，保证足够的整体稳定性。

（3）下料高度不大于 2m。随时观察模板情况，发现变形和位移要停止下料进行修整加固。

（4）振捣时振捣棒避免接触模板。

（5）浇筑混凝土前，对结构构件的轴线和几何尺寸进行反复认真的检查核对。

主体结构梁、柱截面尺寸准确，表面光洁、平整、无裂缝，结构混凝土内坚外美，阴阳角方正。

十一、 梁柱节点核心区混凝土施工质量常见问题

1. 设计图纸中未明确现浇结构核心区混凝土强度等级

（1）现象 施工图纸中往往只分别给出了柱、梁板的混凝土强度等级，而梁板核心区混

凝土采用何种强度等级不详。

（2）原因分析

① 在框架结构设计中，对现浇框架结构混凝土强度等级，往往为了体现"强柱弱梁"的设计概念，有目的地增大柱端弯矩设计值和柱的混凝土强度等级，但却忽视了梁、柱混凝土强度等级相差不宜过大的规定；

② 设计图纸中往往只分别给出了柱、梁板的混凝土强度等级，而梁柱板核心区混凝土究竟采用何种强度等级没有加以明确。

（3）防治措施

① 设计中梁、柱混凝土强度等级相差不宜大于5MPa。如超过时，梁、柱节点区施工时应做专门处理，使节点区混凝土强度等级与柱相同；

② 梁柱核心区混凝土采用何种强度等级，施工图纸中应予以说明。

2. 施工单位对核心区混凝土施工未区别对待

（1）现象　施工单位往往将核心区混凝土与整个梁板水平构件一次浇筑完成。

（2）原因分析

① 施工单位技术人员业务素质不强，缺乏对核心区混凝土强度等级识别的技术能力，往往将核心区等同于水平构件来考虑；

② 施工单位嫌麻烦，怕影响工期，怕增加施工成本，不愿采取分步浇筑技术措施；

③ 核心区不同强度等级混凝土施工方法不统一，缺少有效的技术依据。

（3）防治措施

① 施工单位应根据单位工程水平构件、竖向构件混凝土强度等级不同的设计情况，采取提高水平构件混凝土强度等级使之与竖向构件相同，先浇筑核心区混凝土，后浇筑周围水平构件混凝土的方式加以解决，并以图纸会审、技术变更等形式履行文字手续。

② 现浇框架结构核心区不同强度等级混凝土构件相连接时，两种混凝土的接缝应设置在低强度等级的梁板构件中，并离开高强度等级构件一段距离。详见图5-4。

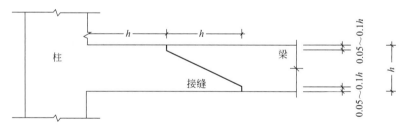

图5-4　不同强度等级混凝土的梁柱施工接缝
注：柱的混凝土强度等级高于梁

③ 当接缝两侧的混凝土强度等级不同且分先后施工时，可沿预定的接缝位置设置孔径5mm×5mm的固定筛网，先浇筑高强度等级混凝土，后浇筑低强度等级混凝土，二者必须在混凝土初凝前浇筑完成，避免出现施工缝。

④ 当接缝两侧的混凝土强度等级不同且同时浇筑时，可沿预定的接缝位置设置隔板，且随着两侧混凝土浇入逐渐提升隔板并同时将混凝土振捣密实；也可沿预定的接缝位置设置胶囊，充气后在其两侧同时浇入混凝土，待混凝土浇完后排气取出胶囊，同时将混凝土振捣密实。

十二、 柱顺筋裂缝

1. 现象

沿钢筋混凝土柱主筋位置出现裂缝，其裂缝长度和宽度随时间推移逐渐发展，深度不超过混凝土保护层厚度，且缝隙中夹有黄色锈迹，如图5-5所示。

图5-5　柱顺筋裂缝

2. 原因分析

（1）混凝土内掺有氯化物外加剂，或以海砂作为骨料，用海水拌制混凝土，使钢筋产生电化学腐蚀，氧化铁膨胀把混凝土胀裂。

（2）混凝土保护层厚度不够。

3. 防治措施

（1）混凝土外加剂应严格控制氯离子的含量，尽量使用不含氯化物的外加剂。在冬期施工时，混凝土中掺加氯化物含量严格控制在允许范围内，并掺加适量阻锈剂（亚硝酸钠）；采用海砂作细骨料时，氯化物含量应控制在砂重的0.1%以内；在钢筋混凝土结构中避免用海水拌制混凝土。

（2）适当增厚保护层或对钢筋涂防腐蚀涂料，对混凝土加密封外罩。

（3）混凝土采用级配良好的石子，使用低水胶比配制，加强振捣以降低渗透率，阻止电腐蚀作用。

十三、 墙体无规则裂缝

1. 现象

干缩裂缝多出现在混凝土养护结束后的一段时间或是混凝土浇筑完毕后的一周左右。水泥浆中水分的蒸发会产生干缩，且这种收缩是不可逆的。它的特征多表现为表面性的平行现状或网状浅细裂缝，宽度多在0.05～0.2mm，走向纵横交错，没有规律性，裂缝分布不均，裂缝会随着时间的推移，数目会增多，宽度、长度会增大。

2. 原因分析

（1）混凝土浇筑完成后，表面水分蒸发速度高于混凝土内部从里到外的泌水速度，表面会产生干缩，这种收缩受到表面以下的混凝土约束，造成表面裂缝产生。

（2）混凝土墙体结构连续长度较长，受到温度影响后，整体的收缩较大，从而产生裂缝。

（3）采用含泥量大的砂石配制混凝土，或混凝土的水胶比、坍落度及砂率较大等因素都会引起混凝土收缩增大，降低混凝土的抗拉强度。

（4）混凝土经过度振捣，表面形成水泥含量较多的砂浆层，收缩量增大。

3. 防治措施

（1）对混凝土原材料的要求：选用低碱含量的水泥；骨料选用弹性模量较高的，可以有效减少收缩的作用。吸水率较大的骨料有较大的干缩量，能有效降低水泥浆体的收缩。

（2）严格控制用水量、水泥用量和水胶比。

（3）混凝土应振捣密实，但避免过度振捣；在混凝土初凝后至终凝前进行二次抹压，以提高混凝土的抗拉强度，减少收缩量。

（4）加强混凝土早期养护，覆盖草袋、棉毯，避免曝晒，定期适当喷水保持湿润，并适当延长养护时间，且避免发生过大温度、湿度变化。冬期施工时要适当延长保湿覆盖时间，并涂刷养护剂养护。

技能训练

一、单选题

1. 对跨度不小于（　　）的现浇钢筋混凝土梁、板，其模板应按设计要求起拱。

A. 1m　　　　B. 2m　　　　C. 3m　　　　D. 4m

2. 模板工程中，柱箍间距按柱截面大小及高度决定，一般控制在（　　）。

A. 500～1000mm　　　B. 1000～1500mm　　　C. 1500～2000m　　　D. 2500～3000mm

3. 模板的变形应符合一定要求，超过（　　）高度的大型模板的侧模应留门平板。

A. 2m　　　　B. 3m　　　　C. 4m　　　　D. 5m

4. 模板工程质量验收时，在同一检验批内，应抽查梁构件数量的（　　），且不少于3件。

A. 5%　　　　B. 7%　　　　C. 9%　　　　D. 10%

5. 工程模板中，固定在模板上的预埋件、预留孔和预留洞均不得遗漏，且应安装牢固，其检验方法正确的是（　　）。

A. 观察检查　　　　　　　　　　B. 用2m靠尺和塞尺检查

C. 用钢尺检查　　　　　　　　　D. 用经纬仪或吊线检查

6. 在模板安装中，固定在模板上的插筋中心线位置允许偏差为（　　）。

A. 2mm　　　　B. 3mm　　　　C. 4mm　　　　D. 5mm

7. 现浇结构模板安装中，表明平整度允许的误差为5mm，其检验方法正确的是（　　）。

A. 观察检查　　　B. 用钢尺检查　　　C. 用水准仪检查　　　D. 用2m靠尺和塞尺检查

8. 底模及其支架拆除时的混凝土强度应符合设计要求，当设计无具体要求时，混凝土强度应符合规定，其检验方法正确的是（　　）。

A. 观察检查　　　　　　　　　　B. 钢尺量两角边，取其中较大值

C. 用钢尺检查　　　　　　　　　D. 检查同条件养护试件强度实验报告

9. 模板拆除时，不应对楼层形成冲击荷载。拆除的模板和支架宜分散堆放及时清运，其检验方法正确的是（　　）。

A. 观察检验　　　　　　　　　　B. 对照模板设计文件和施工技术方案观察

C. 用2m靠尺和塞尺检查　　　　　D. 用经纬或吊线检查

10. 下列选项中，关于电渣压力焊接头外观检查结果，说法错误的是（　　）。

A. 四周焊包凸出钢筋表面的高度不得小于4mm

B. 钢筋与电极接触处应无烧伤缺陷

C. 接头处的轴线偏移不得大于钢筋直径的0.1倍，且不得大于5mm

D. 接头处的弯折角不得大于3°

11. 钢筋应平直、无损伤，表面不得有裂纹、油污、颗粒状或片状老锈，其检验方法正确的是（　　）。

A. 观察检查　　　　　　　　　　B. 检查进场复验报告

C. 检查化学成分等专项检查报告　　D. 检查产品合格证明书

12. 钢筋质量验收时，当设计要求钢筋末端需作（ ）弯钩时，HRB335 级、HRB400 级钢筋的弯弧内直径不应小于钢筋直径的 4 倍，弯钩的弯后平直部分长度应符合设计要求。

  A. 45°   B. 90°   C. 135°   D. 180°

13. 钢筋安装时，受力钢筋的品种、级别、规格和数量必须符合设计要求，其检查方法是（ ）。

  A. 观察检查和用钢尺检查   B. 用靠尺和塞尺检查

  C. 用水准仪检查   D. 检查产品合格证明书

14. 钢筋安装的质量验收时，钢筋弯起点位置允许的误差为（ ），其检验方法是（ ）。

  A. 10mm，观察检查   B. 20mm，用钢尺检查

  C. 10mm，用钢尺检查   D. 20mm，观察检查

15. 检查混凝土在搅拌地及浇筑地的坍落度，每一工作班最少（ ）次。

  A. 1   B. 2   C. 3   D. 4

16. 为检查结构构件混凝土质量所留的试块，每拌制 100 盘且不超过（ ）的配合比的混凝土，其取样不得少于一次。

  A. 50m³   B. 80m³   C. 100m³   D. 150m³

17. 现浇结构模板安装相邻两板表面高低差允许偏差为（ ）。

  A. 1mm   B. 2mm   C. 3mm   D. 4mm

18. 当一次连续浇筑超过 1000m³ 的混凝土时，同一配合比的混凝土每（ ）取样不得少于一次。

  A. 100m³   B. 200m³   C. 300m³   D. 400m³

19. 现浇混凝土结构层标高允许偏差为（ ）。

  A. ±5mm   B. ±8mm   C. ±10mm   D. ±15mm

20. 结构实体钢筋保护层厚度验收中，当全部钢筋保护层厚度检验的合格率为 90% 及以上时，钢筋保护层厚度的检验结果应判为（ ）。

  A. 合格   B. 优良   C. 不合格   D. 好

二、多选题

1. 在模板安装时，对跨度不小于 4m 的现浇钢筋混凝土梁、板，其模板应按设计要求起拱；当设计无具体要求时，起拱高度宜为跨度的 1/1000～3/1000，其检验方法正确的是（ ）。

  A. 观察检查

  B. 用钢尺检查

  C. 用水准仪或拉尺检查

  D. 对照模板设计文件和施工方案检查

  E. 用靠尺和塞尺检查

2. 接头处的轴线偏移不得大于钢筋直径的 0.1 倍，且不得大于 2mm 是指验收检查（ ）接头质量必须达到的标准。

  A. 帮条焊   B. 搭接焊   C. 电渣压力焊   D. 闪光对焊

3. 钢筋电弧焊接头质量合格必须满足的条件有（ ）。

  A. 焊缝表面平整，无凹陷、焊瘤

  B. 焊接区不得有裂纹

  C. 坡口焊，熔槽帮条焊的焊缝余高不得大于 5mm

  D. 试件力学试验合格

4. 合格的钢筋焊接骨架应符合（ ）。

  A. 每件制品的焊点脱落、漏焊不超过焊点总数的 4%

  B. 相邻的两焊点不得有漏焊、脱落

  C. 骨架的长、宽偏差不超过骨架长的 1.1 倍

  D. 骨架箍筋间距偏差不超过 ±10mm

5. 属于钢筋配料加工质量检查验收主控项目的有（ ）。

A. 钢筋加工的形状、尺寸

B. 力学性能，化学成分检验

C. 抗震用钢筋强度检查

D. 受力钢筋的弯钩和弯折

6. 进场钢筋检查验收的内容有（　　）。

A. 有产品合格证、出厂检验报告，且检验报告的有关数据符合国家标准

B. 进场钢筋标牌齐全

C. 逐批检查表面不得有裂纹、折叠、结疤和夹杂

D. 带肋钢筋表面凸块必须大于横肋钢筋

7. 在钢筋工程中，力学性能试验报告内容应包括（　　）。

A. 工程名称、取样部位　　　　　　B. 批号、批量

C. 焊接方法　　　　　　　　　　　D. 焊工姓名及家庭住址

E. 施工单位

8. 下列选项中，关于钢筋电弧焊接头的质量检验试件，说法正确的是（　　）。

A. 在装配式结构中，可按生产条件制作模拟试件，每批 3 个，做拉伸试验

B. 在现浇混凝土结构中，应以 300 个同牌号钢筋、同形式接头作为一批

C. 钢筋与钢板电弧搭接焊接头可只进行外观检查

D. 焊接接头区域不得有肉眼可见的裂纹

E. 坡口焊、熔槽帮条焊和窄间隙焊接头的焊缝余高不得大于 3mm

9. 钢筋工程质量验收内容包括（　　）。

A. 原材料　　　　　　　　　　　　B. 钢筋加工

C. 钢筋安装　　　　　　　　　　　D. 钢筋拆除

E. 用靠尺检查

10. 混凝土工程中施工缝的位置应在混凝土浇筑前按设计要求和施工技术方案确定，质量验收时，其检验方法正确的是（　　）。

A. 观察检查　　　　　　　　　　　B. 检查施工记录

C. 复称　　　　　　　　　　　　　D. 用钢尺检查

E. 用靠尺检查

11. 混凝土运输过程中，当采用预拌（商品）混凝土运输距离较远时，多采用的混凝土地面运输工具是（　　）。

A. 机动翻斗车　　　　　　　　　　B. 双轮手推车

C. 混凝土搅拌运输车　　　　　　　D. 自卸汽车

E. 大型运货车

12. 下列属于混凝土主控项目检验的是（　　）。

A. 混凝土强度等级、试件的取样和留置

B. 混凝土抗渗、试件取样和留置

C. 混凝土初凝时间控制

D. 施工缝的位置及处理

13. 当混凝土试件强度评定不合格时，可根据国家现行有关标准采用回弹法、（　　）、后装拔出法等推定结构的混凝土强度。

A. 锤击测定法　　　　　　　　　　B. 超声回弹综合法

C. 钻孔检测法　　　　　　　　　　D. 钻芯法

14. 混凝土工程质量检查与验收的主控项目有（　　）。

A. 施工缝的位置及处理

B. 混凝土强度等级、试件的取样和留置

C. 混凝土初凝时间控制

D. 原材料每盘称量的允许偏差

15. 建筑工程中，现浇混凝土结构的外观质量缺陷主要有（　　　）。

A. 蜂窝　　　B. 漏浆　　　C. 露筋　　　D. 孔洞　　　E. 麻面

三、案例分析题

2012年6月某天凌晨3时左右，某市一所重点高中的教学楼顶面带挂板大挑檐根部突然发生断裂。该工程是一幢5层砖混结构，长49.05m，宽10.28m，高7.50m，建筑面积为2652.6m²，设计单位为该市建筑设计研究院，施工单位为某建筑公司，监理单位为该市某工程监理公司。事故发生后，进行事故调查和原因分析，发现造成该质量事故的主要原因是施工队伍素质差，竟然将悬挑构件的受力钢筋反向放置，且构件厚度控制不严。

根据以上内容，回答下列问题：

（1）钢筋工程中，钢筋加工时，主要检查哪些方面的内容？检查方法有哪些？

（2）钢筋工程安装质量检查标准和检查方法具体内容有哪些？

项目六

屋面工程

【学习目标】

通过本项目内容的学习，使学生掌握屋面工程质量控制要点，了解屋面工程质量验收标准及检验方法。掌握屋面工程常见质量问题的处理方法。

【学习要求】

（1）会选择屋面工程常用材料。

（2）掌握基层与保护工程、保温与隔热工程、防水与密封工程、细部构造工程、质量控制要点，能够进行屋面工程的质量验收。

（3）通过学习，熟练掌握常见屋面工程质量问题的产生原因和预防处理方法。

（4）会使用屋面工程中常用质量检验工具。

屋面工程各子分部工程和分项工程的划分，应符合表6-1的要求。屋面工程各分项工程宜按屋面面积每 $500 \sim 1000 \text{m}^2$ 划分为一个检验批，不足 500m^2 应按一个检验批。

表6-1 屋面工程各子分部工程和分项工程的划分

分部工程	子分部工程	分项工程
屋面工程	基层与保护	找坡层，找平层，隔汽层，隔离层，保护层
	保温与隔热	板状材料保温层，纤维材料保温层，喷涂硬泡聚氨酯保温层，现浇泡沫混凝土保温层，种植隔热层，架空隔热层，蓄水隔热层
	防水与密封	卷材防水层，涂膜防水层，复合防水层，接缝密封防水
	瓦面与板面	烧结瓦和混凝土瓦铺装，沥青瓦铺装，金属板铺装，玻璃采光顶铺装
	细部构造	檐口，檐沟和天沟，女儿墙和山墙，水落口，变形缝，伸出屋面管道，屋面出入口，反梁过水孔，设施基座，屋脊，屋顶窗

任务一　基层与保护工程质量控制与验收

一、基层与保护工程质量控制

1. 找平层和找坡层

（1）在铺设找平层前，应对基层进行处理，清扫干净，洒水湿润。当找平层下有松散填料时，应予以铺平振实。

（2）装配式钢筋混凝土板的板缝嵌填施工，应符合下列要求：

① 嵌填混凝土时板缝内应清理干净，并应保持湿润；

② 当板缝宽度大于40mm或上窄下宽时，板缝内应按设计要求配置钢筋；

③ 嵌填细石混凝土的强度等级不应低于C20，嵌填深度宜低于板面10～20mm，且应振

捣密实和浇水养护；

④ 板端缝应按设计要求增加防裂的构造措施。

（3）检查水落口周围的坡度是否准确。水落口杯与基层接触处应留宽 20mm、深 20mm 的凹槽，密封材料嵌填天沟。

（4）基层与突出屋面结构（女儿墙、山墙、天窗墙、变形缝、烟囱）的交接处和基层的转角处，找平层均应做成圆弧形。内部排水的水落口周围，找平层应做成略低的凹坑。

（5）找坡层宜采用轻骨料混凝土；找坡材料应分层铺设和适当压实，表面应平整。

（6）找平层宜采用水泥砂浆或细石混凝土。找平层的材料质量及配合比，必须符合设计要求。当找平层下有塑料薄膜隔离层、防水层或不吸水保温层时，宜在砂浆中加减水剂并严格控制稠度。

（7）找平层分格缝纵横间距不宜大于 6m，分格缝的宽度宜为 5～20mm。砂浆铺设应按由远到近、由高到低的程序进行，最好在每一分格内一次连续抹成，严格掌握坡度。屋面找坡应满足设计排水坡度要求，结构找坡不应小于 3%，材料找坡宜为 2%；檐沟、天沟纵向找坡不应小于 1%，沟底水落差不得超过 200mm。

（8）找平层的抹平工序应在初凝前完成，压光工序应在终凝前完成，终凝后应进行养护。

（9）注意气候变化，如气温在 0℃ 以下，或终凝前可能下雨时，不宜施工。若必须施工，应有技术措施，保证找平层质量。

2. 隔汽层

（1）隔汽层的基层应平整、干净、干燥。

（2）隔汽层应设置在结构层与保温层之间；隔汽层应选用气密性、水密性好的材料。

（3）在屋面与墙的连接处，隔汽层应沿墙面向上连续铺设，高出保温层上表面不得小于 150mm。

（4）隔汽层采用卷材时宜空铺，卷材搭接缝应满粘，其搭接宽度不应小于 80mm。隔汽层采用涂料时，应涂刷均匀。

（5）穿过隔汽层的管线周围应封严，转角处应无折损；隔汽层凡有缺陷或破损的部位，均应进行返修。

3. 隔离层

（1）块体材料、水泥砂浆或细石混凝土保护层与卷材、涂膜防水层之间，应设置隔离层。

（2）隔离层可采用干铺塑料膜、土工布、卷材或铺抹低强度等级砂浆。

4. 保护层

（1）防水层上的保护层施工，应待卷材铺贴完成或涂料固化成膜，并经检验合格后进行。

（2）用块体材料做保护层时，宜设置分格缝，分格缝纵横间距不应大于 6m，分格缝宽度宜为 20mm。

（3）用水泥砂浆做保护层时，表面应抹平压光，并应设表面分格缝，分格面积宜为 $1m^2$。

（4）用细石混凝土做保护层时，混凝土应振捣密实，表面应抹平压光，分格缝纵横间距不应大于 6m。分格缝的宽度宜为 10～20mm。

（5）块体材料、水泥砂浆或细石混凝土保护层与女儿墙和山墙之间，应预留宽度为 30mm 的缝隙，缝内宜填塞聚苯乙烯泡沫塑料，并应用密封材料嵌填密实。

二、 基层与保护工程质量验收

检验批划分基层与保护工程各分项工程每个检验批的抽检数量，应按屋面面积每100m²抽查一处，每处应为10m²，且不得少于3处。

1. 找平层和找坡层

（1）主控项目

① 保护层和找平层所用材料的质量及配合比，应符合设计要求。

检验方法：检查出厂合格证、质量检验报告和计量措施。

② 找平层和找坡层的排水坡度，应符合设计要求。

检验方法：坡度尺检查。

（2）一般项目

① 找平层应抹平、压光，不得有酥松、起砂、起皮现象。

检验方法：观察检查。

② 卷材防水层的基层与突出屋面结构的交接处，以及基层的转角处，找平层应做成圆弧形，且应整齐平顺。

检验方法：观察检查。

③ 找平层分格缝的宽度和间距，均应符合设计要求。

检验方法：观察和尺量检查。

④ 找坡层表面平整度的允许偏差为7mm，找平层表面平整度的允许偏差为5mm。

检验方法：用2m靠尺和塞尺检查。

2. 隔汽层

（1）主控项目

① 隔汽层所用材料的质量，应符合设计要求。

检验方法：检查出厂合格证、质量检验报告和进场检验报告。

② 隔汽层不得有破损现象。

检验方法：观察检查。

（2）一般项目

① 卷材隔汽层应铺设平整，卷材搭接缝应黏结牢固，密封应严密，不得有扭曲、皱褶和起泡等缺陷。

检验方法：观察检查。

② 涂膜隔汽层应黏结牢固，表面平整，涂抹均匀，不得有堆积、起泡和露底等缺陷。

检验方法：观察检查。

3. 隔离层

（1）主控项目

① 隔离层所用材料的质量及配合比，应符合设计要求。

检验方法：检查出厂合格证和计量措施。

② 隔离层不得有破损和漏铺现象。

检验方法：观察检查。

（2）一般项目

① 塑料膜、土工布、卷材应铺设平整，其搭接宽度不应小于50mm，不得有皱褶。

检验方法：观察和尺量检查。

② 低强度等级砂浆表面应压实、平整，不得有起壳、起砂现象。

检验方法：观察检查。

4. 保护层

（1）主控项目

① 保护层所用材料的质量及配合比，应符合设计要求。

检验方法：检查出厂合格证、质量检验报告和计量措施。

② 块体材料、水泥砂浆或细石混凝土保护层的强度等级，应符合设计要求。

检验方法：检查块体材料、水泥砂浆或混凝土抗压强度试验报告。

③ 保护层的排水坡度，应符合设计要求。

检验方法：用坡度尺检查。

（2）一般项目

① 块体材料保护层表面应干净，接缝应平整，周边应顺直，镶嵌应正确，应无空鼓现象。

检验方法：用小锤轻击和观察检查。

② 水泥砂浆、细石混凝土保护层不得有裂纹、脱皮、麻面和起砂等现象。

检验方法：观察检查。

③ 浅色涂料应与防水层黏结牢固，厚薄应均匀，不得漏涂。

检验方法：观察检查。

④ 保护层的允许偏差和检验方法应符合表 6-2 的规定。

表 6-2　保护层的允许偏差和检验方法

项目	允许偏差/mm			检查方法
	块体材料	水泥砂浆	细石混凝土	
表面平整度	4.0	4.0	5.0	用 2m 靠尺和塞尺检查
缝格平直	3.0	3.0	3.0	拉线和尺量检查
接缝高低差	1.5	—	—	用直尺和塞尺检查
板块间隙宽度	2.0	—	—	尺量检查
保护层厚度	设计厚度的 10%，且不得大于 5mm			用钢针插入和尺量检查

任务二　保温与隔热工程质量控制与验收

一、保温与隔热工程质量控制

1. 一般规定

（1）铺设保温层的基层应平整、干燥和干净。

（2）保温材料在施工过程中应采取防潮、防水和防火等措施。

（3）保温与隔热工程的构造及选用材料应符合设计要求。

（4）保温与隔热工程质量验收除应符合本章规定外，尚应符合《建筑节能工程施工质量验收规范》（GB 50411—2007）的有关规定。

（5）保温材料使用时的含水率，应相当于该材料在当地自然风干状态下的平衡含水率。

（6）保温材料的热导率、表观密度或干密度、抗压强度或压缩强度、燃烧性能，必须符合设计要求。

（7）种植、架空、蓄水隔热层施工前，防水层均应验收合格。

2. 板状材料保温层

（1）板状材料保温层采用干铺法施工时，板状保温材料应紧靠在基层表面上，应铺平垫稳；分层铺设的板块上下层接缝应相互错开，板间缝隙应采用同类材料的碎屑嵌填密实。

（2）板状材料保温层采用粘贴法施工时，胶黏剂应与保温材料的性能相容，并应贴严、粘牢；板状材料保温层的平面接缝应挤紧拼严，不得在板块侧面涂抹胶黏剂，超过 2mm 的缝隙应采用相同材料板条或片填塞严实。

（3）板状保温材料采用机械固定法施工时，应选择专用螺钉和垫片；固定件与结构层之间应连接牢固。

3. 纤维材料保护层

（1）纤维材料保温层施工应符合下列规定：

① 纤维保温材料应紧靠在基层表面上，平面接缝应挤紧拼严，上下层接缝应相互错开；

② 屋面坡度较大时，宜采用金属或塑料专用固定件将纤维保温材料与基层固定；

③ 纤维材料填充后，不得上人踩踏。

（2）装配式骨架纤维保温材料施工时，应先在基层上铺设保温龙骨或金属龙骨，龙骨之间应填充纤维保温材料，再在龙骨上铺钉水泥纤维板。金属龙骨和固定件应经防绣处理，金属龙骨与基层之间应采取隔热断桥措施。

4. 喷涂硬泡聚氨酯保温层

（1）保温层施工前应对喷涂设备进行调试，并应制备试样进行硬泡聚氨酯的性能检测。

（2）喷涂硬泡聚氨酯的配比应准确计量，发泡厚度应均匀一致。

（3）喷涂时，喷嘴与施工基面的间距应由试验确定。

（4）一个作业面应分遍喷涂完成，每遍厚度不宜大于 15mm；当日的作业面应当日连续地喷涂施工完毕。

（5）硬泡聚氨酯喷涂后 20min 内严禁上人；喷涂硬泡聚氨酯保温层完成后，应及时做保护层。

5. 现浇泡沫混凝土保温层

（1）在浇筑泡沫混凝土前，应将基层上的杂物和油污清理干净；基层应浇水湿润，但不得有积水。

（2）保温层施工前应对设备进行调试，并应制备试样进行泡沫混凝土的性能检测。

（3）泡沫混凝土的配合比应准确计量，制备好的泡沫加入水泥料浆中应搅拌均匀。

（4）浇筑过程中，应随时检查泡沫混凝土的湿密度。

6. 架空隔热层

（1）架空隔热层的高度应按屋面宽度或坡度大小确定。设计无要求时，架空隔热层的高度宜为 180～300mm。

（2）当屋面宽度大于 10m 时，应在屋面中部设置通风屋脊，通风口处应设置通风算子。

（3）架空隔热制品支座底面的卷材、涂膜防水层，应采取加强措施。

（4）架空隔热制品的质量应符合下列要求：

① 非上人屋面的砌块强度等级不应低 MU7.5；上人屋面的砌块强度等级不应低

于 MU10。

② 混凝土板的强度等级不应低于 C20，板厚及配筋应符合设计要求。

二、 保温与隔热工程质量验收

检验批划分：保温与隔热工程各分项工程每个检验批的抽检数量，应按屋面面积每 $100m^2$ 抽查一处，每处应为 $10m^2$，且不得少于 3 处。

1. 板状材料保温层

（1）主控项目

① 板状保温材料的质量，应符合设计要求。

检验方法：检查出厂合格证、质量检验报告和进场检验报告。

② 板状材料保温层的厚度应符合设计要求，其正偏差应不限，负偏差应为 5％，且不得大于 4mm。

检验方法：用钢针插入和尺量检查。

③ 屋面热桥部位处理应符合设计要求

检验方法：观察检查。

（2）一般项目

① 板状保温材料铺设应紧贴基层，应铺平垫稳，拼缝应严密，粘贴应牢固。

检验方法：观察检查。

② 固定件的规格、数量和位置均应符合设计要求；整片应与保温层表面齐平。

检验方法：观察检查。

③ 板状材料保温层表面平整度的允许偏差为 5mm。

检验方法：用 2m 靠尺和塞尺检查。

④ 板状材料保温层接缝高低差的允许偏差为 2mm。

检验方法：用直尺和塞尺检查。

2. 纤维材料保温层

（1）主控项目

① 纤维保温材料的质量，应符合设计要求。

检验方法：检查出厂合格证、质量检验报告和进场检验报告。

② 纤维材料保温层的厚度应符合设计要求，其正偏差应不限，毡不得有偏差，板负偏差应为 4％，且不得大于 3mm。

检验方法：用钢针插入和尺量检查。

③ 屋面热桥部位处理应符合设计要求。

检验方法：观察检查。

（2）一般项目

① 纤维保温材料铺设应紧贴基层，拼缝应严密，表面应平整。

检验方法：观察检查。

② 固定件的规格、数量和位置应符合设计要求；垫片应与保温层表面齐平。

检验方法：观察检查。

③ 装配式骨架和水泥纤维板应铺钉牢固，表面应平整；龙骨间距和板材厚度应符合设计要求。

检验方法：观察和尺量检查。

④ 具有抗水蒸气渗透外覆面的玻璃棉制品，其外覆面应朝向室内，拼接应用防水密封胶带封严。

检验方法：观察检查。

3. 喷涂硬泡聚氨酯保温层

（1）主控项目

① 喷涂硬泡聚氨酯所用原材料的质量及配合比，应符合设计要求。

检验方法：检查原材料出厂合格证、质量检验报告和计量措施。

② 喷涂硬泡聚氨酯保温层的厚度应符合设计要求，其正偏差应不限，不得有负偏差。

检验方法：用钢针插入和尺量检查。

③ 屋面热桥部位处理应符合设计要求。

检验方法：观察检查。

（2）一般项目

① 喷涂硬泡聚氨酯应分遍喷涂，黏结应牢固，表面应平整，找坡应正确。

检验方法：观察检查。

② 喷涂硬泡聚氨酯保温层表面平整度的允许偏差为5mm。

检验方法：用2m靠尺和塞尺检查。

4. 现浇泡沫混凝土保温层

（1）主控项目

① 现浇泡沫混凝土所用原材料的质量及配合比，应符合设计要求。

检验方法：检查原材料出厂合格证、质量检验报告和计量措施。

② 现浇泡沫混凝土保温层的厚度应符合设计要求，其正负偏差为5％，且不得大于5mm。

检验方法：用钢针插入和尺量检查。

③ 屋面热桥部位处理应符合设计要求。

检验方法：观察检查。

（2）一般项目

① 现浇混凝土应分层施工，黏结应牢固，表面应平整，找坡应正确。

检验方法：观察检查。

② 现浇泡沫混凝土不得有贯通性裂缝，以及疏松、起砂、起皮现象。

检验方法：观察检查。

③ 现浇泡沫混凝土保温层表面平整度的允许偏差为5mm。

检验方法：用2m靠尺和塞尺检查。

5. 架空隔热层

（1）主控项目

① 架空隔热制品的质量，应符合设计要求。

检验方法：检查材料或构件合格证和质量检验报告。

② 架空隔热制品的铺设应平整、稳固，缝隙勾填应密实。

检验方法：观察检查。

（2）一般项目

① 架空隔热制品距山墙或女儿墙不得小于250mm。

检验方法：观察和尺量检查。

② 架空隔热层的高度及通风屋脊、变形缝做法，应符合设计要求。

检验方法：观察和尺量检查。

③ 架空隔热制品接缝高低差的允许偏差为3mm。

检验方法：直尺和塞尺检查。

任务三　防水与密封工程质量控制与验收

一、　防水与密封工程质量控制

1. 一般规定

（1）防水层施工前，基层应坚实、平整、干净、干燥。

（2）基层处理剂应配比准确，并应搅拌均匀；喷涂或涂刷基层处理剂应均匀一致，待其干燥后应及时进行卷材、涂膜防水层和接缝密封防水施工。

（3）防水层完工并经验收合格后，应及时做好成品保护。

2. 卷材防水

（1）屋面坡度大于25%时，卷材应采取满粘和钉压固定措施。

（2）卷材铺贴方向应符合下列规定：

① 卷材宜平行屋脊铺贴；

② 上下层卷材不得相互垂直铺贴。

（3）卷材搭接缝应符合下列规定：

① 平行屋脊的卷材搭接缝应顺流水方向，卷材搭接宽度应符合表6-3的规定。

表6-3　卷材搭接宽度

卷材类别		搭接宽度/mm
合成高分子卷材防水	胶黏剂	80
	胶黏带	50
	单缝焊	60，有效焊接宽度不小于25
	双缝焊	80，有效焊接宽度10×2＋空腔宽
高聚物改性沥青防水卷材	胶黏剂	100
	自黏	80

② 相邻两幅卷材短边搭接缝应错开，且不得小于500mm。

③ 上下层卷材长边搭接缝应错开，且不得小于幅宽的1/3。

（4）冷粘法铺贴卷材应符合下列规定：

① 胶黏剂涂刷应均匀，不应露底，不应堆积；

② 应控制胶黏剂涂刷与卷材铺贴的间隔时间；

③ 卷材下面的空气应排尽，并应辊压粘牢固；

④ 卷材铺贴应平整顺直，搭接尺寸应准确，不得扭曲、皱褶；

⑤ 接缝口应用密封材料封严，宽度不应小于10mm。

（5）热粘法铺贴卷材应符合下列规定：

① 熔化热熔型改性沥青胶结料时，宜采用专用导热油炉加热，加热温度不应高于

200℃，使用温度不宜低于 180℃；

②粘贴卷材的热熔型改性沥青胶结料厚度宜为 1.0～1.5mm；

③采用热熔型改性沥青胶结料粘贴卷材时，应随刮随铺，并应展平压实。

（6）热熔法铺贴卷材应符合下列规定：

①火焰加热器加热卷材应均匀，不得加热不足或烧穿卷材；

②卷材表面热熔后应立即滚铺，卷材下面的空气应排尽，并应辊压粘贴牢固；

③卷材接缝部位应溢出热熔的改性沥青胶，溢出的改性沥青胶宽度宜为 8mm；

④铺贴的卷材应平整顺直，搭接尺寸应准确，不得扭曲、皱褶；

⑤厚度小于 3mm 的高聚物改性沥青防水卷材，严禁采用热熔法施工。

（7）自粘法铺贴卷材应符合下列规定：

①铺贴卷材时，应将自粘胶底面的隔离纸全部撕净；

②卷材下面的空气应排尽，并应辊压粘贴牢固；

③铺贴的卷材应平整顺直，搭接尺寸应准确，不得扭曲、皱褶；

④接缝口应用密封材料封严，宽度不应小于 10mm；

⑤低温施工时，接缝部位宜采用热风加热，并应随即粘贴牢固。

（8）焊接法铺贴卷材应符合下列规定：

①焊接前卷材应铺设平整、顺直，搭接尺寸应准确，不得扭曲、皱褶；

②卷材焊接缝的结合面应干净、干燥，不得有水滴、油污及附着物；

③焊接时应先焊长边搭接缝，后焊短边搭接缝；

④控制加热温度和时间，焊接缝不得有漏焊、跳焊、焊焦或焊接不牢现象；

⑤焊接时不得损害非焊接部位的卷材。

（9）机械固定法铺贴卷材应符合下列规定：

①卷材应采用专用固定件进行机械固定；

②固定件应设置在卷材搭接缝内，外露固定件应用卷材封严；

③固定件应垂直钉入结构层有效固定，固定件数量和位置应符合设计要求；

④卷材搭接缝应黏结或焊接牢固，密封应严密；

⑤卷材周边 800mm 范围内应满粘。

3. 涂膜防水层

（1）防水涂料应多遍涂布，并应待前一遍涂布的涂料干燥成膜后，再涂布后一遍涂料，且前后两遍涂料的涂布方向应相互垂直。

（2）铺设胎体增强材料应符合下列规定：

①胎体增强材料宜采用聚酯无纺布或化纤无纺布；

②胎体增强材料长边搭接宽度不应小于 50mm，短边搭接宽度不应小于 70mm；

③上下层胎体增强材料的长边搭接缝应错开，且不得小于幅宽的 1/3；

④上下层胎体增强材料不得相互垂直铺设。

（3）多组分防水涂料应按配合比准确计量，搅拌应均匀，并根据有效时间确定每次配制的数量。

4. 复合防水层

（1）卷材与涂料复合使用时，涂膜防水层宜设置在卷材防水层的下面。

（2）卷材与涂料复合使用时，防水卷材的黏结质量应符合表 6-4 的规定。

表 6-4　防水卷材的黏结质量

项目	自粘聚合物改性沥青防水卷材和带自黏层防水卷材	高聚物改性沥青防水卷材胶黏剂	合成高分子防水卷材胶黏剂
黏结剥离强度/（N/10mm）	≥10 或卷材断裂	≥8 或卷材断裂	≥15 或卷材断裂
剪切状态下的黏合强度/（N/10mm）	≥20 或卷材断裂	≥20 或卷材断裂	≥20 或卷材断裂
浸水 168h 后黏结剥离强度保持率/%	—	—	≥70

注：防水涂料作为防水卷材黏结材料复合使用时，应符合相应的防水卷材胶黏剂规定。

5. 接缝密封防水

（1）密封防水部位的基层应符合下列要求：

① 基层应牢固，表面应平整、密实，不得有裂缝、蜂窝、麻面、起皮和起砂现象；

② 基层应清洁、干燥，并应无油污、无灰尘；

③ 嵌入的背衬材料与接缝壁间不得留有空隙；

④ 密封防水部位的基层宜涂刷基层处理剂，涂刷应均匀，不得漏涂。

（2）多组分密封材料应按配合比准确计量，拌和应均匀，并应根据有效时间确定每次配制的数量。

（3）密封材料嵌填完成后，在固化前应避免灰尘、破损及污染，且不得踩踏。

二、 防水与密封工程质量验收

检验批划分：防水与密封工程各分项工程每个检验批的抽检数量，防水层应按屋面面积每 100m² 抽查一处，每处应为 10m²，且不得少于 3 处；接缝密封防水应按每 50m 抽查一处，每处应为 5m，且不得少于 3 处。

1. 卷材防水层

（1）主控项目

① 防水卷材及其配套材料的质量，应符合设计要求。

检验方法：检查出厂合格证、质量检验报告和进场检验报告。

② 卷材防水层不得有渗漏和积水现象。

检验方法：雨后观察检查或做淋水、蓄水试验。

③ 卷材防水层在檐口、檐沟、天沟、水落口、泛水、变形缝和伸出屋面管道的防水构造，应符合设计要求。

检验方法：观察检查。

（2）一般项目

① 卷材的搭接缝应黏结或焊接牢固，密封应严密，不得扭曲、皱褶和翘边。

检验方法：观察检查。

② 卷材防水的收头应与基层黏结，钉压应牢固，密封应严密。

检验方法：观察检查。

③ 卷材防水层的铺贴方向应正确，卷材搭接宽度的允许偏差为 −10mm。

检验方法：观察和尺度检查。

④ 屋面排汽构造的排汽道应纵横贯通，不得堵塞；排汽管应安装牢固，位置应正确，封闭应严密。

检验方法：观察检查。

2. 涂膜防水层

（1）主控项目

① 防水涂料和胎体增强材料的质量，应符合设计要求。

检验方法：检查出厂合格证、质量检验报告和进场检验报告。

② 涂膜防水层不得有渗漏和积水现象。

检验方法：雨后观察检查或做淋水、蓄水试验。

③ 涂膜防水层在檐口、檐沟、天沟、水落口、泛水、变形缝和伸出屋面管道的防水构造，应符合设计要求。

检验方法：观察检查。

④ 涂膜防水层的平均厚度应符合设计要求，且最小厚度不得小于设计厚度的80％。

检验方法：用针测法检查或取样量测。

（2）一般项目

① 涂膜防水层与基层应黏结牢固，表面应平整，涂布应均匀，不得有流淌、皱褶、起泡和露胎体等缺陷。

检验方法：观察检查。

② 涂膜防水层的收头应用防水涂料多遍涂刷。

检验方法：观察检查。

③ 铺贴胎体增强材料应平整顺直，搭接尺寸应准确，应排除起泡，并应与涂料黏结牢固，胎体增强材料搭接宽度的允许偏差为−10mm。

检验方法：观察和尺量检查。

3. 复合防水层

（1）主控项目

① 复合防水层所用防水材料及其配套材料的质量，应符合设计要求。

检验方法：检查出厂合格证、质量检验报告和进场检验报告。

② 复合防水层不得有渗漏和积水现象。

检验方法：雨后观察检查或做淋水、蓄水试验。

③ 复合防水层在天沟、檐沟、檐口、水落口、泛水、变形缝和伸出屋面管道的防水构造，应符合设计要求。

检验方法：观察检查。

（2）一般项目

① 卷材与涂膜应粘贴牢固，不得有空鼓和分层现象。

检验方法：观察检查。

② 复合防水层的总厚度应符合设计要求。

检验方法：用针测法检查或取样量测。

4. 接缝密封防水

（1）主控项目

① 密封材料及其配套材料的质量，应符合设计要求。

检验方法：检查出厂合格证、质量检验报告和进场检验报告。

② 密封材料嵌填应密实、连续、饱满，黏结牢固，不得有气泡、开裂、脱落等缺陷。

检验方法：观察检查。

（2）一般项目

① 密封防水部位的基层应符合《屋面工程质量验收规范》（GB 50207—2012）规范第6.5.1条的规定。

检验方法：观察检查。

② 接缝宽度和密封材料的嵌填深度应符合设计要求，接缝宽度的允许偏差为±10％。

检验方法：尺量检查。

③ 嵌填的密封材料表面应平滑，缝边应顺直，应无明显不平和周边污染现象。

检验方法：观察检查。

任务四　细部构造工程质量控制与验收

一、细部构造工程质量控制

（1）在檐口、斜沟、泛水、屋面和突出屋面结构的连接处及水落口四周，均应加铺一层卷材附加层；天沟宜加1～2层卷材附加层；内部排水的水落口四周，还宜再加铺一层沥青麻布油毡或再生胶油毡。

（2）内部排水的水落口应用铸铁制品，水落口杯应牢固地固定在承重结构上，全部零件应预先清除铁锈，并涂刷防锈漆。与水落口连接的各层卷材，均应粘贴在水落口杯上，并用漏斗罩。底盘压紧宽度至少为100mm，底盘与卷材间应涂沥青胶结材料，底盘周围应用沥青胶结材料填平。

（3）水落口杯与竖管承口的连接处，用沥青麻丝堵塞，以防漏水。

（4）混凝土檐口宜凹槽，卷材端部应固定在凹槽内，并用玛琋脂或油膏封严。

（5）伸出屋面的管道、设备或预埋件等，应在防水层施工前安设完毕。屋面防水层完工后，不得在其上凿孔、打洞或重物冲击。

（6）屋面与突出屋面结构的连接处，贴在立面上的卷材高度应大于或等于250mm。如用薄钢板泛水覆盖，应用钉子将泛水卷材层的上锻钉在预埋件的墙上的木砖上，泛水上部与墙间的缝隙应用沥青砂浆填平，并将钉帽盖住。薄钢板泛水向接缝处应焊牢。如用其他泛水时，卷材上端应用沥青砂浆或水泥砂浆封严。

（7）砌变形缝的附加墙以前，缝口应用伸缩片覆盖，并在墙砌好后，在缝内填沥青麻丝；上部应用钢筋混凝土盖板或可伸缩的镀锌薄钢板盖住。钢筋混凝土盖板的接缝，可用油膏嵌实封严。

二、细部构造工程质量验收

1. 一般规定

（1）细部构造工程各分项工程每个检验批应全数进行检验。

（2）细部构造所使用卷材、涂料和密封材料的质量应符合设计要求，两种材料之间应具有相容性。

（3）屋面细部构造热桥部位的保温处理，应符合设计要求。

2. 檐口

（1）主控项目

① 檐口的防水构造应符合设计要求。

检验方法：观察检查。

② 檐口的排水坡度应符合设计要求；檐口部位不得有渗漏和积水现象。

检验方法：用坡度尺检查和雨后观察或做淋水试验。

（2）一般项目

① 檐口800mm范围内的卷材应满粘。

检验方法：观察检查。

② 卷材收头应在找平层的凹槽内用金属压条钉压固定，并应用密封材料封严。

检验方法：观察检查。

③ 涂膜收头应用防水涂料多遍涂刷。

检验方法：观察检查。

④ 檐口端部应抹聚合物水泥砂浆，其下端应做成鹰嘴和滴水槽。

检验方法：观察检查。

3. 檐沟和天沟

（1）主控项目

① 檐沟、天沟的防水构造应符合设计要求。

检验方法：观察检查。

② 檐沟、天沟的排水坡度应符合设计要求；沟内不得有渗漏和积水现象。

检验方法：坡度尺检查和雨后观察或淋水、蓄水试验。

（2）一般项目

① 檐沟、天沟附加层铺设应符合设计要求。

检验方法：观察和尺量检查。

② 檐沟防水层应由沟底翻上至外侧顶部，卷材收头应用金压条钉压固定，并应用密封材料封严；涂膜收头应用防水涂料多遍涂刷。

检验方法：观察检查。

③ 檐沟外侧顶部及侧面均应抹聚合物水泥砂浆，其下端应做成鹰嘴或滴水槽。

检验方法：观察检查。

4. 女儿墙和山墙

（1）主控项目

① 女儿墙和山墙的防水构造应符合设计要求。

检验方法：观察检查。

② 女儿墙和山墙的压顶向内排水坡度不应小于5%，压顶内侧下端应做成鹰嘴或滴水槽。

检验方法：观察和坡度尺检查。

③ 女儿墙和山墙的根部不得有渗漏和积水现象。

检验方法：雨后观察检查或做淋水试验。

（2）一般项目

① 女儿墙和山墙的泛水高度及附加层铺设应符合设计要求。

检验方法：观察和尺量检查。

② 女儿墙和山墙的卷材应满粘，卷材收头应用金属压条钉压固定，并应用密封材料

封严。

检验方法：观察检查。

③ 女儿墙和山墙的涂膜应直接涂刷至压顶下，涂膜收头应用防水涂料多遍涂刷。

检验方法：观察检查。

5. 水落口

（1）主控项目

① 水落口的防水构造应符合设计要求。

检验方法：观察检查。

② 水落口杯上口应设在沟底的最低处；水落口处不得有渗漏和积水现象。

检验方法：雨后观察或做淋水、蓄水试验。

（2）一般项目

① 水落口的数量和位置应符合设计要求；水落口杯应安装牢固。

检验方法：观察和手板检查。

② 水落口周围直径 500mm 范围内坡度不应小于 5％，水落口周围的附加层铺设应符合设计要求。

检验方法：观察和尺量检查。

③ 防水层及附加层伸入水落口杯内不应小于 50mm，并应黏结牢固。

检验方法：观察和尺量检查。

6. 变形缝

（1）主控项目

① 变形缝的防水构造应符合设计要求。

检验方法：观察检查。

② 变形缝处不得有渗漏和积水现象。

检验方法：雨后观察或淋水试验。

（2）一般项目

① 变形缝的泛水高度及附加层铺设应符合设计要求。

检验方法：观察和尺量检查。

② 防水层应铺贴或涂刷至泛水墙的顶部。

检验方法：观察检查。

③ 等高变形缝顶部宜加扣混凝土或金属盖板。混凝土盖板的接缝应用密封材料封严；金属盖板应铺钉牢固，搭接缝应顺流水方向，并应做好防锈处理。

检验方法：观察检查。

④ 高低跨变形缝在高跨墙面上的防水卷材封盖和金属盖板，应用金属压条钉压固定，并应用密封材料封严。

检验方法：观察检查。

7. 伸出屋面管道

（1）主控项目

① 伸出屋面管道的防水构造应符合设计要求。

检验方法：观察检查。

② 伸出屋面管道根部不得有渗漏和积水现象。

检验方法：雨后观察检查或做淋水试验。

（2）一般项目

① 伸出屋面管道的泛水高度及附加层铺设，应符合设计要求。

检验方法：观察和尺量检查。

② 伸出屋面管道周围的找平层应抹出高度不小于30mm的排水坡。

检验方法：观察和尺量检查。

③ 卷材防水层收头应用金属箍固定，并应用密封材料封严；涂膜防水层收头应用防水涂料多遍涂刷。

检验方法：观察检查。

8. 屋面出入口

（1）主控项目

① 屋面出入口的防水构造应符合设计要求。

检验方法：观察检查。

② 屋面出入口处不得有渗漏和积水现象。

检验方法：雨后观察或淋水试验。

（2）一般项目

① 屋面垂直出入口防水层收头应压在压顶圈下，附加层铺设应符合设计要求。

检验方法：观察检查。

② 屋面水平出入口防水层收头应压在混凝土踏步下，附加层铺设和护墙应符合设计要求。

检验方法：观察检查。

③ 屋面出入口的泛水高度不应小于250mm。

检验方法：观察和尺量检查。

任务五　屋面工程常见质量问题分析

一、刚性防水屋面工程

在细石混凝土防水屋面中，常见的质量问题有开裂、渗漏、起壳、起砂等。

1. 开裂

（1）屋面出现开裂的原因　刚性屋面出现裂缝的原因：一是防水层较薄，受基层沉降、温差等变形影响；二是温度分格缝未按规定设置或设置不合理；三是砂浆、混凝土配合比设计不当，水泥用量或水泥比过大，施工压抹或振捣不实，养护不良，早起脱水。

（2）预防屋面开裂的措施　宜在混凝土防水层下设纸筋夹、麻刀灰或卷材隔离层，以减少温度收缩变形的影响；防水层应进行分格，分格缝设在装配式结构的板端和现浇混凝土整体结构的支座处，屋面转折处，间距不大于6cm；另外，应严格控制水泥用量和水灰比，并加强抹压与捣实，混凝土养护不小于14d。

对刚性屋面可分别采用防水油膏嵌填、环氧树脂嵌填、防水卷材粘贴三种处理方法，其中一布二油工艺为将裂缝处凿槽清理干净，涂刷冷底子油盖缝，再嵌补水油膏，上面用防水卷材一层。

2. 渗漏

（1）屋面出现渗漏水的原因有：

① 山墙、女儿墙、檐口、天沟等处与屋面板变形不一致，在楼缝处被拉裂而漏水。

② 屋面分格缝未与板端缝对齐，在荷载下板端上翘，使防水层开裂。

③ 分格缝内杂物未清理干净；嵌油膏前，漏涂冷底子油，使油膏黏结不实；或嵌缝材料黏结性、柔韧性、抗老化性差；或屋面板缝浇灌不实，整体抗渗性差。

④ 烟囱、雨水管穿过防水层处未用砂浆填实，未做防水处理。

⑤ 屋面未按要求找坡或找坡不正确，有积水引起渗漏。

（2）预防屋面渗漏水的措施有：

① 山墙、女儿墙等与屋面板接缝处，除填灌砂浆或混凝土外，并做上部油膏嵌缝防水，再按常规做卷材泛水。

② 分格缝和板缝对齐，板缝应设吊模用细石混凝土填灌密实，嵌缝时应将基层清理干净。

③ 烟囱、雨水管穿过防水层处，用砂浆填实压光，按设计做防水处理。

④ 屋面按设计挂线、找坡，避免积水。

对因开裂渗漏采用同开裂处理方法；应剔除分格缝中嵌填不实的油膏或变质的油膏；按正确方法重新嵌填油膏。

3. 起壳、起砂

（1）防水层混凝土出现起壳、起砂及表面风化、松散等现象的原因有：

① 未清理基层或施工前未洒水湿润，与防水层黏结不良。

② 防水层施工质量差，未很好压光和养护。

③ 防水层表面发生碳化现象。

（2）预防防水层混凝土起壳、起砂的措施有：

① 应将基层清理干净；施工前应洒水湿润。

② 施工中，切实做好摊铺、压抹（或碾压）、收光、抹平和养护工序。

③ 为防止碳化，在表面加做防水涂料一层。

对轻微起壳、起砂，可表面凿毛、扫净、湿润，加抹 10mm 厚 1：2 的水泥砂浆压光。

二、柔性防水屋面工程

屋面防水卷材常见的质量问题种类有开裂、黏结不牢、起泡、老化（龟裂）、尿墙、变形缝漏水等，其中开裂、起泡、老化（龟裂）、变形缝病害情况可参考地下卷材防水相关部分。

1. 黏结不牢

（1）部分防水层黏结不牢的原因

① 基层问题：表面不平、不干净；过分潮湿、水分蒸发缓慢；过早涂刷涂料或铺贴玻璃丝布毡片（或布），使涂料与砂浆面层黏结力降低。

② 涂料变质，或施工淋雨；施工工序未经必要的间歇。

为预防防水层黏结不牢，基层应平整、密实、清洁；基层表面不得有水珠；避免雨雾天施工；砂浆强度达到 0.5MPa 以上，才允许涂刷涂料或粘贴玻璃丝毡片（或布）；禁用变质失效涂料，防水层每道工序应有 12～14h 间歇，完工后应有 7d 以上自然干燥。

（2）处理方法　对于黏结不牢的防水层，应将玻璃丝布掀开、埋设部分木砖，清理干净后，重新粘贴，并用镀锌铁皮条把原防水层钉固。

2. 尿墙

（1）沿地面与墙的相接处渗水的现象称为尿墙，产生尿墙的原因如下：

① 女儿墙、山墙、檐口细部处理不当，卷材与立面未固定牢，或未做铁皮泛水；女儿墙、山墙与屋面板未牢固拉结，转角处未做成钝角；垂直面卷材与屋面卷材未分层搭接或未做加强层。

② 垂直面未做绿豆砂保护层。

③ 天沟未找坡，雨水口短管未紧贴基层，水头四周卷材黏结不严，雨水管积灰、堵塞、天沟集水。

（2）为防止尿墙现象，应做到如下几点：

① 女儿墙、山墙、天沟以及屋面伸出管等细部处理，应按要求严格合理施工；女儿墙、山墙与屋面板拉结牢固。防止开裂；转角处做成钝角，垂直面与屋面之间卷材应设加强层，分层搭接。

② 做好绿豆砂保护层。

③ 天沟应按要求做好找坡，雨水口及水斗周围卷材应贴实，层数应符合要求。

（3）处理方法　对于已经出现的尿墙，应采用将开裂及脱开卷材割开重铺卷材的方法予以处理。

技能训练

一、单选题

1. 屋面找平层应设分格缝，分格缝留设在端板缝处，采用水泥砂浆或细石混凝土做找平层时，其纵横缝的最大间距（　　　）。

A. 不宜大于 4m　　　　B. 不宜小于 4m　　　　C. 不宜大于 6m　　　　D. 不宜小于 6m

2. 屋面块体材料保护层应留设分格缝，分格面积不大于（　　　）。

A. 10m²　　　B. 20m²　　　C. 50m²　　　D. 100m²

3. 屋面找平层质量检查验收的主控项目有材料质量的配合比和（　　　）两项。

A. 交接处和转角处的细部处理　　　　　　B. 排水坡度

C. 分格缝的位置和间距　　　　　　　　　D. 表面平整度

4. 屋面面积为 20m² 的建筑物，检查验收屋面找平层和保温层的质量时，应抽查（　　　）处以上，每处 10m²。

A. 1　　　　B. 2　　　　C. 3　　　　D. 4

5. 卷材防水层上的撒布材料和浅色涂料保护层应铺撒或涂刷均匀，黏结牢固；水泥砂浆、块材或细石混凝土保护层与卷材防水层间应设置隔离层；刚性保护层的分格缝留置应符合设计要求。其检验方法是（　　　）。

A. 雨后检验　　　　B. 观察检查　　　　C. 检查质量检查报告　　　　D. 现场抽样检查

6. 下列选项中，关于合成高分子防水卷材外观质量的要求，说法错误的是（　　　）。

A. 每卷折痕不超过 2 处，总长度不超过 20mm　　　B. 杂质大于 0.5mm 颗粒不允许，每 1m² 不超过 9mm²

C. 每卷胶块不超过 6 处，每处面积不大于 4mm²　　　D. 每卷凹痕不超过 6 处，深度不超过本身厚度的 40%

7. 质量验收时，卷材防水层不得有渗漏或积水现象，其检验方法是（　　　）。

A. 观察检查　　　　　　　　　　　　B. 淋水、蓄水试验

C. 雨中检验   D. 检查隐藏工程验收记录

8. 质量验收时，卷材防水层的搭接缝应黏（焊）结牢固，密封严密，不得有皱褶、翘边和鼓泡等缺陷；防水层的收头应与基层黏结并固定牢固，缝口严实，不得翘边，其检验方法是（   ）。

    A. 观察检查   B. 现场抽样检查   C. 淋水、蓄水试验   D. 检查出厂合格证

9. 不属于卷材防水屋面质量检查验收的主控项目是（   ）。

    A. 卷材及配套材料的质量   B. 卷材搭接缝与收头质量

    C. 卷材防水层   D. 防水细部构造

10. 质量验收时，涂膜防水层不得有沾污积水现象，其检验方法是（   ）。

    A. 淋水、蓄水试验   B. 观察检查

    C. 检查隐藏工程验收记录   D. 现场抽样复验报告

11. 涂膜防水层上的撒布材料或浅色涂料保护层应铺撒或刷涂均匀，黏结牢固；水泥砂浆、块材或细石混凝土保护层与涂膜防水层间应设置隔离层；刚性保护层的分格缝留置应符合设计要求，其检验方法是（   ）。

    A. 针测法   B. 取样检测   C. 观察检查   D. 检查出厂合格证

12. 当聚氨酯涂膜防水层完全固化和通过蓄水试验并检验合格后，即可铺设一层厚度为（   ）的水泥砂浆保护层，然后可根据设计要求铺设饰面层。

    A. 5～15mm   B. 15～25mm   C. 15～35mm   D. 35～45mm

13. 检查涂膜防水屋面的防水层是否渗漏、是否有积水的方法是（   ）。

    A. 检查涂料出厂合格证和质量检验报告   B. 取样检测

    C. 雨后或淋水、蓄水试验   D. 尺量检查

14. 密封材料嵌缝时，接缝处的密封材料的底部应填放背衬材料，外露的密封材料上设置保护层，其宽度不应小于（   ）。

    A. 50mm   B. 100mm   C. 150mm   D. 200mm

15. 天沟、檐沟、檐口、泛水和立面卷材收头的端部应裁齐，塞入预留凹槽内，用金属压条钉压固定，最大钉距不应大于（   ）。

    A. 900mm   B. 1500mm   C. 2000mm   D. 2500mm

16. 屋面工程隐蔽验收记录应包括（   ）。

    A. 卷材、涂膜防水层的基层

    B. 密封防水处理部位

    C. 天沟、檐沟、泛水和变形缝细部做法

    D. 卷材、涂膜防水层的搭接宽度和附加层

    E. 刚性保护层与卷材、涂膜防水层之间设置的隔离层

    F. 卷材保护层

二、多选题

1. 屋面找平层的质量检查与验收中主控项目的检验包括（   ）。

    A. 材料质量及配合比   B. 排水坡度   C. 表面质量   D. 分格缝位置

2. 保温层施工质量检验的一般项目有（   ）。

    A. 材料质量   B. 保温层厚度允许偏差

    C. 保温层铺设   D. 倒置式屋面保护层

3. 下列选项中，关于高聚物改性沥青防水卷材的外观质量要求，说法正确的是（   ）。

    A. 不允许有孔洞、缺边、裂口   B. 边缘不整齐不允许超过 10mm

    C. 允许有胎体露白   D. 撒布材料的粒度、颜色要均匀

    E. 每卷卷材的接头不超过 1 处，较短的一段不应小于 1000mm

4. 下列选项中，属于卷材防水屋面质量验收主控项目的是（   ）。

    A. 卷材防水层所用卷材及其配套材料，必须符合设计要求

B. 卷材防水层不得有渗漏或积水现象

C. 卷材防水层的搭接缝应黏（焊）结牢固，密封严实，不得有皱褶、翘边和鼓泡等缺陷；防水层的收头应与基层黏结并固定牢固、缝口封严，不得翘边

D. 卷材防水层在天沟、檐沟、槽口、水落口、泛水、变形缝和伸出屋面管道的防水构造，必须符合设计要求

E. 卷材防水层上的撒布材料和浅色涂料保护层应铺撒或涂刷均匀，黏结牢固

5. 质量验收时，卷材防水层所用卷材及其配套材料，必须符合设计要求，其检验方法有（　　）。

A. 观察检查　　　　　　　　　　　B. 检查出厂合格证

C. 质量检验报告　　　　　　　　　D. 淋水、蓄水试验

E. 现场抽样复验报告

6. 涂膜防水屋面质量验收时，防水涂料和胎体增强材料必须符合设计要求，其检验方法有（　　）。

A. 检验出厂合格证书　　　　　　　B. 质量检查报告

C. 观察检查　　　　　　　　　　　D. 雨后检查

E. 淋水、蓄水试验

7. 涂膜防水屋面质量验收中，涂膜防水层的平均厚度应符合设计要求，最小厚度不应小于设计厚度的80％，其检验方法是（　　）。

A. 针测法　　　B. 观察检验　　　C. 取样量测　　　D. 雨后检验　　　E. 检查质量检验报告

8. 涂膜防水层表面要求（　　）。

A. 表面平整　　　B. 涂刷均匀　　　C. 无流淌皱褶　　　D. 接缝搭接黏结牢固

9. 涂膜施工的质量检查与验收的一般项目是（　　）。

A. 涂料及膜体质量　　　B. 防水细部构造　　　C. 涂膜施工　　　D. 涂膜保护层

三、案例分析题

某商场为现浇混凝土框架结构，建筑面积为20650m²，地上12层，地下3层，由市建筑设计院进行设计，该市第一建筑公司施工。工程于2006年6月开工建设。2008年8月8日竣工验收，交付使用。在2012年夏季，商场员工发现商场大面积渗漏。

根据以上内容，回答下列问题：

为避免屋面工程出现质量问题，施工过程中，施工单位应该从哪些方面进行施工质量控制？

项目七

钢结构工程

【学习目标】

通过本项目内容的学习，使学生掌握钢结构工程质量控制要点，了解钢结构工程质量验收标准及检验方法。掌握钢结构工程常见质量问题的处理方法。

【学习要求】

（1）掌握钢结构连接工程和钢结构安装工程质量控制要点及验收项目和验收标准。

（2）能够进行钢结构工程的质量验收。

（3）通过学习，熟练掌握常见钢结构工程质量问题的产生原因和预防处理方法。

任务一　钢结构连接工程质量控制与验收

一、钢结构焊接工程

（一）钢结构焊接工程质量控制

（1）焊接材料应存放在通风干燥、温度适宜的仓库内，存放时间超过一年的，原则上应进行焊接工艺及机械性能复验。

（2）焊工必须经考试合格并取得合格证书。持证焊工必须在其考试合格项目及其认可范围内施焊。

（3）钢结构手工焊接用焊条的质量，应符合《非合金钢及细晶粒钢焊条》(GB/T 5117—2012)或《热强钢焊条》（GB/T 5118—2012）的规定。

（4）自动焊接或半自动焊接采用的焊丝和焊剂，应与母材强度相适应，焊丝应符合《熔化焊用钢丝》（GB/T 14957—1994）的规定。

（5）焊缝表面不得有裂纹、焊瘤等缺陷。一级、二级焊缝不得有表面气孔、夹渣、弧坑裂纹、电弧擦伤等缺陷，且一级焊缝不许有咬边、未焊满、根部收缩等缺陷。

（6）焊条、焊丝、焊剂、电渣焊熔嘴等焊接材料，与母材的匹配应符合设计及规范要求，焊条、焊剂、药芯焊丝、熔嘴等在使用前，应按其产品说明书及焊接工艺文件的规定进行烘焙和存放。

（7）焊缝尺寸、探伤检验、缺陷、热处理、工艺试验等，均应符合设计规范要求。

（8）碳素结构应在焊缝冷却到环境温度，低合金结构钢应在完成焊接24h以后，进行焊缝探伤检验。

（9）钢结构一旦出现裂纹，焊工不得擅自处理，应及时通知有关单位人员，进行分析处理。

（二）钢结构焊接工程质量验收

钢结构焊接工程可按相应的钢结构制作或安装工程检验批的划分原则划分为一个或若干个检验批。碳素结构钢应在焊缝冷却到环境温度后，低合金钢结构应在完成焊接24h以后，进行焊缝探伤检验。焊缝施焊后应在工艺规定的焊缝及部位打上焊工钢印。

1. 主控项目

（1）焊条、焊丝、焊剂、电渣焊熔嘴等焊接材料与母材的匹配应符合设计要求《钢结构焊接规范》（GB/T 50661—2011）的规定。焊条、焊剂、药芯焊丝、熔嘴等在使用前，应按其产品说明书及焊接工艺文件的规定进行烘焙和存放。

检查数量：全数检查。

检验方法：检查质量证明书和烘焙记录。

（2）焊工必须经考试合格并取得合格证书。持证焊工必须在其考试合格项目及其认可范围内施焊。

检查数量：全数检查。

检验方法：检查焊工合格证及其认可范围、有效期。

（3）施工单位对其首次采用的钢材、焊接材料、焊接方法、焊后热处理等，应进行焊接工艺评定，并应根据评定报告确定焊接工艺。

检查数量：全数检查。

检验方法：检查焊接工艺评定报告。

（4）设计要求全焊透的一级、二级焊缝应采用超声波探伤进行内部缺陷的检验，超声波探伤不能对缺陷做出判断时，应采用射线探伤，其内部缺陷分级及探伤方法应符合《钢结构超声波探伤及质量分级法》（JG/T 203—2007）或《金属熔化焊焊接接头射线照相》（GB/T 3323—2005）的规定。

一、二级焊缝的质量等级及缺陷分级应符合表7-1的规定。

表 7-1 一级、二级焊缝质量等级及缺陷分级

焊缝质量等级		一级	二级
内部缺陷	评定等级	Ⅱ	Ⅲ
超声波探伤	检验等级	B级	B级
	探伤比例	100%	20%
内部缺陷	评定等级	Ⅱ	Ⅲ
射线探伤	检验等级	AB级	AB级
	探伤比例	100%	20%

注：探伤比例的计数方法应按以下原则确定：

① 对工厂制作焊缝，应按每条焊缝计算百分比，且探伤长度应不小于200mm；当焊缝长度不足200mm时，应对整条焊缝进行探伤。

② 对现场安装焊缝，应按同一类型、同一施焊条件的焊缝条数计算百分比，探伤长度应不小于200mm，并应不少于1条焊缝。

检查数量：全数检查。

检查方法：检查超声波或射线探伤记录。

（5）T形接头、十字接头、角接接头等要求熔透的对接和角对接组合焊缝，其焊脚尺寸

不应小于 $t/4$；设计有疲劳验算要求的吊车梁或类似构件的腹板与上翼缘连接焊缝的焊脚尺寸为 $t/2$，且不应大于 10mm。焊脚尺寸的允许偏差为 0～4mm。

检查数量：资料全数检查。同类焊缝抽查 10%，且不应小于 3 条。

检验方法：观察检查，用焊缝量规抽查测量。

（6）焊接表面不得有裂纹、焊瘤等缺陷。一级、二级焊缝不得有表面气孔、夹渣、弧坑裂纹、电弧擦伤等缺陷，且一级焊缝不得有咬边、未焊满、根部收缩等缺陷。

检查数量：每批同类构件抽查 10%，且不应小于 3 件；被抽查构件中，每一类型焊缝按条数抽查 5%，且不应少于 1 条；每条检查 1 处，总抽查数不应少于 10 处。

检验方法：观察检验或使用放大镜、焊缝量规和钢尺检查，当存在疑议时，采用渗透或磁粉探伤检查。

2. 一般项目

（1）对于需要进行焊接前预热或焊后热处理的焊缝，其预热温度或后热温度应符合国家现行有关标准的规定或通过工艺试验确定。预热区在焊道两侧，每侧宽度均大于焊件宽度的 1.5 倍以上，且不应小于 100mm；焊后热处理应在焊后立即进行，保温时间应按每 25mm 板厚 1h 确定。

检查数量：全数检查。

检验方法：检查预、后热施工记录和工艺施工实验报告。

（2）二级、三级焊缝外观质量标准应符合《钢结构工程施工质量验收规范》（GB 50205—2001）附录 A 中表 A.0.1 的规定。三级对接焊缝应按二级焊缝标准进行外观质量检验。

检查数量：每批同类构件抽查 10%，且不小于 3 件；被抽查构件中，每一类型焊缝按条数各抽查 5%，且不应少于 1 条；每条检查 1 处，总抽查数不应少于 10 处。

检验方法：观察检查或是用放大镜、焊缝量规和钢尺检查。

（3）焊缝尺寸允许偏差应符合《钢结构工程施工质量验收规范》（GB 50205—2001）附录 A 中表 A.0.2 的规定。

检查数量：每批同类构件抽查 10%，且不应小于 3 件；被抽查构件中，每种焊缝按条数各抽查 5%，但不应少于 1 条；每条抽查 1 处，总抽查数不应少于 10 处。

检验方法：用焊缝量规检查。

（4）焊成凹形的角焊缝，焊缝金属与母材间应平缓过度；加工成凹形的角焊缝，不得在其表面留下切痕。

检查数量：每批次同类构件抽查 10%，且不小于 3 件。

检验方法：观察检查。

（5）焊缝感观应达到：外形均匀、成型较好，焊道与焊道、焊道与基本金属间过渡较平滑，焊渣与飞溅物基本清除干净。

检查数量：每批同类构件抽查 10%，且不应小于 3 件；被抽查构件中，每种焊缝按条数各抽查 5%，总抽查处不应少于 5 处。

检验方法：观察检查。

二、 高强度螺栓连接工程

（一） 高强度螺栓连接质量控制

（1）钢结构连接用高强度大六角头螺栓连接副、扭剪型高强度连接副的品种、规格、性能等应符合现行国家产品标准和设计要求。高强度大六角头螺栓连接副终拧完成 1h 后、48h 内应进行终拧转矩检查。

（2）经表面处理的构件、连接件摩擦面，应进行摩擦系数测定，其数值必须符合设计要求。安装前应逐组复验摩擦系数，复验合格方可安装。

（3）检查合格证是否与材料相符，品种规格是否符合设计要求，检验章是否齐全。

（4）高强螺栓连接是否应按设计要求对构件摩擦面进行喷砂（丸），砂轮打磨或酸洗加工处理，其处理质量必须符合设计要求。

（5）高强度大六角头螺栓连接副和扭剪高强度螺栓连接副出厂时应分别随箱带有转矩系数和紧固轴力（预拉力）的检验报告。高强度大六角头螺栓链接副转矩系数、扭剪型高强度螺栓链接副预拉力。符合《钢结构施工质量验收规范》（GB 50205—2001）的规定。复验螺栓连接副的预拉力平均值和标准偏差应符合规定。

（6）高强度螺栓应顺畅插入孔内，不得强行敲打，在同一连接面上穿入方向宜一致，以便于操作，对连接构件不符合的孔，应用钻头或绞刀扩孔或修孔，符合要求后，方可进行安装。

（7）安装用临时螺栓可用普通螺栓，也可直接用高强度螺栓，其穿入数量不得少于安装孔总数的 1/3，且不少于两个螺栓。

（8）安装时先在安装临时螺栓余下的螺孔中投满高强度螺栓，并用扳手扳紧，然后将临时普通螺栓逐一换成高强度螺栓，并用扳手扳紧。

（9）高强度螺栓的固定，应分成两次拧紧（即初拧和终拧），每组拧紧顺序应从节点中心开始逐步向边缘两端施拧。整体结构不同连接位置或同一节点的不同位置有两个连接构件时，应先拧紧主要构件，后拧紧次要构件。

（10）高强度螺栓紧固宜用电动扳手进行，扭剪行高强度螺栓初拧一般用 60%～70% 的轴力控制，以拧掉尾部梅花卡头为终拧结束。不能使用电动扳手的部位，则用侧力扳手紧固，初拧扭矩值不得小于终拧扭矩值的 30%，终拧扭矩值，应符合设计要求。

（11）螺栓初拧和终拧后，要做出不同的标记，以便识别，避免重拧或漏拧。高强度螺栓终拧后外露丝扣不得少于 2 扣。

（12）当日安装的螺栓应在当日终拧完毕，以防构件摩擦面、螺纹沾污、生锈和螺栓漏拧。

（13）高强度螺栓紧固后要求进行检查和测定。如发现欠拧、漏拧，应补拧；超拧时应更换。处理后的转矩值应符合设计要求。

（14）扭剪型高强度螺栓连接副终拧后，除因构造原因无法使用专用扳手终拧掉梅花头者外，未在终拧中拧掉梅花头的螺栓数不应大于该节点螺栓数的 5%，对所有的梅花头未拧掉的扭剪型高强度螺栓连接副应采用转矩法或转角法终拧并标记。

（15）高强度螺栓应自由穿入螺栓孔，高强度螺栓孔不应采用气割扩口，扩口数量应征得设计同意，扩孔后的孔径不应超过 1.2d（d 为螺栓直径）。螺栓球节点网架总拼完成后，高强度螺栓与球节点应紧固连接，高强度螺栓拧入螺栓球内的螺纹长度不应小于 1.0d（d 为螺栓直径），连接处不应出现间隙、松动等未拧紧情况。

（二）高强度螺栓连接工程质量验收

高强度螺栓连接工程可按相应顺序的钢结构制作或安装工程检验批的划分原则划分为一

个或若干个检验批。

1. 主控项目

（1）钢结构制作和安装单位应按照《钢结构工程施工质量验收规范》（GB 50205—2001）附录 B 的规定分别进行高强度螺栓连接摩擦面连接的抗滑移系数试验和复验，现场处理的构建摩擦面应单独进行摩擦面抗滑移系数试验，其结果应符合设计要求。

检查数量：见《钢结构工程施工质量验收规范》（GB 50205—2001）附录 B。

检验方法：检查摩擦面抗滑移系数测试报告和复验报告。

（2）高强度大六角头螺栓连接副终拧完成 1h 后、48h 内应进行终拧扭矩检查，检查结果应符合《钢结构工程施工质量验收规范》（GB 50205—2001）附录 B 的规定。

检查数量：按节点数抽查 10％，且不应少于 10 个；每个被抽查节点按螺栓数抽查 10％，且不应少于 2 个。

检验方法：见《钢结构工程施工质量验收规范》（GB 50205—2001）附录 B。

（3）扭剪型高强度螺栓连接副终拧后，除因构造原因无法使用专用扳手终拧掉梅花头者外，未在终拧中拧掉梅花头的螺栓数不应大于该节点螺栓数的 5％，对所有的梅花头未拧掉的扭剪型高强度螺栓连接副应采用转矩法或转角法终拧并作标记。且按《钢结构工程施工质量验收规范》（GB 50205—2001）第 6.3.2 条的规定进行终拧扭矩检查。

检查数量：按节点数抽查 10％，且不应少于 10 个；被抽查节点中梅花头未拧掉的扭剪型高强度螺栓连接副全数进行终拧扭矩检查。

检验方法：观察检查。

2. 一般项目

（1）高强度螺栓连接副的施拧顺序和初拧、复拧扭矩应符合设计要求和《钢结构高强度螺栓连接技术规程》（JGJ 82—2011）的规定。

检查数量：全数检查资料。

检验方法：检查扭矩扳手标定记录和螺栓施工记录。

（2）高强度螺栓链接副终拧后，螺栓丝扣外露应为 2～3 扣，其中允许有 10％的螺栓丝扣外露 1 扣或 4 扣。

检查数量：按节点数抽查 5％，且不应少于 10 个。

检验方法：观察检查。

（3）高强度连接摩擦面应保持干燥、整洁，不应有飞边、毛刺、焊接飞溅物、焊疤、氧化铁皮、污垢等，除设计要求外，摩擦面不应涂漆。

（4）高强度螺栓应自由穿入螺栓孔。高强度螺栓孔不应采用气割扩孔，扩孔数量应征得设计同意，扩孔后的孔径不应超过 1.2d（d 为螺栓直径）。

检查数量：被扩螺孔全数检查。

检验方法：观察检查级用卡尺检查。

（5）螺栓球节点网架总拼接完成后，高强度螺栓与球节点应紧固连接，高强度螺栓拧入螺栓球内的螺纹长度不应小于 1.0d（d 为螺栓直径），连接处不应有间隙、松动等未拧紧情况。

检查数量：按节点数抽查 5％，且不应少于 10 个。

检验方法：普通扳手及尺量检查。

任务二 钢结构安装工程质量控制与验收

一、钢结构安装工程质量控制

（一）地脚螺栓摆设

（1）地脚螺栓的直径、长度均应按设计规定的尺寸制作。一般地脚螺栓应与钢结构配套出厂，其材质、尺寸、规格、形状和螺纹的加工质量均应符合实际施工图的规定，如钢结构出厂不带地脚螺栓则需自行加工，地脚螺栓、各部尺寸应符合下列要求。

① 地脚螺栓的直径尺寸与钢柱底座板的孔径应相适配为便于安装找正调整。多数是底座孔径尺寸大于螺栓直径。

② 为使埋设的地脚螺栓有足够的锚固力，其根部需加工成"L""U"等形状。

（2）样板尺寸放完后在自检合格的基础上交监理人员抽检，进行单项验收。

（3）不论一次埋设或事先预留的孔二次埋设地脚螺栓时埋设前，一定要将埋入混凝土中的一段螺栓表面的铁锈油污清理干净，一般做法是用钢丝刷或砂纸去锈，油污一般是用火焰烧烤去除。

（4）地脚螺栓在预留孔内埋设时其根部底面与孔底的距离不得小于80mm；地脚螺栓的中心应在预留孔中心位置，螺栓的外表与预留孔壁的距离不得小于20mm。

（5）预留孔的地脚螺栓埋设前，应将孔内杂物清理干净。一般做法是用较长的钢凿将孔底及孔壁结合薄弱的混凝土颗粒及贴附的杂物全部清除，然后用压缩空气吹净，浇灌前用清水充分湿润再进行浇灌。

（6）为防止浇灌时地脚螺栓的垂直度及距孔内侧壁、底部的尺寸变化，浇灌前应将地脚螺栓找正后加固固定。

（7）固定螺栓可采用以下两种方法：

① 先浇筑混凝土预留孔洞后埋螺栓，需采用型钢两次校正办法，检查无误后，浇筑预留孔洞。

② 将每根的地脚螺栓每8个或4个用预埋钢架固定，一次浇筑混凝土，定位钢板上的纵横轴线允许为0.3mm。

（8）实测钢柱底座螺栓孔距及地脚螺栓位置数据，将两项数据归纳检验是否符合质量标准。

（9）若螺栓位移超过允许值，可用氧-乙炔火焰将底座螺栓孔扩大，安装时另加长孔垫板并焊好；也可将螺栓根部混凝土凿去5~10cm，而后将螺栓稍弯曲，再烤直。

（10）采取保护螺栓措施。

（二）钢柱垂直度

（1）对制作的成品钢柱要认真管理，以防放置的垫基点、运输不合理，由于自重压力作用产生弯矩而发生变形。

（2）因钢柱较长，其刚性较差，在外力作用下易失稳变形，故竖向吊装时的吊点选择应正确，一般应选在柱全长2/3柱上的位置，可防止变形。

（3）吊装钢柱时还应注意起吊半径或旋转半径的正确，并采用在柱底端设置滑移设施，以防钢柱吊起扶直时发生拖动阻力及压力作用，促使柱体产生弯曲变形或损坏底座板。

（4）当钢柱被吊装到基础平面就位时，应将柱底座板上面的纵横轴线对准基础轴线（一般由地脚螺栓与螺孔来控制），以防止其跨度尺寸产生偏差，导致桩头与屋架安装连接时，发生水平方向向内拉力或向外撑力作用，均使柱身弯曲变形。

（5）刚度垂直度的矫正应以纵横轴线为准，先找正固定两端柱边为样板柱，依样板柱为基准来校正其余各柱。

（6）钢柱就位校正时，应注意风力和日照温度、湿度的影响，使柱身发生弯曲变形，其预防措施如下：

① 风力对柱面产生压力，使柱身发生侧向弯曲。因此，在校正柱子时，若风力超过 5 级则停止进行，对已校正完的柱子应进行侧向梁的安装或采取加固措施，以增加整体连接的刚性，防止风力作用变形。

② 校正柱子应注意防止日照温差的影响，钢柱受阳光照射的正面与侧面产生温差，使其发生弯曲变形，由于受阳光照射的一面温度较高，则阳面膨胀的程度就越大，使柱上端部分向阴面弯曲就越严重，因此校正柱子的工作应避开阳光照射的炎热时间，宜在早晨或阳光照射较低的时间及环境内进行。

（三）钢柱高度

（1）钢柱在制造过程中应严格控制长度尺寸，在正常情况下应控制以下三个尺寸：
① 控制设计规定的总长度及各位置的长度尺寸。
② 控制在允许的负偏差范围内的长度尺寸。
③ 控制正偏差和不允许产生正超差值。
（2）制作时，控制钢柱总长度几个位置尺寸，可参考如下做法：
① 统一进行画线号料，剪切或切割。
② 统一拼接接点位置。
③ 统一拼接工艺。
④ 焊接环境条件下，采用的焊接规范或工艺均应统一。
⑤ 如果是焊接连接，应先焊钢柱的两端，留出一个焊接点暂不焊，留作调整长度尺寸用，待两端焊接结束、冷却后，经校正，最后焊接接点，以保证其全长及牛腿位置的尺寸正确。
⑥ 为控制无接点的钢柱全长和牛腿处的尺寸正确，可先焊柱身，柱底座板和柱头板暂不焊，一旦出现偏差时，在焊柱的底端座板或上端柱头板前进行调整，最后焊接柱底座板和柱头板。
（3）基础支承面的标高与钢柱安装标高的调整处理，应根据成品钢柱实际制作尺寸进行，与实际安装后的钢柱总高度及各位置高度尺寸达到统一。

（四）钢屋架的拱度

（1）钢屋架在制作阶段应按设计规定的跨度比例（1/500）进行起拱。
（2）起拱加工后不应存在应力，并使曲线圆滑均匀；如果存在应力或变形，应校正消除，校正后的钢屋架拱度应用样板或尺量检查，其结果要符合施工图规定的起拱高度和曲率，凡是拱度不符合要求及其他结构发生变形时，一定要经矫正符合要求后，方准进行吊装。

（3）钢屋架吊装前制定合理的吊装方案，以保证起拱度及其他部位不发生形变。吊装前的屋架应按不同的跨度尺寸进行加固和选择正确的吊点，以免钢屋架的起拱度发生拱过大或下挠的变形，以至于影响钢柱的垂直度。

（五）钢屋架跨度尺寸

（1）钢屋架制作时应按施工规范规定的工艺进行加工，以控制屋架的跨度尺寸符合设计要求，其控制方法如下：

① 用同一底样或模具，并采用挡铁定位进行安装，以保证拱度的正确。

② 为了在制作时控制屋架的跨度符合设计要求，对屋架两端的不同制作应采用不同的拼装形式，其具体做法如下：

a. 屋架端部 T 形制作采用小拼接组合，组成的 T 形座及屋架经过矫正后按其跨度尺寸位置相互拼接。

b. 非嵌入连接的支座，对屋架的变形校正后，按其跨度尺寸位置与屋架一次拼接。

c. 嵌入连接的支座，宜在屋架焊接、校正后按其跨度尺寸位置相拼接，以便保证跨度、高度的正确及便于安装。

d. 为了便于安装时调整跨度尺寸，对嵌入式的支座，制作时先不与屋架组装，应用临时螺栓固定在屋架上，以备在安装现场时按屋架跨度尺寸及其规定的位置进行调整。

（2）吊装前，屋架应认真检查，对其变形超过标准规定的范围时应矫正，在保证跨度尺寸无误后在进行吊装。

（3）安装时为了保证跨度尺寸的正确，应按合理的工艺进行安装。

① 屋架端部的底座板的基准线必须与钢柱的柱头板的轴线及基础轴线位置一致。

② 保证各钢柱的垂直度及跨距符合设计要求或规范规定。

③ 为使钢柱的垂直度、跨度不产生位移，在吊装屋架前应采用小型拉力工具在钢柱顶端按跨度值对应临时拉紧定位，以便安装屋架时按规定的跨度入位、固定安装。

④ 如果柱顶板孔位与屋架支座的孔位不一致，则不宜采用外力强制入位，应利用椭圆孔或扩孔法调整入位，并用厚板垫圈覆盖焊接，将螺栓紧固。不经扩孔调整或用较大的外力强制入位，将会使安装后的屋架跨度产生过大的正偏差或负偏差。

（六）钢屋架垂直度

（1）钢屋架在制作阶段，对各道施工工序应严格控制质量，首先在放拼装底样画线时，应认真检查各个零件结构的位置并做好自检、专检，以消除误差；拼接平台应具有足够的支撑力和水平度，以防止承重后失稳下沉导致平面不平，使构件发生弯曲，造成垂直度超差。

（2）拼接用挡铁定位时，应按基准线放置。

（3）拼接吊装屋架两端支座板时，应使支座的下平面与钢屋架的下弦纵横线严格垂直。

（4）拼接后的钢屋架吊出底样模时，应认真检查上下弦及其他构件的焊点是否与底模、挡铁误焊或夹紧，经检验排查出故障或离模后吊装，否则易使钢屋架在吊装出模时产生侧向弯曲，甚至损坏屋架或发生事故。

（5）凡是在制作阶段的钢屋架、天窗架产生各种变形应在安装前先矫正，再安装。

（6）钢屋架安装应执行合理的安装工艺，应保证如下构件的安装质量：

① 安装到各纵横轴线位置的钢柱的垂直度偏差应控制在允许范围内，钢柱垂直度偏差使钢屋架的垂直度也产生偏差。

② 各钢柱顶端柱头板平面的高度（标高）、水平度，应控制在同一水平面上。

③ 安装后的钢屋架与檩条连接时，必须保证各相邻钢屋架的间距与檩条固定连接的距离位置相一致，否则，两者距离尺寸过大或过小，都会使钢屋架的垂直度产生超差。

（7）各跨钢屋架发生垂直度超差的时，应在吊装屋面板前吊车配合来调整处理。

① 首先应调整钢柱达到垂直后，再用加焊厚、薄垫铁来调整各柱头板与钢屋架端部的支座板之间接触面的统一高度和水平度。

② 当相邻钢屋架间距与檩条连接处之间的距离不符而影响垂直度时，可卸除檩条的连接螺栓，仍用厚、薄平垫铁或斜垫铁，先调整钢屋架达到垂直度要求，然后改变檩条与屋架上弦的对应垂直位置在连接。

③ 天窗架垂直度偏差过大时，应将钢屋架调整达到垂直度并固定后，用经纬仪或线坠对天窗架两端支柱进行测量，根据垂直度偏差值，用垫衬厚、薄垫铁的方法进行调整。

（七）吊车梁垂直度、水平度

（1）钢柱在制作时应该严格控制底座板至牛腿面的长度尺寸及扭曲变形，可防止垂直度、水平度发生超差。

（2）应严格控制钢柱制作、安装的定位轴线，可防止钢柱安装后发生轴线位移，以至于吊车梁安装时垂直度或水平度发生偏差。

（3）应认真搞好基础支撑平面的标高，其垫放的垫铁应正确；二次灌浆工作应采用无收缩、微膨胀的水泥砂浆。避免基础标高超差，影响吊车梁安装水平度的超差。

（4）钢柱安装时，应认真按要求调整好垂直度和牛腿面的水平度，以保证下部吊车梁安装时达到要求的垂直度和水平度。

（5）预先测量吊车梁在支撑处的高度和牛腿距柱底的高度，如产生偏差，可用垫铁在基础上平面或牛腿支承面上予以调整。

（6）吊装吊车梁前，为防止垂直度，水平度超差应认真检查其变形情况，如发生扭曲等变形时应予以矫正，并采用刚性加固措施防止吊装再变形；吊装时，应根据梁的长度，采用单机或双机进行吊装。

（7）安装时，应按梁的上翼缘平面事先标出的中心线进行水平位移、梁端间隙的调整，达到规定的标准要求后，再进行梁端部与柱的斜撑等连接。

（8）吊车梁各部位位置基本固定后应反复测有关安装的尺寸，达到质量标准后，再进行制动架的安装和紧固。

（9）为了防止吊车梁的垂直度、水平度超差，应认真做好校正工作。其顺序是首先校正标高，其他项目的调整、校正工作，待屋盖系统安装完成后再进行校正、调整，这样可防止因屋盖安装引起钢柱变形而直接影响吊车梁安装的垂直度或水平的偏差。

（八）控制网

（1）控制网定位方法应依据结构平面而定。矩形建筑物的定位，宜选用直角坐标法；任意形状的建筑物的定位，宜选用极坐标法。平面控制点距测点距离较长，量距困难或不便量距时，宜选用角度（方向）交会法；平面控制点距离不超过所用钢尺的全长且场地量距条件较好时，宜用距离交会法。使用光电测距仪定位时，宜选用极坐标法。

（2）根据结构平面特点及经验选择控制网点。有地下室的建筑物，开始可用外控法。即在槽边±0.000处建立控制网点，当地下室达到±0.000后，可将外围点引到内部即内控法。

（3）无论内控发或外控法，必须将测量结果进行严密平差，计算点位坐标，与设计坐标进行修正，已达到控制网测距相对中误差 $L/25000$（L 为两点间的距离），测角中误差小于 $2''$。

（4）基准点处理预埋 100mm×100mm 的钢板，必须用钢针标出十字线定点，线宽 0.2mm，并在交点上打样冲点。钢板以外的混凝土面上放出十字延长线。

（5）竖向传递必须与地面控制网点重合，主要做法如下：

① 控制点竖向传递，采用内控法。投点仪器选用全站仪、激光铅垂仪、光学铅垂仪等。控制点设置在距柱网轴线交点旁 300～400mm 处，在楼面预留孔 300mm×300mm 设置光靶，为削减铅垂仪误差，应将铅垂仪 0°、90°、180°、270°四个位置上投点，并取其中点作为基准点的投递点。

② 根据选用仪器的精度情况，可定出一次测得高度，如用全站仪、激光铅垂仪、光学铅垂仪，在 100m 范围内竖向投测精度较高。

③ 定出基准控制点网，其全楼层面的投点，必须从基准控制点网引投到所需楼层上，严禁使用下一楼层的定位轴线。

（6）经复测发现地面控制网中测距超过 $L/25000$，测角中误差大于 $2''$，竖向传递点与地面控制网点不重合，必须经测量专业人员找出原因，重新放线定出基准控制点网。

（九）楼层轴线

（1）高层和超高层钢结构测设，根据现场情况可采用外控法和内控法。

① 外控法。现场较宽大、高度在 100m 内，地下室部分根据楼层大小可采用十字及井字控制，在柱子延长线上设置两个桩位，相邻柱中心间距的测量允许值为 1mm，第 1 根钢柱至第 2 根钢柱间距的测量允许值为 1mm。每节柱的定位轴线应从地面控制线引上来，不得从下层柱的轴线引出。

② 内控法。现场宽大、高度超过 100m，地上部分在建筑物内部设辅助线，至少要设 3 个点，每 2 点连成的线最好要垂直，3 点不得在一条线上。

（2）利用激光仪发射的激光点（标准点），应每次转动 90°，并在目标上测 4 个激光点，其相交点即为正确点。除标准外的其他各点，可用方格网法或极坐标法进行复核。

（3）内爬式塔吊或附着式塔吊，因与建筑物相连，在起吊重物时，易使钢结构本身产生水平晃动，此时应尽量停止放线。

（4）对钢结构自振周期引起的结构振动，可取其平均值。

（5）雾天、阴天因视线不清，不能放线。为防止阳光对钢结构照射产生变形，放线工作宜安排在日出或日落后进行。

（6）钢尺要统一，使用前要进行温度、拉力、挠度校正，在有条件的情况下应采用全站仪，接受靶测距精度最高。

（7）在钢结构上放线要用钢针放线，针宽一般为 0.2mm。

二、钢结构安装工程质量验收

（一）单层钢结构安装工程

1. 一般规定

（1）单层钢结构安装工程可按变形缝或空间刚度单元等划分成一个或若干个检验批。地下钢结构可按不同地下层划分检验批。

（2）钢结构安装检验批应在进场和焊接连接、紧固件连接、制作等分项工程检验收合格的基础上进行检验。

（3）安装的测量校正、高强度螺栓安装、负温度下施工焊接工艺等，应在安装前进行工艺试验或评定，并在此基础上制定相应的施工工艺或方案。

（4）安装偏差的检测，应在结构形成空间刚度单元并连接固定后进行。

（5）安装时，必要控制屋面、楼板、平台等施工荷载，施工荷载和冰雪荷载等严禁超过梁、桁架、楼面板、屋面板、平面铺板等承载能力。

（6）在形成空间刚度单元后，应及时对柱底板和基础顶面的空隙进行细石混凝土、灌浆料等二次浇灌。

（7）吊车梁或直接承受动力荷载的梁其受拉翼缘、吊车桁架或直接承受动力荷载的桁架其受拉弦杆上不得焊接悬挂物和卡具等。

2. 基础和支承面

（1）主控项目

① 建筑物的定位轴线、基础轴线和标高、地脚螺栓的规格及其紧固应符合设计要求。

检查数量：按柱基数抽查10%，且不应少于3个。

检验方法：用经纬仪、水准仪、全站仪和钢尺现场实测。

② 基础顶面直接作为柱的支承面和基础顶面预埋钢板或支座作为柱的支承面时，其支承面、地脚螺栓（锚栓）位置的允许偏差应符合表7-2的规定。

检查数量：按柱基数抽查10%，且不应少于3个。

检验方法：用经纬仪、水准仪、全站仪和钢尺现场实测。

③ 采用坐浆垫板时，坐浆垫板的允许偏差应符合表7-2的规定。

表 7-2　支承面、地脚螺栓（锚栓）位置的允许偏差

项目		允许偏差/mm
支承面	标高	±3.0
	水平度	$L/1000$
地脚螺栓（锚栓）	螺栓中心偏移	5.0
预留孔位中心偏移		10.0

检查数量：按柱基数抽查10%，且不应少于3个。

检验方法：用经纬仪、水准仪、全站仪和钢尺现场实测。

④ 采用杯口基础时，杯口尺寸的允许偏差应符合相应的规定。

检查数量：按基础数抽查10%，且不应少于4处。

检验方法：观察及尺量检查。

（2）一般项目　地脚螺栓（锚栓）尺寸的偏差应符合相应的规定。地脚螺栓（锚栓）的螺纹应受到保护。

检查数量：按柱基数抽查10%，且不应少于3个。

检验方法：用钢尺现场实测。

3. 安装和校正

（1）主控项目

① 钢构件应符合设计要求和《钢结构工程施工质量验收规范》（GB 50205—2001）的规定。运输、堆放和吊装等造成的钢构件变形及涂层脱落，应进行矫正和修补。

检查数量：按柱基数抽查 10%，且不应少于 3 个。

检验方法：用拉线、钢尺现场实测或观察。

② 设计要求顶紧的节点，接触面不应少于 70% 紧贴，且边缘最大间隙不应大于 0.8mm。

检查数量：按柱基数抽查 10%，且不应少于 3 个。

检验方法：用钢尺及 0.3mm 和 0.8mm 厚的塞尺现场实测。

③ 钢屋（托）架、桁架、梁及受压杆件的垂直度和侧向弯曲矢高的允许偏差应符合表 7-3 的规定。

检查数量：按柱基数抽查 10%，且不应少于 3 个。

检验方法：用经纬仪、水准仪、全站仪和钢尺现场实测。

表 7-3　钢屋（托）架、桁架、梁及受压杆件的垂直度和侧向弯曲矢高的允许偏差

项目		允许偏差/mm
跨中垂直度		$h/250$，且不应大于 15.0
侧向弯曲矢高 f	$l \leqslant 30\text{m}$	$l/1000$，且不应大于 10.0
	$30\text{m} < l \leqslant 60\text{m}$	$l/1000$，且不应大于 30.0
	$l > 60\text{m}$	$l/1000$，且不大于 50.0

④ 单层钢结构主体结构的整体垂直度和整体平面弯曲的允许偏差应符合相应规定。

检查数量：对主要立面全部检查。对每个所检查的立面，除两列角柱外，尚应至少选取一列中间柱。

检验方法：采用经纬仪、全站仪等测量。

（2）一般项目

① 钢柱等主要构件的中心线及标高基准点等标记应齐全。

检查数量：按同类构件数抽查 10%，且不应少于 3 榀。

检验方法：观察检查。

② 当钢桁架（或梁）安装在混凝土柱上时，其支座中心对定位轴线的偏差不应大于 10mm；当采用大型混凝土层面板时，钢桁架（或梁）间距的偏差不应大于 10mm。

检查数量：按同类构件数抽查 10%，且不应少于 3 件。

检验方法：用拉线和钢尺现场实测。

③ 钢柱安装的允许偏差应符合《钢结构工程施工质量验收规范》（GB 50205—2001）附录 E 中表 E.0.1 的规定。

检查数量：按钢柱数量抽查 10%，且不应少于 3 件。

检验方法：见《钢结构工程施工质量验收规范》（GB 50205—2001）附录 E 中表 E.0.1。

④ 钢吊车梁或直接承受动力荷载的类似构件，其安装的允许偏差应符合《钢结构工程施工质量验收规范》（GB 50205—2001）附录 E 中表 E.0.2 的规定。

检查数量：按钢柱数量抽查 10%，且不应少于 3 榀。

检验方法：见《钢结构工程施工质量验收规范》（GB 50205—2001）附录 E 中表 E.0.2。

⑤ 檩条、墙架等次要的构件安装的允许偏差应符合《钢结构工程施工质量验收规范》（GB 50205—2001）附录 E 中表 E.0.3 的规定。

检查数量：按钢柱数量抽查 10%，且不应少于 3 件。

检验方法：见《钢结构工程施工质量验收规范》（GB 50205—2001）附录 E 中表 E.0.3。

⑥ 钢平台、钢梯、栏杆安装应符合《固定式钢梯及平台安全要求　第1部分：钢直梯》（GB 4053.1—2009）、《固定式钢及平台安全要求　第2部分：钢斜梯》（GB 4053.2—2009）、《固定式钢梯及平台安全要求　第3部分：工业防护栏及钢平台》（GB 4053.3—2009）的规定。钢平台、钢梯和防护栏安装的允许偏差应符合《钢结构工程施工质量验收规范》（GB 50205—2001）附录E中表E.0.4的规定。

检查数量：按钢平台总数抽查10%，栏杆、钢梯按总长度各抽查10%，但钢平台不应少于1个，栏杆不应少于5m，钢梯不应少于1跑。

检验方法：见《钢结构工程施工质量验收规范》（GB 50205—2001）附录E中表E.0.4。

⑦ 现场焊缝组对间隙的允许偏差应符合表7-4的规定。

表7-4　现场焊缝组对间隙的允许偏差

项目	允许偏差/mm
无垫板间隙	+3.0, 0.0
有垫板间隙	+3.0−2.0

检查数量：按同类节点数抽查10%，且不应少于3个。

检验方法：尺量检查。

⑧ 钢结构表面应干净，结构主要表面不应有疤痕、泥沙等污垢。

检查数量：按同类构件数抽查10%，且不应少于3件。

检验方法：观察检查。

（二）多层及高层钢结构安装工程

1. 一般规定

（1）多层及高层钢结构安装工程可按楼层或施工等划分一个或若干个检验批，地下钢结构可按不同层划分检验批。

（2）柱、梁、支撑等构件的长度尺寸应包括焊接收缩余量等变形值。

（3）安装柱时，每节柱的定位轴线应从地面控制轴线直接引上，不得从下层柱的轴线引上。

（4）结构的楼层标高可按相对标高式设计标高进行控制。

（5）钢结构安装检验批应在进场验收和焊接连接、紧固件连接、制作等分项工程验收合格的基础上进行验收。

2. 基础和支承面

（1）主控项目

① 建筑物的定位轴线、基础上柱的定位轴线和标高、地脚螺栓（锚栓）的规格和位置、地脚螺栓（锚栓）紧固应符合设计要求。当设计无要求时，应符合相应的规定。

检查数量：按柱基数抽查10%，且不应少于3个。

检验方法：采用经纬仪、水准仪、全站仪、水平尺和钢尺实测。

② 多层建筑采用坐浆垫板时，坐浆垫板的允许偏差应符合《钢结构工程施工质量验收规范》（GB 50205—2001）相应的规定。

检查数量：按柱基数抽查10%，且不应少于3个。

检验方法：采用水准仪、全站仪、水平尺和钢尺实测。

③ 当采用杯口基础时，杯口尺寸的允许偏差应符合《钢结构工程施工质量验收规范》（GB 50205—2001）相应规定。

检查数量：按基数抽查 10％，且不应少于 4 处。

检验方法：观察及量尺检查。

（2）一般项目

地脚螺栓（锚栓）尺寸的允许偏差应符合《钢结构工程施工质量验收规范》（GB 50205—2001）表 10.2.5 的规定。地脚螺栓（锚栓）的螺纹应符合受到保护。

检查数量：按柱基数抽查 10％，且不应少于 3 个。

检验方法：用钢尺现场实测。

3. 安装和校正

（1）主控项目

① 钢结构应符合设计要求和《钢结构工程施工质量验收规范》（GB 50205—2001）的规范。运输、堆放和吊装等造成的钢结构构件变形及图层脱落，应进行矫正和修补。

检查数量：按构件数抽查 10％，且不应少于 3 个。

检验方法：用拉线、钢尺现场实测或观察检验。

② 柱子安装的允许偏差应符合相应的规定。

检查数量：标准柱全部检查；非柱基数抽查 10％，且不应少于 3 根。

检验方法：用全站仪或激光经纬仪和钢尺实测。

③ 要求顶紧的节点，接触面不应少于 70％紧贴，且边缘最大间隙不应大于 0.8mm。

检查数量：按节点数量抽查 10％，且不应少于 3 个。

检验方法：用钢尺及 0.3mm 和 0.8mm 厚的塞尺现场实测。

④ 钢梁、次梁及受压杆件的垂直度和侧向弯曲矢高的允许偏差应符合《钢结构工程施工质量验收规范》（GB 50205—2001）有关钢屋（托）架允许偏差的规定。

检查数量：按同类构件数抽查 10％，且不应少于 3 个。

检验方法：用吊车、拉线、经纬仪和钢尺现场实测。

⑤ 多层及高层钢结构主体结构的整体垂直和整体平面弯曲的允许偏差应符合相应的规定。

检查数量：对主要立面全部检查。对每个所检查的立面，除两列角柱外，至少选取一列中间柱。

检验方法：对整体垂直度，可采用激光经纬仪、全站仪测量，也可根据各节柱的垂直度允许偏差累计（代数和）计算。对于整体平面弯曲，可按产生的允许偏差累计（代数和）计算。

（2）一般项目

① 钢结构表面应干净，结构主要表面不应有疤痕、泥沙等污垢。

检查数量：按同类构件数抽查 10％，且不应少于 3 件。

检验方法：观察检查。

② 钢柱等主要构件的中心线及标高基准点等标记应齐全。

检查数量：按同类构件数抽查 10％，且不应少于 3 件。

检验方法：观察检查。

③ 钢构件安装的允许偏差应符合《钢结构工程施工质量验收规范》（GB 50205—2001）附录 E 中表 E.0.5 的规定。

检查数量：按同类构件数抽查 10%，其中柱和梁各不少于 3 件，主梁与次梁连接接点不应少于 3 个，支承压板金属板钢梁长度不应小于 5m。

检验方法：见《钢结构工程施工质量验收规范》(GB 50205—2001) 附录 E 中表 E.0.5。

④ 主体结构总高度的允许偏差应符合《钢结构工程施工质量验收规范》（GB 50205—2001）附录 E 中表 E.0.5 的规定。

检查数量：按标准的柱列数抽查 10%，且不应少于 4 列。

检验方法：采用全站仪、水准仪和钢尺实测。

⑤ 当钢构件安装在混凝土柱上时，其支座中心对定位轴线偏差不应大于 10mm；当采用大型混凝土层面板时，钢梁（或桁架）间距的偏差不应大于 10mm。

检查数量：按同类构件数抽查 10%，且不应少于 3 榀。

检验方法：用拉线和钢尺现场实测。

⑥ 多层及高层钢结构中钢吊车梁或直接承受动力荷载的类似构件，其安装的允许偏差应符合《钢结构工程施工质量验收规范》(GB 50205—2001) 附录 E 中表 E.0.2 的规定。

检查数量：按同类构件数抽查 10%，且不应少于 3 件。

检验方法：见《钢结构工程施工质量验收规范》（GB 50205—2001）附录 E 中表 E.0.2。

⑦ 多层及高层钢结构中檩条、墙架等次要构件安装的允许偏差应符合《钢结构工程施工质量验收规范》(GB 50205—2001) 附录 E 中表 E.0.3 的规定。

检查数量：按同类构件数抽查 10%，且不应少于 3 件。

检验方法：见《钢结构工程施工质量验收规范》 （GB 50205—2001）附录 E 中表 E.0.3。

⑧ 多层及高层钢结构中钢平台、钢梯、栏杆安装应符合《固定式钢梯及平台安全要求 第 1 部分：钢直梯》（GB 4053.1）、《固定式钢梯及平台安全要求 第 2 部分：钢斜梯》(GB 4033.2)、《固定式钢梯及平台安全要求 第 3 部分：工业防护栏及钢平台》（GB 4053.3）的规定。钢平台、钢梯和防护栏安装的允许偏差应符合《钢结构工程施工质量验收规范》(GB 50205—2001) 附录 E 中表 E.0.4 的规定。

检查数量：按钢平台总数抽查 10%，栏杆、钢梯按总长度各抽查 10%，但钢平台不应少于 1 个，栏杆不应少于 5m，钢梯不应少于 1 跑。

检验方法：见《钢结构工程施工质量验收规范》(GB 50205—2001) 附录 E 中表 E.0.4。

⑨ 多层及高层钢结构中现场焊缝组对间隙的偏差应符合《钢结构工程施工质量验收规范》(GB 50205—2001) 表 10.3.11 的规定。

检查数量：按同类节点数抽查 10%，且不应少于 3 个。

检验方法：尺量检查。

任务三　钢结构工程常见质量问题分析

一、 钢结构焊缝出现裂纹

1. 现象

钢结构焊缝焊后出现结晶裂纹、液化裂纹、再热裂纹、氢致延迟裂纹等。焊接裂纹是焊接接头最危险的缺陷，是导致结构断裂的主要原因。

2. 原因分析

（1）钢结构在焊接后，不仅会产生变形，当焊件超厚大于 30mm，刚度较大，而且焊缝内部存在残余应力，以及不合理的装配顺序、焊接工艺不当、焊条含氢超标等，都会使焊缝焊后出现裂纹。

（2）结晶裂纹是焊缝金属在凝固过程中由冶金因素与力学因素共同作用所致的裂纹，凝固温度区间越宽越易生成裂纹，其中以碳、硫危害最大。

（3）热影响区液化裂纹是施焊时晶间层物质重新熔化，而局部形成液相，当快速冷却时在熔合线附近出现的裂纹。

（4）再热裂纹也称消除应力处理裂纹，产生于低合金结构钢焊缝未焊透根部、焊趾及咬边。

（5）氢致延迟裂纹也称冷裂纹或低温裂纹，焊缝含氢量是冷裂纹产生的重要因素，约束应力是冷裂纹生成的必要条件。焊缝金属中氢的来源是焊条、焊丝、焊剂及保护气体的水分，焊接原材的浊污、铁锈以及大气中的水分。

3. 预防措施

（1）对重要结构必须有经焊接专家认可的焊接工艺，施工过程中有焊接工程师做现场指导。

（2）结晶裂纹　限制焊缝金属碳、硫含量，在焊接工艺上调整焊缝形状系数，减小深度比，减小线能量，采取预热措施，减少焊件约束度。

（3）液化裂纹　减少焊接线能量，限制母材与焊缝金属的碳、硫、磷含量，提高锰含量，减少焊缝熔透深度。

（4）再热裂纹　防止未焊透、咬边、定位焊或正式焊的凹陷弧坑，减少约束、应力集中，降低残余应力，尽量减少工件的刚度，合理预热和焊后热处理，延长后热时间，预防再热裂纹产生。

（5）氢致延迟裂纹　选择合理的焊接规范及线能量，改善焊缝及热影响区组织状态。焊前预热，控制层间温度及焊后缓慢冷却或后热，加快氢分子逸出。焊前认真清除焊丝及坡口的油锈、水分，焊条严格按规定温度烘干，低氢型焊条 $300\sim350℃$ 保温 1h，酸性焊条 $100\sim150℃$ 保温 1h，焊剂 $200\sim250℃$ 保温 2h。

（6）焊后及时热处理，可清除焊接内应力及降低接头焊缝的含氢量。对板厚超过 25mm 和抗拉强度在 $500N/mm^2$ 以上钢材，应选用碱性低氢焊条或低氢的焊接方法，如气体保护焊，选择合理的焊接顺序，减小焊接内应力，改进接头设计，减小约束度，避免应力集中。

（7）凡需预热的构件，焊前应在焊道两侧各 100mm 范围内均匀预热，板厚超过 30mm，且有淬硬倾向和约束度较大的低合金结构钢的焊接，必要时可进行后热处理。常用预热温度，当普通碳素结构钢板厚≥50mm、低合金结构钢板厚≥36mm 时，预热及层间温度应控制在 $70\sim100℃$（环境温度 0℃ 以上）。低合金结构钢的后热处理温度为 $200\sim300℃$，后热时间为每 30mm 板厚 1h。

4. 治理方法

（1）钢结构焊缝一旦出现裂纹，焊工不得擅自处理，应及时通知焊接工程师，找有关单位的焊接专家及原结构设计人员进行分析，采取处理措施，再进行返修，返修次数不宜超过两次。

（2）受负荷的钢结构出现裂纹，应根据情况进行补强或加固。

① 卸荷补强加固。

② 负荷状态下进行补强加固，应尽量减少活荷载和恒载，通过验算其应力不大于设计的 80％，拉杆焊缝方向应与构件拉应力方向一致。

③ 轻钢结构不宜在负荷情况下进行焊接补强或加固，尤其对受拉构件更要禁止。

（3）焊缝金属中的裂纹在修补前应用超声波探伤确定裂纹深度及长度，用碳弧气刨刨掉的实际长度应比实测裂纹长两端各加 50mm，而后修补。对焊接母材中的裂纹原则上更换母材。

二、 高层钢结构楼层轴线误差过大

1. 现象

高层钢结构楼层纵横轴线超过允许值。

2. 原因分析

（1）现场环境、楼层高度与测设方法不相适应。

（2）激光仪或弯管镜头经纬仪操作有误；或受外力振动等，造成标准点发生偏移。

（3）受雾天、阴天、阳光照射等天气影响。

（4）放线太粗。钢尺、激光仪、经纬仪未经计量单位检验。

（5）钢结构本身受外力振动造成标准点发生偏移。

3. 防治措施

（1）高层和超高层钢结构测设，根据现场情况可采用外控法和内控法。

外控法：现场较宽大，高度在 100m 内，地下室部分根据楼层大小可采用十字及井字控制，在柱子延长线上设置两个桩位，相邻柱中心间距的测量允许值为 1mm，第 1 根钢柱至第 n 根钢柱间距的测量允许值为 $(n-1)$ mm。每节柱的定位轴线应从地面控制轴线引上来，不得从下层柱的轴线引出。

内控法：现场宽大，高度超过 100m，地上部分在建筑物内部设辅助线，至少要设 3 个点，每 2 点连成的线最好要垂直，3 点不得在一条线上。

（2）利用激光仪发射的激光点（标准点），应每次转动 90°，并在目标上测 4 个激光点，其相交点即为正确点（图 7-1）。除标准外的其他各点，可用方格网法或极坐标法进行复核。

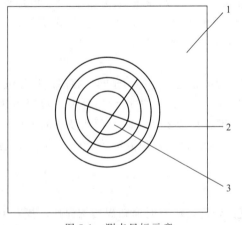

图 7-1 测点目标示意
1—目标；2—投影点；3—正确测点

（3）内爬式塔吊或附着式塔吊，因与建筑物相连，在起吊重物时，易使钢结构本身产生水平晃动，此时应尽量停止放线。

（4）对结构自振周期引起的结构振动可取其平均值。

（5）雾天、阴天因视线不清，不能放线。为防止阳光对钢结构照射产生变形，放线工作宜安排在日出或日落后进行。

（6）钢尺要统一，使用前要进行温度、拉力、挠度校正，在有条件的情况下应采用全站仪，接收靶测距精度最高。

（7）钢结构上放线要用钢划针，线宽一般为 0.2mm。

（8）把轴线放到已安好的柱顶上，轴线应在柱顶上三面标出，如图 7-2 所示。假定 X 方向钢柱一侧位移值为 a，另一侧轴线位移值为 b，实际上钢柱柱顶偏离轴的位移值为 $(a+b)/2$，柱顶扭转值为 $(a-b)/2$。沿 Y 方向的位移值为 c 值，应作修正，通过计算才能如实反映实际情况。

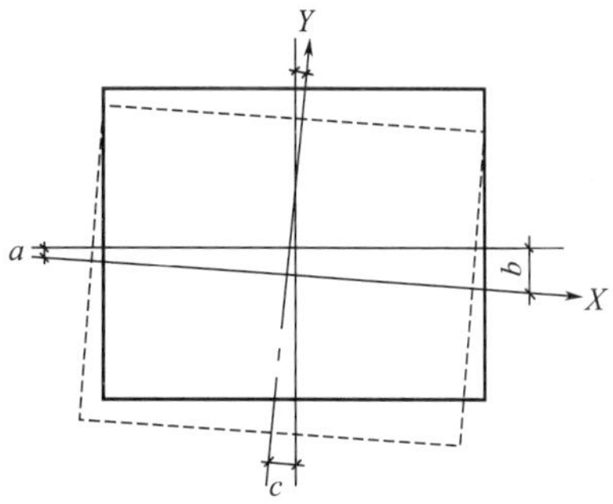

图 7-2　柱顶轴线位移

三、 高层钢结构地脚螺栓埋设不规范

1. 现象

螺栓位置、标高、丝扣长超过允许值。

2. 原因分析

（1）固定螺栓的样板尺寸有误或孔距不准确。

（2）固定螺栓措施不当，在浇筑混凝土时造成螺栓位移。

3. 预防措施

（1）样板尺寸放完后，在自检合格的基础上交监理抽检，进行单项验收。

（2）固定螺栓可采用下列两种方法。

① 先浇筑混凝土预留孔洞后埋螺栓时，采用型钢两次校正办法，检查无误后，浇筑预留孔洞。

② 将每根柱的地脚螺栓每 8 个或 4 个用预埋钢架固定，定位钢板上的纵横轴线允许误差为 0.3mm。

（3）做好保护螺栓措施。

4. 治理方法

（1）实测钢柱底座螺栓孔距及地脚螺栓位置数据，将两项数据归纳检验是否符合质量标准。

（2）当螺栓位移超过允许值，可用氧乙炔火焰将底座板螺栓孔扩大，安装时，另加长孔垫板，焊好。也可将螺栓根部混凝土凿去 5～10cm，而后将螺栓稍弯曲，再烤直。

技能训练

一、单选题

1. 超声波探伤不能对缺陷做出判断时，应采用（　　）。

A. 射线探伤　　　　B. 磁粉探伤　　　　C. 渗透探伤　　　　D. 光学探伤

2. 设计要求全焊透的一级、二级焊缝应采用超声波探伤进行检验，一级焊缝内部缺陷超声波探伤比例为（　　）。

A. 20%　　　　　　B. 70%　　　　　C. 90%　　　　　D. 100%

3. 钢结构连接分为（　　）。

A. 紧固件连接和焊接连接　　　　　　B. 紧固件连接和搭接连接

C. 焊接连接和绑扎连接　　　　　　　D. 焊接连接和搭接连接

4. 高强度螺栓连接副（　　）后，螺栓丝扣外露应为 2～3 扣，其中允许有 10% 的螺栓丝扣外露 1 扣或4扣。

    A. 初拧   B. 复拧   C. 中拧   D. 终拧

    5. 高强度螺栓孔不应采用气割扩孔，扩孔数量应征得设计同意，扩孔后的孔径不应超过（   ）倍螺栓直径。

    A. 1.1   B. 1.2   C. 1.5   D. 2

    6. 高强度大六角头螺栓连接副终拧完成1h后，（   ）内应进行终拧扭矩检查，检查结果应符合规范要求。

    A. 12h   B. 24h   C. 36h   D. 48h

    7. 普通螺栓作为承久性连接螺栓时，当设计要求或对其质量有质疑时，应进行螺栓实物（   ）荷载复验。

    A. 最小拉力   B. 最大拉力   C. 最小拉力   D. 最大压力

    8. 永久性普通螺栓紧固应牢固可靠，外螺丝扣不少于（   ）扣。

    A. 3   B. 2   C. 1   D. 4

    9. 单层钢结构主体结构的整体垂直度允许偏差为 $H/1000$（H 为整体高度），且不应大于（   ）。

    A. 10mm   B. 15mm   C. 25mm   D. 30mm

    10. 在安装柱与柱之间的主梁构件时，应对柱的（   ）进行检测。

    A. 垂直度   B. 平整度   C. 轴线距离   D. 标高

    11. 钢结构安装中，安装外墙板时，应根据建筑物的平面形状（   ）。

    A. 对称安装   B. 从左到右   C. 从右到左   D. 从上到下

二、多选题

    1. 钢结构连接工程中，质量员应最熟悉（   ）的施工质量要求。

    A. 钢结构的拆卸   B. 钢结构的分解

    C. 钢结构的安装   D. 钢结构的焊接

    E. 钢结构紧固件链接

    2. 设计要求全焊透一级、二级焊缝的内部缺陷检验，采用（   ）。

    A. 超声波探伤   B. 射线探伤   C. 目测观察   D. 标准样板检查

    3. 焊件表面不得有裂纹、焊瘤等缺陷。二级焊缝允许的缺陷是（   ）。

    A. 夹渣   B. 咬边   C. 电弧擦伤   D. 表面气孔

    4. 根据《钢结构工程施工质量验收规范》（GB 50205—2001）的规定，焊缝观感应达到（   ）。

    A. 外形均匀、成型较好   B. 焊缝应牢固、可靠

    C. 焊道与焊道之间过渡较平滑   D. 焊道与基本金属间过渡较平滑

    E. 焊渣和飞溅物基本清理干净

    5. 钢结构焊缝内部缺陷检查，一般采用无损检验的方法，主要方法有（   ）等。

    A. 超声波探伤   B. 磁粉探伤   C. 射线探伤   D. 渗透探伤   E. 红外线探伤

    6. 紧固件连接是用（   ）将两个以上的零件或构件连接成整体的一种钢结构连接方法。

    A. 铆钉   B. 普通螺栓   C. 巴铁钉   D. 焊接

    7. 二级焊缝外观质量检验时，不允许有缺陷的是（   ）。

    A. 未焊满   B. 弧坑裂纹   C. 咬边   D. 表面夹渣

    8. 高强螺栓连的形式有（   ）。

    A. 张拉连接   B. 摩擦连接   C. 承压连接   D. 剪切连接

    9. 普通螺栓连接防松的措施有（   ）。

    A. 采用加厚螺母   B. 机械防松   C. 不可拆防松   D. 加弹簧垫圈和双螺母

    10. 高强度大六角头螺栓连接副终拧完成1h后，（   ）内进行终拧转矩检查。

    A. 48h   B. 54h   C. 66h   D. 72h

    11. 高强度大六角头螺栓连接副终拧完成后要进行终拧扭矩检查，检验所用的扭矩扳手的扭矩精度误

差不应大于（　　）。

　　A. 1% B. 2% C. 3% D. 4%

　　12. 高强度螺栓连接必须符合的规定有（　　）。

　　A. 不能将高强度螺栓兼作临时螺栓

　　B. 每个节点上穿入的临时螺栓不得多于安装孔数的 1/3

　　C. 每个节点上的冲钉数不宜多于临时螺栓的 30%

　　D. 螺栓应顺畅穿入孔内，严禁强行敲打

　　13. 下列对于钢结构焊接的说法，错误的是（　　）。

　　A. 焊接同一部位的返修次数不宜超过两次

　　B. 焊接表面可有极少裂纹、焊瘤

　　C. 焊工必须经考试合格并取得合格证书

　　D. 引弧焊可在母材上打火引弧

　　14. 建筑钢结构安装前，应对建筑物的定位轴线、（　　）、钢筋混凝土基础的标高和混凝土强度等级进行复查，合格后方能开始安装。

　　A. 结构中心线 B. 柱的位置线 C. 柱的水平线 D. 平面封闭角

　　三、案例分析题

　　某大型厂房东西长 50m，南北宽 80m，屋面为钢结构，型钢杆件之间的连接均采用摩擦型大六角头高强度螺栓，共用 10.9 级、M22 高强螺栓 30000 套，螺栓采用 20MnTiB，2011 年 4 月上旬进行高强度螺栓试拧。在高强度螺栓安装前和拼接过程中，建设单位项目工程师曾多次提出采用的终拧扭矩值偏大，势必加大螺栓预拉力，对长期使用安全不利，但未引起施工单位的重视，也未对原取扭矩值进行分析、复核和予以纠正。直至 5 月 4 日，设计单位在建设单位再次提出上述看法后，正式通知施工单位将原采用扭矩系数 0.13 改为 0.122，原预应力损失值设计预拉力的 10% 改为 5%，相应地终拧扭矩值由原采用的 621N·m 改为 560N·m。但当采用 560N·m 终拧扭矩值施工时，高强度螺栓终拧仍然多次出现断裂。为了查明原因，首先测试了高强度螺栓的机械强度和硬度，当用复位法检查终拧扭矩时，发现许多螺栓超过 560N·m，暴露出已施工螺栓超拧的严重问题。

　　根据以上内容，回答问题：高强度螺栓连接应采取哪些质量控制措施？

项目八
建筑装饰装修工程

【学习目标】

通过本项目内容的学习，使学生掌握建筑装饰装修工程质量控制要点，了解建筑装饰装修工程质量验收标准及检验方法。掌握装饰装修工程常见质量问题的处理方法。为学生将来从事装饰装修工作奠定良好的基础。

【学习要求】

（1）掌握抹灰工程、门窗工程、吊顶工程、轻质隔墙工程、饰面板工程、涂饰工程、建筑地面工程质量控制要点及验收项目和验收标准。

（2）能够对装饰装修工程进行质量验收。

（3）通过学习，熟练掌握常见装饰装修工程质量问题的产生原因和预防处理方法。

任务一 抹灰工程质量控制与验收

抹灰工程各分项工程的检验批应按下列规定划分：

（1）相同材料、工艺和施工条件的室外抹灰工程每 $1000m^2$ 应划为一个检验批，不足 $500m^2$ 也应划为一个检验批。

（2）相同材料、工艺和施工条件的室内抹灰工程每 50 个自然间（大面积房间和走廊按抹灰面积 $30m^2$ 为一间）应划分为一个检验批，不足 50 间也应划分为一个检验批。

一、抹灰工程质量控制

（1）抹灰工程应对水泥的凝结时间和安定性进行复检。

（2）外墙抹灰工程施工前应先安装钢木门窗框、护栏等，并应将墙上的施工孔洞堵塞密实。

（3）抹灰用的石灰膏的熟化期不应少于 15d；罩面用的磨细石灰粉的熟化期不应少于 3d。

（4）室内墙面、柱面和门洞口的阳角做法应符合设计要求。设计无要求时，应采用1：2水泥砂浆做护角，其高度不应低于 2m，每侧宽度不应小于 50mm。

（5）当要求抹灰层具有防水、防潮功能时，应采用防水砂浆。

（6）各种砂浆抹灰层，在凝结前应防止快干、水冲、撞击和受冻，在凝结后应采取措施防止沾污和损坏。水泥砂浆抹灰层应在湿润条件下养护。

（7）外墙和顶棚的抹灰层与基层之间及各抹灰层之间必须粘接牢固。

二、 抹灰工程质量验收

1. 一般规定

（1）抹灰工程验收时应检查下列文件记录：

① 抹灰工程的施工图、设计说明及其他设计文件。

② 材料的产品合格证书、性能检测报告、进场验收记录和复验报告。

③ 隐蔽工程验收记录。

④ 施工记录。

（2）抹灰工程应对下列隐蔽工程项目进行验收：

① 抹灰总厚度大于或等于 35mm 时的加强措施。

② 不同材料基体交接处的加强措施。

（3）抹灰工程检查数量应符合下列规定：

① 室内每个检验批应至少抽查 10％，并不得少于 3 间；不足 3 间时应全数检查。

② 室外每个检验批每 100m 应至少抽查一处，每处不得小于 10m。

2. 一般抹灰工程

一般抹灰工程分为普通抹灰和高级抹灰，当设计无要求时，按普通抹灰验收。

（1）主控项目

① 抹灰前基层表面的尘土、污垢、油渍等应清除干净，并应洒水润湿。

检验方法：检查施工记录。

② 一般抹灰所用材料的品种和性能应符合设计要求，水泥的凝结时间和安定性复验应合格，砂浆的配合比应符合设计要求。

检验方法：检查产品合格证书、进场验收记录、复验报告和施工记录。

③ 抹灰工程应分层进行。当抹灰总厚度大于或等于 35mm 时，应采取加强措施。不同材料基体交接处表面的抹灰，应采取防止开裂的加强措施，当采用加强网时，加强网与各基体的搭接宽度不应小于 100mm。

检验方法：检查隐蔽工程验收记录和施工记录。

④ 抹灰层与基层之间及各抹灰层之间必须黏结牢固，抹灰层应无脱层、空鼓，面层应无爆灰和裂缝。

检验方法：观察检查；用小锤轻击检查，检查施工记录。

（2）一般项目

① 一般抹灰工程的表面质量应符合下列规定：

a. 普通抹灰表面应光滑、洁净、接槎平整，分格缝应清晰。

b. 高级抹灰表面应光滑、洁净、颜色均匀、无抹纹，分格缝和灰线应清晰美观。

检验方法：观察检查；手摸检查。

② 护角、孔洞、槽、盒周围的抹灰表面应整齐、光滑；管道后面的抹灰表面应平整。

检验方法：观察检查。

③ 抹灰层的总厚度应符合设计要求；水泥砂浆不得抹在石灰砂浆层上；罩面石膏灰不得抹在水泥砂浆层上。

检验方法：检查施工记录。

④ 抹灰分格缝的设置应符合设计要求，宽度和深度应均匀，表面应光滑，棱角应整齐。

检验方法：观察检查；尺量检查。

⑤ 有排水要求的部位应做滴水线（槽）。滴水线（槽）应整齐顺直，滴水线应内高外低，滴水槽宽度和深度均不应小于 10mm。

检验方法：观察检查；尺量检查。

⑥ 一般抹灰工程质量的允许偏差和检验方法应符合表 8-1 的规定。

表 8-1　一般抹灰的允许偏差和检验方法

项次	项目	允许偏差/mm		检验方法
		普通抹灰	高级抹灰	
1	立面垂直度	4	3	用 2m 垂直检验尺检查
2	表面平整度	4	3	用 2m 靠尺和塞尺检查
3	阴阳角方正	4	3	用直角检验尺检查
4	分格条（缝）直线度	4	3	用 5m 线，不足 5m 拉通线，用钢直尺检查
5	墙裙、勒脚上口直线度	4	3	用 5m 线，不足 5m 拉通线，用钢直尺检查

注：1. 普通抹灰，本表第 3 项阴角方正可不检查。

2. 顶棚抹灰，本表第 2 项表面平整度可不检查，但应平顺。

3. 装饰抹灰工程

（1）主控项目

① 抹灰前基层表面的尘土、污垢、油渍等应清除干净，并应洒水润湿。

检验方法：检查施工记录。

② 装饰抹灰工程所用材料的品种和性能应符合设计要求。水泥的凝结时间和安定性复验应合格。砂浆的配合比应符合设计要求。

检验方法：检查产品合格证书、进场验收记录、复验报告和施工记录。

③ 抹灰工程应分层进行。当抹灰总厚度大于或等于 35mm 时，应采取加强措施不同材料基体交接处表面的抹灰，应采取防止开裂的加强措施，当采用加强网时，加强网与各基体的搭接宽度不应小于 100mm。

检验方法：检查隐蔽工程验收记录和施工记录。

④ 各抹灰层之间及抹灰层与基体之间必须粘接牢固，抹灰层应无脱层、空鼓和裂缝。

检验方法：观察；用小锤轻击检查；检查施工记录。

（2）一般项目

① 装饰抹灰工程的表面质量应符合下列规定：

a. 水刷石表面应石粒清晰、分布均匀、紧密平整、色泽一致，应无掉粒和接槎痕迹。

b. 斩假石表面剁纹应均匀顺直、深浅一致，应无漏剁处；阳角处应横剁并留出宽窄一致的不剁边条，棱角应无损坏。

c. 干黏石表面应色泽一致、不露浆、不漏粘，石粒应粘接牢固、分布均匀，阳角处应无明显黑边。

d. 假面砖表面应平整、沟纹清晰、留缝整齐、色泽一致，应无掉角、脱皮、起砂等缺陷。

检验方法：观察、手摸检查。

② 装饰抹灰分格条（缝）的设置应符合设计要求，宽度和深度应均匀，表面应平整光滑，棱角应整齐。

检验方法：观察检查。

③ 有排水要求的部位应做滴水线（槽）。滴水线（槽）应整齐顺直，滴水线应内高外低，滴水槽的宽度和深度均不应小于 10mm。不同材料基体交接处表面的抹灰，应采取防止开裂的加强措施，当采用加强网时，加强网与各基体的宽度不应小于 100mm。

检验方法：观察；尺量检查。

④ 装饰抹灰工程质量的允许偏差和检验方法应符合表 8-2 的规定。

表 8-2 装饰抹灰的允许偏差和检验方法

项次	项目	允许偏差/mm				检验方法
		水刷石	斩假石	干粘石	假面砖	
1	立面垂直度	5	4	5	5	用 2m 垂直检测尺检查
2	表面平整度	3	3	5	4	用 2m 靠尺和塞尺检查
3	阳角方正	3	3	4	4	用直角检测尺检查
4	分格条（缝）直线度	3	3	3	3	用 5m 线，不足 5m 拉通线，用钢直尺检查
5	墙裙、勒脚上口直线度	3	3	—	—	用 5m 线，不足 5m 拉通线，用钢直尺检查

任务二 门窗工程质量控制与验收

门窗子分部工程包括木门窗、金属门窗安装、塑料门窗安装、门窗玻璃安装等分项工程。各分项工程的检验批应按下列规定划分：

（1）同一品种、类型和规格的木门窗、金属门窗、塑料门窗及门窗玻璃每 100 樘应划分为同一检验批，不足 100 樘也应划分为同一检验批。

（2）同一品种、类型和规格的特种门每 50 樘应划分为同一检验批，不足 50 樘也应划分为同一检验批。

一、门窗工程质量控制

（1）门窗工程应对下列材料及性能指标进行复检：

① 人造木板的甲醛释放量。

② 建筑外窗的气密性、水密性和抗压性能。

（2）门窗安装前，应对门窗洞口尺寸进行检验。

（3）金属门窗和塑料门窗安装应采用预留洞口的方法施工，不得采用边安装边砌口或先安装后砌口的方法施工。

（4）木门窗与砖石砌体、混凝土或抹灰层接触处应进行防腐处理并应设置防潮层；埋入砌体或混凝土中的木砖应进行防腐处理。

（5）当金属或塑料窗组合时，其拼樘料的尺寸、规格、壁厚应符合设计要求。

（6）建筑外门窗的安装必须牢固，在砌体上安装门窗严禁用射钉固定。

二、门窗工程质量验收

（一）一般规定

（1）门窗工程验收时应检查下列文件和记录：

① 门窗工程的施工图、设计说明及其他设计文件。

② 材料的产品合格证书、性能检验报告、进场验收记录和复验报告。

③ 特种门及其附件的生产许可文件。

④ 隐蔽工程验收记录、施工记录。

（2）门窗工程应对下列隐蔽工程项目进行验收：

① 预埋件和锚固件。

② 隐蔽部位的防腐、填嵌处理。

（3）检查数量应符合下列规定：

① 木门窗、金属门窗、塑料门窗及门窗玻璃，每个检验批次应至少抽查5%，并不得少于3樘，不足3樘时应全数检查；高层建筑的外窗，每个检验批应至少抽查10%，并不得少于6樘，不足6樘时应全数检查。

② 特种门每个检验批至少抽查50%，并不得少于10樘，不足10樘时应全数检查。

（二）木门窗制作与安装工程

1. 主控项目

（1）木门窗的木材品种、材质等级、规格、尺寸、框扇的线型及人造木板的甲醛含量应符合设计要求。设计未规定材质等级时，所用木材的质量应符合相应规范的规定。

检验方法：观察；检查材料进场验收记录和复验报告。

（2）木门窗应采用烘干的木材，含水率应符合建筑工业行业标准《建筑木门、木窗》（JG/T 122—2000）的规定。

检验方法：检查材料进场验收记录。

（3）木门窗的防火、防腐、防虫处理应符合设计要求。

检验方法：观察；检查材料进场验收记录。

（4）木门窗的结合处和安装配件处不得有木节或已填补的木节。木门窗如有允许限值以内的死节及直径较大的虫眼时，应用同一材质的木塞加胶填补。对于清漆制品，木塞的木纹和色泽应与制品一致。

检验方法：观察。

（5）门窗框和厚度大于50mm的门窗扇应用双榫连接。榫槽应采用胶料严密嵌合，并应用胶楔加紧。

检验方法：观察；手扳检查。

（6）胶合板门、纤维板门和模压门不得脱胶。胶合板不得刨透表层单板，不得有戗槎。制作胶合板门、纤维板门时，边框和横楞应在同一平面上，面层、边框及横楞应加压胶结。横楞和上、下冒头应各钻两个以上的透气孔，透气孔应通畅。

检验方法：观察。

（7）木门窗的品种、类型、规格、开启方向、安装位置及连接方式应符合设计要求。

检验方法：观察；尺量检查；检查成品门的产品合格证书。

（8）木门窗框的安装必须牢固。预埋木砖的防腐处理、木门窗框固定点的数量、位置及固定方法应符合设计要求。

检验方法：观察；手扳检查；检查隐蔽工程验收记录和施工记录。

（9）木门窗扇必须安装牢固，并应开关灵活，关闭严密，无倒翘。

检验方法：观察；开启和关闭检查；手扳检查。

（10）木门窗配件的型号、规格、数量应符合设计要求，安装应牢固，位置应正确，功能应满足使用要求。

检验方法：观察；开启和关闭检查；手扳检查。

2. 一般项目

（1）木门窗表面应洁净，不得有刨痕、锤印。

检验方法：观察。

（2）木门窗的割角、拼缝应严密平整。门窗框、扇裁口应顺直、刨面应平整。

检验方法：观察检查。

（3）木门窗上的槽、孔应边缘整齐，无毛刺。

检验方法：观察检查。

（4）木门窗与墙体间缝隙的填嵌材料应符合设计要求，填嵌应饱满。寒冷地区外门窗（或门窗框）与砌体间的空隙应填充保温材料。

检验方法：轻敲门窗框检查；检查隐蔽工程验收记录和施工记录。

（5）木门窗批水、盖口条、压缝条、密封条的安装应顺直，与门窗结合应牢固、严密。

检验方法：观察；手扳检查。

（6）木门窗制作的允许偏差和检验方法应符合表 8-3 的规定。

表 8-3　木门窗制作的允许偏差和检验方法

项次	项目	构件名称	允许偏差/mm		检验方法
			普通	高级	
1	翘曲	框	3	2	将框、扇平放在检查平台上，用塞尺检查
		扇	2	2	
2	对角线长度差	框、扇	3	2	用钢尺检查，框量裁口里角，扇量外角
3	表面平整度	扇	2	2	用1m靠尺和塞尺检查
4	高度、宽度	框	0；−2	0；−1	用钢尺检查，框量裁口里角，扇量外角
		扇	+2；0	+1；0	
5	裁口、线条结合处高低差	框、扇	1	0.5	用钢直尺和塞尺检查
6	相邻棂子两端间距	扇	2	1	用钢直尺检查

（7）木门窗安装的留缝限值、允许偏差和检验方法应符合表 8-4 的规定。

表 8-4　木门窗安装的留缝限值、允许偏差和检验方法

项次	项目		留缝限值/mm		允许偏差/mm		检验方法
			普通	高级	普通	高级	
1	门窗槽口对角线长度差		—	—	3	2	用钢尺检查
2	门窗框的正面、侧面垂直度		—	—	2	1	用1m垂直检测尺检查
3	框与扇、扇与扇接缝高低差		—	—	2	1	用钢直尺和塞尺检查
4	门窗扇对口缝		1~2.5	1.5~2	—	—	用塞尺检查
5	工业厂房双扇大门对口缝		2~5	—	—	—	
6	门窗扇与上框间留缝		1~2	1~1.5	—	—	
7	门窗扇与侧框间留缝		1~2.5	1~1.5	—	—	
8	窗扇与下框间留缝		2~3	2~2.5	—	—	
9	门窗与下框间留缝		3~5	3~4	—	—	
10	双层门窗内外框间距		—	—	4	3	用钢尺检查
11	无下框时门扇与地面间留缝	外门	4~7	5~6	—	—	用塞尺检查
		内门	5~8	6~7	—	—	
		卫生间门	8~12	8~10	—	—	
		厂房大门	10~20	—	—	—	

（三）金属门窗安装工程

1. 主控项目

（1）金属门窗品种、类型、规格、尺寸、性能、开启方向、安装位置、连接方式及门窗

的型材壁厚应符合设计要求。防腐处理及嵌缝、密封处理应符合设计要求。

检查方法：观察；尺量检查；检查产品合格证书、性能检测报告、进场验收记录和复试报告；检查隐蔽工程验收记录。

（2）金属门窗扇和副框的安装必须牢固。预埋件的数量、位置、埋设方式、与框的连接方式必须符合设计要求。

检验方法：手扳检查；检查隐蔽工程验收记录。

（3）金属门窗扇必须安装牢固，并应开关灵活、关闭严密、无倒翘。推拉门窗扇必须有防脱落措施。

验收方法：观察；开启和关闭检查；手扳检查。

（4）金属门窗配件的型号、规格、数量应符合设计要求，安装应牢固，位置应正确，功能应满足使用要求。

检验方法：观察；开启和关闭检查；手扳检查。

2. 一般项目

（1）金属门窗表面应洁净、平整、光滑、色泽一致，无锈蚀。大面应无划痕、碰伤。漆膜或保护层应连续。

检验方法：观察检验。

（2）铝合金门窗推拉门窗扇开关力应不大于100N。

检验方法：用弹簧秤检查。

（3）金属门窗框与墙体之间的缝隙应填嵌饱满，并采用密封胶密封。密封胶表面应光滑、顺直，无裂纹。

检验方法：观察；轻敲门窗框检查；检查隐蔽工程验收记录。

（4）金属门窗扇的橡胶密封条或毛毡密封条应安装完好，不得脱槽。

检验方法：观察；开启和关闭检查。

（5）有排水孔的金属门窗，排水孔应畅通，位置和数量应符合设计要求。

检验方法：观察检查。

（6）钢门窗安装的留缝限值、允许偏差和检验方法应符合表8-5的规定。

表8-5　钢门窗安装的留缝限值、允许偏差和检验方法

项次	项目		留缝限值/mm	允许限值/mm	检验方法
1	门窗檐口宽度、高度	≤1500mm	—	2.5	用钢尺检查
		>1500mm	—	3.5	
2	门窗槽口对角线长度差	≤2000mm	—	5	用钢尺检查
		>2000mm	—	6	
3	门窗框的正、侧面垂直度		—	3	用1m垂直检测尺检查
4	门窗横框的水平度		—	3	用1m水平尺和塞尺检查
5	门窗横框标高		—	5	用钢尺检查
6	门窗竖向偏离中心		—	4	用钢尺检查
7	双层门窗内外框间距		—	3	用钢尺检查
8	门窗框、扇配合间距		≤2	—	用塞尺检查
9	无下框时门扇与地面间留缝		4～8	—	用塞尺检查

（7）铝合金门窗安装的允许偏差和检验方法应符合表8-6的规定。

表 8-6　铝合金门窗安装的允许偏差和检验方法

项次	项目		允许偏差/mm	检查方法
1	门窗槽口宽度、高度	≤1500mm	1.5	用钢尺检查
		>1500mm	2	
2	门窗槽口对角线长度差	≤2000mm	3	用钢尺检查
		>2000mm	4	
3	门窗横框的正面、侧面垂直度		2.5	用垂直检测尺检查
4	门窗横框的水平度		2	用1m水平尺和塞尺检查
5	门窗横框标高		5	用钢尺检查
6	门窗竖向偏离中心		5	用钢尺检查
7	双层门窗内外框间距		4	用钢尺检查
8	推拉门窗与框搭接量		1.5	用钢直尺检查

（8）涂色镀锌钢板门窗安装的允许偏差和检验方法应符合表 8-7 的规定。

表 8-7　涂色镀锌钢板门窗安装的允许偏差和检验方法

项次	项目		允许偏差/mm	检验方法
1	门窗槽口宽度、高度	≤1500mm	2	用钢尺检查
		>1500mm	3	
2	门窗槽口对角线长度差	≤2000mm	4	用钢尺检查
		>2000mm	6	
3	门窗横框的正面、侧面垂直度		3	用垂直检测尺检查
4	门窗横框的水平度		3	用1m水平尺和塞尺检查
5	门窗横框标高		5	用钢尺检查
6	门窗竖向偏离中心		5	用钢尺检查
7	双层门窗内外框间距		4	用钢尺检查
8	推拉门窗与框搭接量		2	用钢直尺检查

（四）塑料门窗安装工程

1. 主控项目

（1）塑料门窗的品种、类型、规格、尺寸、开启方向、安装位置、连接方式及填嵌密封处理应符合设计要求，内衬增强型钢的壁厚及设置应符合国家现行产品标准的质量要求。

检验方法：观察；尺量检查；检查产品合格证书、性能检测报告、进场验收记录和复验报告；检查隐蔽工程验收记录。

（2）塑料门窗框、副框和扇的安装必须牢固。固定片或膨胀螺栓的数量与位置应正确，连接方式应符合设计要求。固定点应距窗角、中横框、中竖框 150～200mm，固定点间距应不大于 600mm。

检验方法：观察；手扳检查；检查隐蔽工程验收记录。

（3）塑料门窗拼樘料内衬增强型钢的规格、壁厚必须符合设计要求，型钢应与型材内腔紧密吻合，其两端必须与洞口固定牢固。窗框必须与拼樘料连接紧密，固定点间距应不大于 600mm。

检验方法：观察；手扳检查；尺量检查；检查进场验收记录。

（4）塑料门窗扇应开关灵活、关闭严密，无倒翘。推拉门窗扇必须有防脱落措施。

检验方法：观察；开启和关闭检查；手扳检查。

（5）塑料门窗配件的型号、规格、数量应符合设计要求，安装应牢固，位置应正确，功能应满足使用要求。

检验方法：观察；手扳检查；尺量检查。

（6）塑料门窗框与墙体间缝隙应采用闭孔弹性材料填嵌饱满，表面应采用密封胶密封。密封胶应粘接牢固，表面应光滑、顺直、无裂纹。

检验方法：观察；检查隐蔽工程验收记录。

2. 一般项目

（1）塑料门窗表面应洁净、平整、光滑，大面应无划痕、碰伤。

检验方法：观察。

（2）塑料门窗扇的密封条不得脱槽。旋转窗间隙应基本均匀。

（3）塑料门窗扇的开关力应符合下列规定：

① 平开门窗扇平铰链的开关力应不大于80N；滑撑铰链的开关力应不大于80N，并不小于30N。

② 推拉门窗扇的开关力应不大于100N。

检验方法：观察；用弹簧秤检查。

（4）玻璃密封条与玻璃及玻璃槽口的接缝应平整，不得卷边、脱槽。

检验方法：观察。

（5）排水孔应畅通，位置和数量应符合设计要求。

检验方法：观察。

（6）塑料门窗安装的允许偏差和检验方法应符合表8-8的规定。

表 8-8　塑料门窗安装的允许偏差和检验方法

项次	项目		允许偏差/mm	检验方法
1	门窗槽口宽度、高度	≤1500mm	2	用钢尺检查
		>1500mm	3	
2	门窗槽口对角线长度差	≤2000mm	3	用钢尺检查
		>2000mm	3	
3	门窗框的正面、侧面垂直度		3	用1m垂直检测尺检查
4	门窗横框的水平度		3	用1m水平尺和塞尺检查
5	门窗横框标高		5	用钢尺检查
6	门窗竖向偏离中心		5	用钢直尺检查
7	双层门窗内外框间距		4	用钢尺检查
8	同樘平开门窗相邻扇高度差		2	用钢直尺检查
9	平开门窗铰链部位配合间隙		+2；−1	用塞尺检查
10	推拉门窗扇与框搭接量		+1.5；−2.5	用钢直尺检查
11	推拉门窗扇与竖框平行度		2	用1m水平尺和塞尺检查

（五）门窗玻璃安装工程

1. 主控项目

（1）玻璃的品种、规格、尺寸、色彩、图案和涂膜朝向应符合设计要求。单块玻璃大于1.5m² 时应使用安全玻璃。

检验方法：观察；检查产品合格证书、性能检测报告和进场验收记录。

（2）门窗玻璃裁割尺寸应正确。安装后的玻璃应牢固，不得有裂纹、损伤和松动。

检验方法：观察；轻敲检查。

（3）玻璃的安装方法应符合设计要求。固定玻璃的钉子或钢丝卡的数量、规格应保证玻璃安装牢固。

检验方法：观察；检查施工记录。

（4）镶钉木压条接触玻璃处，应与裁口边缘平齐。木压条应互相紧密连接，并与裁口边缘紧贴，割角应整齐。

检验方法：观察。

（5）密封条与玻璃、玻璃槽口的接触应紧密、平整。密封胶与玻璃、玻璃槽口的边缘应黏结牢固、接缝平齐。

检验方法：观察。

（6）带密封条的玻璃压条，其密封条必须与玻璃全部贴紧，压条与型材之间应无明显缝隙，压条接缝应不大于 0.5mm。

检验方法：观察；尺量检查。

2. 一般项目

（1）玻璃表面应整洁，不得有腻子、密封胶、涂料等污渍。中空玻璃内外表面均应洁净，玻璃中空层内不得有灰尘和水蒸气。

检验方法：观察。

（2）门窗玻璃不应直接接触型材。单面镀膜玻璃的镀膜层及磨砂玻璃的磨砂面应朝向室内。中空玻璃的单面镀膜玻璃应在最外层，镀膜层应朝向室内。

检验方法：观察。

（3）腻子应填抹饱满、黏结牢固；腻子边缘与裁口应齐平。固定玻璃的卡子不应在腻子表面显露。

检验方法：观察。

任务三　吊顶工程质量控制与验收

吊顶子分部工程，包括整体面层吊顶、板块面层吊顶、格栅吊顶等分项工程。各分项工程的检验批划分：同一品种的吊顶工程每 50 间（大面积房间和走廊按吊顶面 30m² 为一间）应划分为一个检验批，不足 50 间也应划分为一个检验批。

一、吊顶工程质量控制

（1）吊顶工程验收时应检查下列文件和记录：

① 吊顶工程的施工图、设计说明及其他设计文件。

② 材料的产品合格证书、性能检测报告、进场验收记录和复验报告。

③ 隐蔽工程验收记录。

④ 施工记录。

（2）吊顶工程应对人造木板的甲醛释放量进行复验。

（3）吊顶工程应对下列隐蔽工程项目进行验收：

① 吊顶内管道、设备的安装及水管试压。

② 木龙骨防火、防腐处理。

③ 预埋件或拉结筋。

④ 吊杆安装。

⑤ 龙骨安装。

⑥ 填充材料的设置。

⑦ 反支撑及钢结构转换层。

（4）检查数量应符合下列规定：每个检验批应至少抽查 10%，并不得少于 3 间；不足 3 间时应全数检查。

（5）安装龙骨前，应按设计要求对房间净高、洞口标高和吊顶内管道、设备及其支架的标高进行交接检验。

（6）吊顶工程的木吊杆、木龙骨和木饰板必须进行防火处理，并应符合有关设计防火规范的规定。

（7）吊顶工程中的预埋件、钢筋吊杆和型钢吊杆应进行防锈处理。

（8）安装饰面板前应完成吊顶内管道和设备的调试及验收。

（9）吊杆距主龙骨端部距离不得大于 300mm，当大于 300mm 时，应增加吊杆。当吊杆长度大于 1.5m 时，应设置反支撑。当吊杆与设备相遇时，应调整并增设吊杆。

（10）重型灯具、电扇及其他重型设备严禁安装在吊顶工程的龙骨上。

二、 吊顶工程质量验收

1. 主控项目

（1）吊顶标高、尺寸、起拱和造型应符合设计要求。

检验方法：观察；尺量检查。

（2）饰面材料的材质、品种、规格、图案和颜色应符合设计要求。

检验方法：观察；检查产品合格证书、性能检测报告、进场验收记录和复验报告。

（3）暗龙骨吊顶工程的吊杆、龙骨和饰面材料的安装必须牢固。

检验方法：观察、手扳检查；检查隐蔽工程验收记录和施工记录。

（4）吊杆、龙骨的材质、规格、安装间距及连接方式应符合设计要求。金属吊杆、龙骨应经过表面防腐处理；木吊杆、龙骨应进行防腐、防火处理。

检验方法：观察和尺量检查；检查产品合格证书、性能检测报告、进场验收记录和隐蔽工程验收记录。

（5）石膏板的接缝应按其施工工艺标准进行板缝防裂处理。安装双层石膏板时，面层板与基层板的接缝错开，并不得在同一根龙骨上接缝。

检验方法：观察。

2. 一般项目

（1）饰面材料表面应洁净、色泽一致，不得有翘曲、裂缝及缺损。压条应平直、宽窄一致。

检验方法：观察；尺量检查。

（2）饰面板上的灯具、烟感器、喷淋头、风口箅子等设备的位置应合理、美观，与饰面板的交接应吻合、严密。

检验方法：观察。

（3）金属吊杆、龙骨的接缝应均匀一致，角缝应吻合，表面应平整，无翘曲、锤印。木质吊杆、龙骨应顺直，无劈裂、变形。

检验方法：检查隐蔽工程验收记录和施工记录。

（4）吊顶内填充吸声材料的品种和铺设厚度应符合设计要求，并应有防散落措施。

检验方法：检查隐蔽工程验收记录和施工记录。

（5）暗龙骨吊顶工程安装的允许偏差和检验方法应符合表8-9的规定。

表8-9　暗龙骨吊顶工程安装的允许偏差和检验方法

项次	项目	允许偏差/mm				检验方法
		纸面石膏板	金属板	矿棉板	木板、塑料板、格栅	
1	表面平整度	3	2	2	3	用2m靠尺和塞尺检查
2	接缝直线度	3	1.5	3	3	用5m线，不足5m拉通线，用钢直尺检查
3	接缝高低差	1	1	1.5	1	用钢直尺和塞尺检查

三、明龙骨吊顶工程

1. 主控项目

（1）吊顶标高、尺寸、起拱和造型应符合设计要求。

检查方法：观察；尺量检查。

（2）饰面材料的材质、品种、规格、图案和颜色应符合设计要求。当饰面材料为玻璃板时，应使用安全玻璃或采取可靠的安全措施。

检验方法：观察；检查产品合格证书、性能检测报告和进场验收记录。

（3）饰面材料的安装应稳固严密。饰面材料与龙骨的搭接宽度应大于龙骨受力面宽度的2/3。

检验方法：观察；手扳检查；尺量检查。

（4）吊杆、龙骨的材质、规格、安装间距及连接方式应符合设计要求。金属吊杆、龙骨应进行表面防腐处理；木龙骨应进行防腐、防火处理。

检验方法：观察、尺量检查；检查产品合格证书、进场验收记录和隐蔽工程验收记录。

（5）明龙骨吊顶工程的吊杆和龙骨安装必须牢固。

检验方法：手扳检查；检查隐蔽工程验收记录和施工记录。

2. 一般项目

（1）饰面材料表面应洁净、色泽一致，不得有翘曲、裂缝及缺损。饰面板与明龙骨的搭接应平整、吻合，压条应平直、宽窄一致。

检验方法：观察；尺量检查。

（2）饰面板上的灯具、烟感器、喷淋头、风口箅子等设备的位置应合理、美观，与饰面板的交接应吻合、严密。

检验方法：观察。

（3）金属龙骨的接缝应平整、吻合、颜色一致，不得有划伤、擦伤等表面缺陷。木质龙骨应平整、顺直，无劈裂。

检验方法：观察检查。

（4）吊顶内填充吸声材料的品种和铺设厚度应符合设计要求，并应有防散落措施。

检验方法：检查隐蔽工程验收记录和施工记录。

（5）明龙骨吊顶工程安装的允许偏差和检验方法应符合表8-10的规定。

表 8-10　明龙骨吊顶工程安装的允许偏差和检验方法

项次	项目	允许偏差/mm				检验方法
		石膏板	金属板	矿棉板	塑料板、玻璃板	
1	表面平整度	3	2	3	3	用2m靠尺和塞尺检查
2	接缝直线度	3	2	3	3	用5m线,不足5m拉通线,用钢直尺检查
3	接缝高低差	1	1	2	1	用钢直尺和塞尺检查

任务四　轻质隔墙工程质量控制与验收

轻质隔墙子分部工程,包括板材隔墙,骨架隔墙、活动隔墙、玻璃隔墙等分项工程的检验批划分:同一品种的轻质隔墙工程每 50 间(大面积房间和走廊按轻质隔墙的墙面 $30m^2$ 为一间)应划分为一个检验批,不足 50 间也应划分为一个检验批。

一、轻质隔墙工程质量控制

(1)轻质隔墙工程应对人造木板的甲醛释放量进行复验。

(2)轻质隔墙与顶棚和其他墙体的交接处应采取防开裂措施。

(3)民用建筑轻质隔墙工程的隔声性能应符合《民用建筑隔声设计规范》(GB 50118—2010)规定。

二、轻质隔墙工程质量验收

(一)一般规定

(1)轻质隔墙工程验收时应检查下列文件和记录:

① 轻质隔墙工程的施工图,设计说明及其他设计文件。

② 材料的产品合格证书、性能检测报告、进场验收记录和复验报告。

③ 隐蔽工程验收记录。

④ 施工记录。

(2)轻质隔墙工程应对下列隐蔽工程项目进行验收。

① 骨架隔墙中设备管线的安装及水管度压。

② 木龙骨防火、防腐处理。

③ 预埋件或拉结筋。

④ 龙骨安装。

⑤ 填充材料的设置。

(二)板材隔墙工程

板材隔墙工程的检查数量应符合:每个检验批应至少抽查 10%,并不得少于 3 间;不足 3 间时应全数检查。

1. 主控项目

(1)隔墙板材的品种、规格、性能、颜色应符合设计要求。有隔声、隔热、阻燃、防潮等特殊要求的工程，板材应有相应性能等级的检测报告。

检验方法：观察；检查产品合格证书、进场验收记录和性能检测报告。

（2）安装隔墙板材所需预埋件、连接件的位置、数量及连接方法应符合设计要求。

检验方法：观察；尺量检查；检查隐藏工程验收记录。

（3）隔墙板材安装必须牢固。现制钢丝网水泥隔墙与周边墙体的连接方法应符合设计要求，并应连接牢固。

检查方法：观察，手扳检查。

（4）隔墙板材所用接缝材料的品种及接缝方法应符合设计要求。

检验方法：观察；检查产品合格证书和施工记录。

2. 一般项目

（1）隔墙板材安装应垂直、平整、位置正确，板材不应有裂缝或缺损。

检验方法：观察和尺量检查。

（2）板材隔墙表面应平整光滑、色泽一致、洁净，接缝应均匀、顺直。

检验方法：观察；手摸检查。

（3）隔墙上的孔洞、槽、盒应位置正确、套割方正、边缘整齐。

检验方法：观察检查。

（4）板材隔墙安装的允许偏差和检验方法应符合表 8-11 的规定。

表 8-11　板材隔墙安装的允许偏差和检验方法

项次	项目	允许偏差/mm				检验方法
		复合轻质墙板		石膏空心板	钢丝网水泥板	
		金属夹芯板	其他复合板			
1	立面垂直度	2	3	3	3	用 2m 垂直检测尺检查
2	表面平整度	2	3	3	3	用 2m 靠尺和塞尺检查
3	阴阳角方正	3	3	3	4	用直角检测尺检查
4	接缝直线度	1	2	2	3	用钢直尺和塞尺检查

（三）骨架隔墙工程

骨架隔墙工程的检查数量应符合：每个检验批应至少抽查 10%，并不得少于 3 间；不足 3 间时应全数检查。

1. 主控项目

（1）骨架隔墙所用龙骨、配件、墙面板、填充材料及嵌缝材料的品种、规格、性能和木材的含水率应符合设计要求，有隔声、隔热、阻燃、防潮等特殊要求的工程，材料应有相应性能等级的检验报告。

检验方法：观察；检查产品合格证书、进场验收记录、性能检测报告和复验报告。

（2）骨架隔墙工程边框龙骨必须与基本结构连接牢固，并应平整、垂直、位置正确。

检验方法：检查隐蔽工程验收记录。

（3）骨架隔墙记录中龙骨间距和构造连接方法应符合设计要求，骨架内设备管线的安装、门窗洞口等部位加强龙骨应安装牢固、位置正确，填充材料的设置应符合设计要求。

检验方法：检查隐蔽工程验收记录。

（4）木龙骨及木墙面板应安装牢固，无脱层、翘曲、折裂及缺损。

检验方法：观察；手扳检查。

（5）骨架隔墙的墙面板应安装牢固，无脱层、翘曲、折裂及缺损。

检验方法：观察；手扳检查。

（6）墙面板所用的接缝材料的接缝方法应符合设计要求。

检验方法：观察检查。

2. 一般项目

（1）骨架隔墙面应平整光滑、色泽一致、洁净、无裂缝，接缝应均匀、顺直。

检验方法：观察；手摸检查。

（2）骨架隔墙上的孔洞、槽、盒应位置正确、套割吻合、边缘整齐。

检验方法：观察检查。

（3）骨架隔墙内的填充材料应干燥，填充应密实、均匀、无下坠。

检验方法：轻敲检查，检查隐蔽工程验收记录和施工记录。

（4）骨架隔墙安装的允许偏差和检验方法应符合表 8-12 的规定。

表 8-12　骨架隔墙安装的允许偏差和检验方法

项次	项目	允许偏差/mm		检验方法
		纸面石膏板	人造木板、水泥纤维板	
1	立面垂直度	3	4	用 2m 垂直检测尺检查
2	表面平整度	3	3	用 2m 靠尺和塞尺检查
3	阴阳角方正	3	3	用直角检测尺检查
4	接缝直线度	—	3	拉 5m 线，不足 5m 拉通线，用钢直尺检查
5	压条直线度	—	3	拉 5m 线，不足 5m 拉通线，用钢直尺检查
6	接缝高低差	1	1	用钢直尺和塞尺检查

任务五　饰面板（砖）工程质量控制与验收

饰面板（砖）子分部工程，包括饰面板安装、饰面砖粘贴等分项工程。各分项工程的检验批应按下列规定划分：

（1）相同材料、工艺和施工条件的室内饰面板（砖）工程每 50 间（大面积房间和走廊按施工面积 30m^2 为一间）应划分为一个检验批，不足 50 间也应划分为一个检验批。

（2）相同材料、工艺和施工条件的室外饰面板（砖）工程每 500～1000m^2 应划为一个检验批，不足 500m^2 按一个检验批验收。

一、饰面板（砖）工程质量控制

（1）饰面板（砖）工程应对下列材料及其性能指标进行复验：

① 室内花岗石放射性。

② 粘贴用水泥的凝结时间、安定性和抗压强度。

③ 外墙陶瓷面砖的吸水率。

④ 寒冷地区外墙陶瓷面砖的抗冻性。

（2）检查数量应符合下列规定：

① 室内每个检验批应至少抽查 10%，并不少于 3 间；不足 3 间时应全数检查。

② 室外每个检验批每 100m^2 应至少抽查一处，每处不得小于 10m^2。

（3）外墙饰面砖粘贴前和施工过程中，均应在相同基层上做样板件，并对样板件的饰面砖粘接强度进行检验，其检验方法和结果判定应符合《建筑工程饰面砖粘结强度检验标准》（JGJ 110—2008）的规定。

（4）饰面板（砖）工程的抗震缝、伸缩缝、沉降缝等部位的处理应保证缝的使用功能和饰面的完整性。

二、 饰面板（砖） 工程质量验收

（一） 一般规定

（1）饰面板（砖）工程验收时应检查下列文件和记录：

① 饰面板（砖）工程的施工图、设计说明及其他设计文件。

② 材料的产品合格证书、性能检测报告、进场验收记录和复验报告。

③ 后置埋件的现场拉拔检测报告。

④ 满粘法施工的外墙石板和外墙陶瓷板黏结强度检验报告。

⑤ 隐蔽工程验收记录。

⑥ 施工记录。

（2）饰面板（砖）工程应对下列隐蔽工程项目进行验收：

① 预埋件（或后置埋件）。

② 龙骨安装。

③ 连接节点。

④ 防水、保温、防火节点。

⑤ 外墙金属板防雷连接节点。

（二） 饰面板安装工程

以下验收规定适用于内墙饰面板安装工程和高度不大于 24m，抗震设防烈度不大于 8 度的外墙饰面板安装工程的石板安装、陶瓷板安装、木板安装、金属板安装、塑料板安装等分项工程质量验收。

1. 主控项目

（1）饰面板的品种、规格、颜色和性能应符合设计要求，木龙骨、木饰面板和塑料饰面板的燃烧性能等级应符合设计要求。

检验方法：观察；检查产品合格证书、进场验收记录和性能检测报告。

（2）饰面板孔、槽的数量、位置和尺寸应符合设计要求。

检验方法：检查进场验收记录和施工记录。

（3）饰面板安装工程的预埋件（或后置埋件）、连接件的数量、规格、位置、连接方法和防腐处理必须符合设计要求。后置埋件的现场拉拔强度必须符合设计要求。饰面板安装必须牢固。

检验方法：手扳检查；检查进场验收记录、现场拉拔检测报告、隐蔽工程验收记录和施工记录。

2. 一般项目

（1）饰面板表面应平整、洁净、色泽一致，无裂痕和缺损。石材表面应无泛碱等污染。

检验方法：观察。

（2）饰面板嵌缝应密实、平直，宽度和深度应符合设计要求，嵌填材料色泽应一致。

检验方法：观察；尺量检查。

（3）采用湿作业法施工的饰面板工程，石材应进行防碱背涂处理。饰面板与基体之间的灌注材料应饱满、密实。

检验方法：用小锤轻击检查；检查施工记录。

（4）饰面板上的孔洞应套割吻合，边缘应整齐。

检验方法：观察检查。

（5）饰面板安装的允许偏差和检验方法应符合表 8-13 的规定。

表 8-13　饰面板安装的允许偏差和检验方法

项次	项目	允许偏差/mm							检验方法
		石材			瓷板	木材	塑料	金属	
		光面	剁斧石	蘑菇石					
1	立面垂直度	2	3	3	2	1.5	2	2	用 2m 垂直检测尺检查
2	表面平整度	2	3	—	1.5	1	3	3	用 2m 靠尺和塞尺检查
3	阴阳角方正	2	4	4	2	1.5	3	3	用直角检测尺检查
4	接缝直线度	2	4	4	2	1	1	1	拉 5m 线，不足 5m 拉通线，用钢直尺检查
5	墙裙、勒脚上口直线度	2	3	3	2	2	2	2	拉 5m 线，不足 5m 拉通线，用钢直尺检查
6	接缝高低差	0.5	3	—	0.5	1	1	1	用钢直尺和塞尺检查
7	接缝宽度	1	2	2	1	1	1	1	用钢直尺检查

（三）饰面砖粘贴工程

以下验收规定适用于内墙饰面砖粘贴工程和高度不大于 100m，抗震设防烈度不大于 8 度，采用满粘法施工的外墙饰面砖粘贴工程的质量验收。

1. 主控项目

（1）饰面砖的品种、规格、图案、颜色和性能应符合设计要求。

检验方法：观察；检查产品合格证书、进场验收记录、性能检测报告和复验报告。

（2）饰面砖粘贴工程的找平、防水、粘接和勾缝材料及施工方法应符合设计要求及国家现行产品标准和工程技术标准的规定。

检验方法：检查产品合格证书复验报告和隐蔽工程验收记录。

（3）饰面砖粘贴必须牢固。

检验方法：检查样板件粘接强度检测报告和施工记录。

（4）满粘法施工的饰面砖工程应无空鼓、裂缝。

检验方法：观察；用小锤轻击检查。

2. 一般项目

（1）饰面砖表面应平整、洁净、色泽一致，无裂痕和缺损。

检验方法：观察。

（2）阴阳角处搭接方式、非整砖使用部位应符合设计要求。

检验方法：观察。

（3）墙面突出物周围的饰面砖套割吻合，边缘应整齐。墙裙、贴脸突出墙面的厚度应一致。

检验方法：观察；尺量检查。

（4）饰面砖接缝应平直、光滑，填嵌应连续、密实；宽度和深度应符合设计要求。

检验方法：观察；尺量检查。

（5）有排水要求的部位应做滴水线（槽）。滴水线（槽）应顺直，流水坡向应正确，坡度应符合设计要求。

检验方法：观察；用水平尺检查。

（6）饰面砖粘贴的允许偏差和检验方法应符合表 8-14 的规定。

表 8-14　饰面砖粘贴的允许偏差和检验方法

项次	项目	允许偏差/mm		检验方法
		外墙面砖	风墙面砖	
1	立面垂直度	3	2	用 2m 垂直检测尺检查
2	表面平整度	4	3	用 2m 靠尺和塞尺检查
3	阴阳角方正	3	3	用直角检测尺检查
4	接缝直线度	3	2	拉 5m 线，不足 5m 拉通线，用钢直尺检查
5	接缝高低差	1	0.5	用钢直尺和塞尺检查
6	接缝宽度	1	1	用钢直尺检查

任务六　涂饰工程质量控制与验收

涂饰子分部工程，包括水性涂料涂饰、溶剂型涂料涂饰、美术涂饰等分项工程。各分项工程的检验批应按下列规定划分：

（1）室外涂饰工程每栋楼的同类涂料涂饰的墙面每 500～1000m² 应划分为一个检验批，不足 500m² 也应划分为一个检验批。

（2）室内涂饰工程同类涂料涂饰墙面每 50 间（大面积房间和走廊按涂饰面积 30m² 为一间）应划分为一个检验批，不足 50 间也应划分为一个检验批。

一、　涂饰工程质量控制

（1）涂饰工程的基层处理应符合下列要求：

① 新建筑物的混凝土或抹灰层基层在涂饰涂料前应涂刷抗碱封闭底漆。

② 旧墙面在涂饰涂料前应清除疏松的旧装修层，并涂刷界面剂。

③ 混凝土或抹灰基层涂刷溶剂型涂料时，含水率不得大于 8%；涂刷乳液型涂料时，含水率不得大于 10%。木材基层的含水率不得大于 12%。

④ 基层腻子应平整、坚实、牢固，无粉化、起皮和裂缝；内墙腻子的黏结强度应符合《建筑室内用腻子》（JG/T 298—2010）的规定。

⑤ 厨房、卫生间墙面必须使用耐水腻子。

（2）水性涂料涂饰工程施工的环境温度应在 5～35℃。

（3）涂饰工程应在涂层养护期满后进行质量验收。

二、　涂饰工程质量验收

（一）　一般规定

（1）涂饰工程验收时应检查下列文件和记录：

① 涂饰工程的施工图、设计说明及其他文件。

② 材料的产品合格证书、性能检测报告和进场验收记录。

③ 施工记录。

（2）检查数量应符合下列规定：

① 室外涂饰工程每 100m² 应至少检查一处，每处不得小于 10m²。

② 室内涂饰工程每个检验批应至少抽查 10%，并不得少于 3 间；不足 3 间时应全数检查。

（二）水性涂料涂饰工程

以下验收规定适用于乳液型涂料、无机涂料、水溶性涂料等水性涂料涂饰工程的质量验收。

1. 主控项目

（1）水性涂料涂饰工程所用涂料的品种、型号和性应符合设计要求。

检验方法：检查产品合格证书、性能检测报告和进场验收记录。

（2）水性涂料涂饰工程的颜色、图案应符合设计要求。

检验方法：观察检查。

（3）水性涂料涂饰工程应涂饰均匀、黏结牢固，不得漏涂、透底、起皮和掉粉。

检验方法：观察；手摸检查。

（4）水性涂料涂饰工程的基层处理应符合《建筑装饰装修工程质量验收标准》（GB 50210—2018）。

检验方法：观察；手摸检查；检查施工记录。

2. 一般项目

（1）薄涂料的涂饰质量和检验方法应符合表 8-15 的规定。

表 8-15　薄涂料的涂饰质量和检验方法

项次	项目	普通涂饰	高级涂饰	检验方法
1	颜色	均匀一致	均匀一致	观察
2	泛碱、咬色	允许少量轻微	不允许	
3	流坠、疙瘩	允许少量轻微	不允许	
4	砂眼、刷纹	允许少量轻微砂眼，刷纹通顺	无砂眼，无刷纹	
5	装饰线、分色线直线度允许偏差/mm	2	1	拉 5m 线，不足 5m 拉通线，用钢直尺检查

（2）厚涂料的涂饰质量和检验方法应符合表 8-16 的规定。

表 8-16　厚涂料的涂饰质量和检验方法

项次	项目	普通涂饰	高级涂饰	检验方法
1	颜色	均匀一致	均匀一致	观察
2	泛碱、咬色	允许少量轻微	不允许	
3	点状分布	—	疏密均匀	

（3）复合涂料的涂饰质量和检验方法应符合表 8-17 的规定。

表 8-17　复层涂料的涂饰质量和检验方法

项次	项目	质量要求	检验方法
1	颜色	均匀一致	观察
2	泛碱、咬色	不允许	
3	喷点疏密程度	均匀，不允许连片	

（4）涂层与其他装修材料和设备衔接处应吻合，界面应清晰。

检验方法：观察检查。

（三）溶剂型涂料涂饰工程

以下验收规定适用于丙烯酸酯涂料、聚氨酯丙烯酸涂料、有机硅丙烯酸涂料等溶剂型涂料涂饰工程的质量验收。

1. 主控项目

（1）溶剂型涂料涂饰工程所选用的涂料的品牌、型号和性能应符合设计要求。

检验方法：检查产品合格证书、性能检测报告和进场验收记录。

（2）溶剂型涂料涂饰工程的颜色、光泽、图案应符合设计要求。

检验方法：观察。

（3）溶剂型涂料涂饰工程应涂饰均匀、黏结牢固、不得漏涂、透底、起皮和反锈。

检验方法：观察；手摸检查。

（4）溶剂型涂料涂饰工程的基层处理应符合《建筑装饰装修工程质量验收标准》（GB 50210—2018）第 10.2.5 条的要求。

检验方法：观察；手摸检查；检查施工记录。

2. 一般项目

（1）色漆的涂饰质量和检验方法应符合表 8-18 的规定。

表 8-18　色漆的涂饰质量和检验方法

项次	项目	普通涂饰	高级涂饰	检验方法
1	颜色	均匀一致	均匀一致	观察
2	光泽、光滑	光泽基本均匀，光滑无挡手感	光泽均匀一致、光滑	观察、手摸检查
3	刷纹	刷纹通顺	无刷纹	观察
4	裹棱、流坠、皱皮	明显处不允许	不允许	观察
5	装饰线、分色线直线度允许偏差/mm	2	1	拉 5m 线，不足 5m 拉通线，用钢直尺检查

注：无光色漆不检查光泽。

（2）清漆的涂饰质量和检验方法应符合表 8-19 的规定。

表 8-19　清漆的涂饰质量和检验方法

项次	项目	普通涂饰	高级涂饰	检验方法
1	颜色	均匀一致	均匀一致	观察
2	木纹	棕眼刮平、木纹清楚	棕眼刮平、木纹清楚	观察
3	光泽、光滑	光泽基本均匀，光滑无挡手感	光泽均匀一致、光滑	观察、手摸检查
4	刷纹	无刷纹	无刷纹	观察
5	裹棱、流坠、皱皮	明显处不允许	不允许	观察

（3）涂层与其他装修材料和设备衔接处应吻合，界面应清晰。

检验方法：观察检查。

任务七　建筑地面工程质量控制与验收

建筑地面工程子分部工程、分项工程的划分，应按表 8-20 中规定执行。

表 8-20　建筑地面工程子分部工程、分项工程的划分

子分部工程		分项工程
地面	整体面层	基层：基土、灰土垫层、砂垫层和砂石垫层、碎石垫层和碎砖垫层、三合土垫层和四合土垫层、炉渣垫层、水泥混凝土垫层和陶粒混凝土垫层、找平层、隔离层、填充层、绝热层
		面层：水泥混凝土面层、水泥砂浆面层、水磨石面层、硬化耐磨面层、防油渗面层、不发火（防爆）面层、自流平面层、涂料面层、塑胶面层、地面辐射供暖的整体面层
	板块面层	基层：基土、灰土垫层、砂垫层和砂石垫层、碎石垫层和碎砖垫层、三合土垫层和四合土垫层、炉渣垫层、水泥混凝土垫层和陶粒混凝土垫层、找平层、隔离层、填充层、绝热层
		面层：砖面层（陶瓷锦砖、缸砖、陶瓷地砖和水泥花砖面层）、大理石面层和花岗石面层、预制板块面层（水泥混凝土板块、水磨石板块、人造石板块面层）、料石面层（条石、块石面层）、塑料板面层、活动地板面层、金属板面层、地毯面层、地面辐射供暖的板块面层
	木、竹面层	基层：基土、灰土垫层、砂垫层和砂石垫层、碎石垫层和碎砖垫层、三合土垫层和四合土垫层、炉渣垫层、水泥混凝土垫层和陶粒混凝土垫层、找平层、隔离层、填充层、绝热层
		面层：实木地板、实木集成地板、竹地板面层（条材、块材面层）、实木复合地板面层（条材、块材面层）、浸渍纸层压木质地板面层（条材、块材面层）、软木类地板面层（条材、块材面层）、地面辐射供暖的木板面层

一、　基层铺设工程质量控制与验收

基层铺设工程包括基土、垫层、找平层、隔离层、绝热层和填充层等基层分项工程，以下主要介绍基土、水泥混凝土垫层、找平层、隔离层工程质量控制与验收。

（一）基层铺设工程质量控制

1. 一般规定

（1）基层铺设的材料质量、密实度和强度等级（或配合比）等应符合设计要求和《建筑装饰装修工程质量验收标准》（GB 50210—2018）的规定。

（2）基层铺设前，其下一层表面应干净、无积水。

（3）垫层分段施工时，接槎处应做成阶梯形，每层接槎处的水平距离应错开 0.5～1.0m。接槎处不应设在地面荷载较大的部位。

（4）当垫层、找平层、填充层内埋设暗管时，管道应按设计要求予以稳固。

（5）对有防静电要求的整体地面的基层，应清除残留物，将露出基层的金属物涂绝缘漆两遍晒干。

（6）基层的标高、坡度、厚度等应符合设计要求。基层表面应平整，其允许偏差和检验方法应符合表 8-21 的规定。

表 8-21　基层表面允许偏差和检验方法

项目	基土	垫层			找平层			隔离层	检验方法
	土	砂子、砂石、碎石、碎砖	灰土、三合土、四合土、炉渣、水泥混凝土、陶粒混凝土	拼花实木地板、拼花实木复合地板、地板、软木类地板面层	用胶结料做接合层铺设板块面层	用水泥砂浆接合层铺设板块面层	用胶黏剂做接合层铺设拼花木板、浸渍纸压木质地板、实木复合地板、竹地板、软木地板层	防水、防潮、防油渗	
平整度	15	15	10	3	3	5	2	3	用 2m 靠尺和楔形塞尺检查
标高	0，−50	±20	±10	±5	±5	±8	±4	±4	用水准仪进行检查
坡度	不大于房间相应尺寸的 2/1000，且不大于 30mm								用坡度尺进行检查
厚度	在个别地方不大于设计厚度的 1/10，且不大于 20mm								用钢尺检查

2. 基土

（1）填土前，其下一层表面应干净、无积水。填土用土料，可采用砂土或黏性土，除去草皮等杂质。土的粒径不大于 50mm。

（2）地面应铺设在均匀密实的基土上，土层结构被扰动的基土应进行换填，并予以压实。压实系数应符合设计要求。

（3）对于软弱土层必须按照设计要求进行处理，处理完毕后经验收合格才能进行下道工序的施工。

（4）土料回填前应清除基底的垃圾、树根等杂物，抽出坑穴中的积水和淤泥，测量基底的标高。如在耕植土或松土上填土料，应在基底土压实后进行。

（5）填土应分层摊铺、分层压（夯）实、分层检验其密实度。填土质量应符合《建筑地基工程施工质量验收标准》（GB 50202—2018）的有关规定。

（6）填土时应为最优含水量。重要工程或大面积的地面填土前，应取土样，按击实试验确定最优含水量与相应的最大干密度。

（7）当墙柱基础处填土时，应采用重叠夯实的方法。在填土与墙柱相连接处，也可采取设置缝隙进行技术处理。

3. 水泥混凝土垫层

（1）水泥混凝土垫层和陶粒混凝土垫层铺设在基土上，当气温长期处于 0℃ 以下，设计无要求时，垫层应设置缩缝，缝的位置、嵌缝做法等应于面层伸、缩缝相一致，并应符合《建筑地基工程施工质量验收标准》（GB 50202—2018）第 3.0.16 条的规定。

（2）水泥混凝土垫层的厚度不应小于 60mm。

（3）垫层铺设前，当为水泥类基层时，其下一层表面应湿润。

（4）室内地面的水泥混凝土垫层和陶粒混凝土垫层，应设置纵向缩缝和横向缩缝；纵向缩缝、横向缩缝的间距均不得大于 6m。

（5）垫层的纵向缩缝应做平头缝或加肋板平头缝。当垫层厚度大于 150mm 时，可做企口缝。横向缩缝应做假缝。平头缝和企口缝的缝间不得放置隔离材料，浇筑时应互相紧贴。企口缝尺寸应符合设计要求，假缝宽度宜为 5～20mm，深度为垫层厚度的 1/3，填缝材料应与地面变形缝的填缝材料相一致。

（6）工业厂房、礼堂、门厅等大面积水泥混凝土、陶粒混凝土垫层应分区段浇筑。分区段应结合变形缝位置、不同类型的建筑地面连接处和设备基础的位置进行划分，并应与设置的纵向、横向缩缝的间距相一致。

（7）水泥混凝土施工质量检验尚应符合《混凝土结构工程施工质量验收规范》（GB 50210—2001）的有关规定。

4. 找平层

（1）找平层采用水泥砂浆或水泥混凝土铺设。当找平层厚度小于 30mm 时，宜用水泥砂浆做找平层；当找平层厚度不小于 30mm 时，宜用细石混凝土做找平层。

（2）找平层铺设前，当其下一层有松散填充料时，应予铺平振实。

（3）有防水要求的建筑地面工程，铺设前必须对立管、套管和地漏与楼板节点之间进行密封处理，并应进行隐蔽验收；排水坡度应符合设计要求。

（4）在预制钢筋混凝土板上铺设找平层前，板缝填嵌的施工应符合下列要求：

① 预制钢筋混凝土板相邻缝底宽不应小于 20mm。

② 填嵌时，板缝内应清理干净，保持湿润。

③ 填缝采用细石混凝土，其强度等级不得小于 C20。填缝高度应低于板面 10～20mm，且振捣密实；填缝后应养护；当填缝混凝土的强度等级达到 C15 后方可继续施工。

④ 当板缝底宽大于 40mm 时，应按设计要求配置钢筋。

⑤ 在预制钢筋混凝土板上铺设找平层时，其板端应按设计要求做防裂的构造措施。

5. 隔离层

（1）隔离层材料的防水、防油渗性能应符合设计要求。

（2）隔离层的铺设层数（或道数）、上翻高度应符合设计要求。有种植要求的地面隔离层的防根穿刺等应符合现行行业标准《种植屋面工程技术规程》（JGJ 155—2013）的有关规定。

（3）在水泥类找平层上铺设卷材类、涂料类防水、防油渗隔离层时，其表面应坚固、洁净、干燥。铺设前，应涂刷基层处理剂。基层处理剂应采用与卷材性能相容的配套材料或采用与涂料性能相容的同类涂料的底子油。

（4）当采用掺有防渗外加剂的水泥类隔离层时，其配合比、强度等级、外加剂的复合掺拌等应符合设计要求。

（5）铺设隔离层时，在管道穿过楼板面四周，防水、防油渗材料应向上铺涂，并超过套管的上口；在靠近柱、墙处，应高出面层 200～300mm 或按设计要求的高度铺涂，阴阳角和管道穿过楼板面的根部应增加铺涂附加防水、防油渗隔离层。

（6）隔离层兼做面层时，其材料不得对人体及环境产生不利影响，并应符合《食品安全性毒理学评价程序和方法》（GB 15193.1—2014）和《生活饮用水卫生标准》（GB 5749—2006）的有关规定。

（7）防水隔离层铺设后，应按《建筑装饰装修工程质量验收标准》（GB 50210—2018）第 3.0.24 条的规定进行蓄水检验，并做记录。

（8）隔离层施工质量检验还应符合《屋面工程施工质量验收规范》（GB 50207—2012）

的有关规定。

（二）基层铺设工程质量验收

1. 基土

（1）主控项目

① 基土不应用淤泥、腐殖土、冻土、耕植土、膨胀土和建筑杂物作为填土，填土土块的粒径不应大于 50mm。

检验方法：观察检查及检查土质记录。

检查数量：应按《建筑地面工程施工质量验收规范》（GB 50209—2010）中第 3.0.21 条规定的检验批检查。

② Ⅰ类建筑基土的氡浓度应符合《民用建筑工程室内环境污染控制规范》（GB 50325—2010）的规定。

检验方法：检查检验报告。

检查数量：同一工程、同一土源地点检查一组。

③ 基土应均匀密实，压实系数符合设计要求，设计无要求时不应小于 0.90。

检验方法：观察检查和检查试验记录。

检查数量：应按《建筑地面工程施工质量验收规范》（GB 50209—2010）中第 3.0.21 条的规定检查。

（2）一般项目　基土表面的允许偏差应符合表 8-21 中的规定。

检验方法：按表 8-21 中规定的方法检验。

检查数量：应按《建筑地面工程施工质量验收规范》（GB 50209—2010）中第 3.0.21 条规定的检验批和第 3.0.22 条的规定进行检查。

2. 水泥混凝土垫层

（1）主控项目

① 水泥混凝土垫层和陶粒混凝土垫层采用的粗骨料，其最大粒径不应大于垫层厚度的 2/3，含泥量不应大于 3%；砂为中粗砂，其含沙量不应大于 3%。陶粒中粒径小于 5mm 的颗粒含量不应小于 10%；粉煤灰陶粒中大于 15mm 的颗粒含量不应小于 5%；陶粒中不得混夹杂物或黏土块。陶粒宜选用粉煤灰陶粒，页岩陶粒等。

检验方法：观察检查和检查质量合格证明文件。

检查数量：同一工程、同一强度等级、同一个配合比可检查一次。

② 水泥混凝土和陶粒混凝土的强度等级应符合设计要求。陶粒混凝土的密度应在 800～1400kg/m³。

检验方法：检查配合比试验报告和强度等级检测报告。

检查数量：同一工程、同一强度等级、同一个配合比可检查一次。强度等级检测报告应按《建筑地面工程施工质量验收规范》（GB 50209—2010）中第 3.0.19 条的规定检验。

（2）一般项目　水泥混凝土和陶粒混凝土垫层的表面允许偏差符合表 8-21 中的规定。

检验方法：按表 8-21 中规定的方法检验。

检查数量：应按《建筑地面工程施工质量验收规范》（GB 50209—2010）中第 3.0.21 条规定的检验批和第 3.0.22 条的规定进行检查。

3. 找平层

（1）主控项目

① 找平层采用碎石或卵石的粒径不应大于其厚度的 2/3，含泥量不应大于 2%；砂为中粗砂，其含泥量不应大于 3%。

检验方法：观察检查和检查质量合格证明文件。

检查数量：同一工程、同一强度等级、同一个配合比可检查一次。

② 水泥砂浆体积比、水泥混凝土强度等级应符合设计要求，且水泥砂浆体积比不应小于 1∶3（或相应强度等级）；水泥混凝土强度等级不应小于 C15。

检验方法：观察检查和检查配合比试验报告、强度等级检测报告。

检查数量：配合比试验报告按同一工程、同一强度等级、同一个配合比可检查一次。

③ 防水要求的建筑地面工程的立管、套管、地漏处不应渗漏，坡向应正确、无积水。

检验方法：观察检查和蓄水、泼水检验及坡度尺检查。

检查数量：按《建筑地面工程施工质量验收规范》（GB 50209—2010）中第 3.0.21 条规定的检验批检查。

④ 在有防静电要求的整体面层的找平层施工前，其下敷设的导电地网系统应于接地引下线和地下接地体有可靠连接，经电性能检测且符合相关要求后进行隐蔽工程验收。

检验方法：观察检查和检查质量合格证明文件。

检查数量：按《建筑装饰装修工程质量验收标准》（GB 5010—2018）第 3.0.21 条规定的检验批检查。

（2）一般项目

① 找平层与下一层结合牢固，不得有空鼓。

检验方法：用小锤轻击检查。

检查数量：按《建筑装饰装修工程质量验收标准》（GB 50210—2018）第 3.0.21 条规定的检验批检查。

② 找平层表面应密实，不得有起砂、蜂窝和裂缝等缺陷。

检验方法：观察检验。

检查数量：按《建筑装饰装修工程质量验收标准》（GB 50210—2018）第 3.0.21 条规定的检验批检查。

③ 找平层的表面允许偏差应符合表 8-21 的规定。

检验方法：按表 8-21 中的检验方法检验。

检查数量：按《建筑装饰装修工程质量验收标准》（GB 50210—2018）第 3.0.22 条规定的检验批检查。

4. 隔离层

（1）主控项目

① 隔离层材质应符合设计要求和国家产品标准的规定。

检验方法：观察检查和检查型式检验报告、出厂检验报告、出厂合格证。

检查数量：同一工程、同一材料、同一生产厂家、同一型号、同一规格、同一批号检查一次。

② 卷材类、涂料类隔离层材料进入施工现场，应对材料的主要物理性能指标进行复检。

检验方法：检查复检报告。

检查数量：《屋面工程质量验收规范》（GB 50207—2012）的有关规定。

③ 厕浴间和有防水要求的建筑地面必须设置防水隔离层。楼层结构必须采用现浇混凝土或整块预制混凝土板，混凝土强度等级不应小于 C20；楼板四周除门洞外，应做混凝土翻边，其高度不应小于 120mm。施工时结构层标高和预留孔洞位置应准确，严禁乱凿洞。

检验方法：观察检查和用钢尺检查。

检查数量：按《建筑装饰装修工程质量验收标准》（GB 50210—2018）第 3.0.22 条规定的检验批检查。

④ 水泥类防水隔离层的防水性能和强度等级必须符合设计要求。

检验方法：观察检查和检查防水等级检测报告、强度等级检测报告。

检查数量：防水等级检测报告、强度等级检测报告均按《建筑装饰装修工程质量验收标准》（GB 50210—2018）第 3.0.19 条的规定检查。

⑤ 防水隔离层严禁渗漏，坡向应正确、排水通畅。

检验方法：观察检查和蓄水、泼水检验或坡度尺检查及检查检验记录。

检查数量：按《建筑装饰装修工程质量验收标准》（GB 50210—2018）第 3.0.21 条规定的检验批检查。

（2）一般项目

① 隔离层厚度应符合设计要求。

检验方法：观察检查和用钢尺检查。

检查数量：按《建筑装饰装修工程质量验收标准》（GB 50210—2018）第 3.0.21 条规定的检验批检查。

② 隔离层与其下一层黏结牢固，不得有空鼓；防水涂层应平整、均匀，无脱皮、起壳、裂缝、鼓泡等缺陷。

检验方法：用小锤轻击检查和观察检查。

检查数量：按《建筑装饰装修工程质量验收标准》（GB 50210—2018）第 3.0.21 条规定的检验批检查。

③ 隔离层表面的允许偏差应符合《建筑装饰装修工程质量验收标准》（GB 50210—2018）表 4.1.7 的规定。

检验方法：应按表 8-21 中规定的方法检验。

检查数量：按《建筑装饰装修工程质量验收标准》（GB 50210—2018）第 3.0.22 条规定的检验批检查。

二、 整体面层铺设工程质量控制与验收

整体面层包括水泥混凝土面层、水泥砂浆面层、水磨石面层、水泥钢铁面层、防油渗漏层和不发火（防爆）面层等。以下主要介绍水泥砂浆面层铺设工程质量控制与验收。

（一）水泥砂浆面层铺设工程质量控制

（1）铺设整体面层时，水泥类基层的抗压强度不得小于 1.2MPa；表面应粗糙、洁净、湿润并不得有积水。铺设前宜涂刷界面处理剂。

（2）铺设整体面层时，地面变形缝的位置应符合《建筑装饰装修工程质量验收标准》（GB 50210—2018）第 3.0.16 条的规定；大面积水泥类面层应设置分格缝。

（3）水泥砂浆面层的厚度应符合设计要求，且不应小于 20mm。

（4）水泥砂浆的强度等级或体积比必须符合设计要求；在一般情况下体积比应为1：2（水泥：砂），砂浆的稠度不应大于35mm，强度等级不应小于M15。

（5）地面和楼面的标高与找平控制线，应统一弹到房间的墙面上，高度一般比设计地面高500mm。有地漏等带有坡度的面层，表面坡度应符合设计要求，且不得出现倒泛水和积水现象。

（6）水泥砂浆面层的抹平工作应在砂浆初凝前完成，压光工作应在砂浆终凝前完成。

（7）整体面层施工后，养护时间不应少于7d；抗压强度应达到5MPa后，方准上人行走；抗压强度应达到设计要求后，方可正常使用。

（8）当采用掺有水泥拌和料做踢脚线时，不得用石灰砂浆打底。

（9）整体面层的允许偏差和检验方法应符合表8-22的规定。

表8-22　整体面层的允许偏差和检验方法

项次	项目	允许偏差/mm						检验方法
		水泥混凝土面层	水泥砂浆面层	普通水磨石面层	高级水磨石面层	涂料面层	塑胶面层	
1	平面平整度	5	4	3	2	2	2	用2m靠尺和楔形塞尺检查
2	踢脚线上口平直	4	4	3	3	3	3	拉5m线和用钢尺检查
3	缝格平直	3	3	3	2	2	2	

（二）　水泥砂浆面层铺设工程质量验收

1. 主控项目

（1）水泥宜采用硅酸盐水泥、普通硅酸盐水泥，不同品种、不同强度等级的水泥不应混用；砂应为中粗砂，当采用石屑时，其粒径应为1～5mm，且含泥量不应大于3%；防水水泥砂浆采用的砂或石屑，其含泥量不应大于1%。

检查方法：观察检查和检查质量合格证明文件。

检查数量：同一工程、同一强度等级、同一配合比检查一次。

（2）防水水泥砂浆中掺入的外加剂的技术性能应符合国家现行有关标准的规定，外加剂的品种和掺量应经试验确定。

检查方法：观察检查和检查质量合格证明文件，配合比实验报告。

检查数量：同一工程、同一强度等级、同一配合比、同一外加剂品种、同一掺量检查一次。

（3）水泥砂浆的体积比（强度等级）应符合设计要求，且体积比应为1：2，强度等级不应小于M15。

检查方法：检查强度等级检测报告。

检查数量：按《建筑装饰装修工程质量验收标准》（GB 50210—2018）第3.0.19条的规定检查。

（4）有排水要求的水泥砂浆地面，坡向应正确、排水通畅；防水水泥砂浆面层不应渗漏。

检查方法：观察检查和蓄水、泼水检验或用坡度尺检查及检查检验记录。

检查数量：按《建筑装饰装修工程质量验收标准》（GB 50210—2018）第3.0.21条规定的检验批检查。

（5）面层与下一层应接合牢固，且应无空鼓和开裂。当出现空鼓时，空鼓面积不应大于 $400cm^2$，且每自然间或标准间不应多于 2 处。

检验方法：观察和用小锤轻击检查。

检查数量：按《建筑装饰装修工程质量验收标准》（GB 50210—2018）第 3.0.21 条规定的检验批检查。

2. 一般项目

（1）面层表面的坡度应符合设计要求，不应有倒泛水和积水现象。

检验方法：观察和采用泼水或坡度尺检查。

检查数量：按《建筑装饰装修工程质量验收标准》（GB 50210—2018）第 3.0.21 条规定的检验批检查。

（2）面层表面应洁净，不应有裂纹、脱皮、麻面、起砂等现象。

检验方法：观察检查。

检查数量：按《建筑装饰装修工程质量验收标准》（GB 50210—2018）第 3.0.21 条规定的检验批检查。

（3）踢脚线与柱、墙面应紧密接合，踢脚线高度及出柱、墙厚应符合设计要求且均匀一致。当出现空鼓时，局部空鼓长度不应大于 300mm，且每自然间或标准间不应多于 2 处。

检验方法：用小锤轻击、钢尺和观察检查。

检查数量：按《建筑装饰装修工程质量验收标准》（GB 50210—2018）第 3.0.21 条规定的检验批检查。

（4）楼梯、台阶踏步的宽度、高度应符合设计要求。楼层梯段相邻踏步高度不应大于 10mm；每踏步两端宽度差不应大于 10mm，旋转楼梯梯段的每踏步两端宽度的允许偏差不应大于 5mm。踏步面层应做防滑处理，齿角应整齐，防滑条应顺直、牢固。

检验方法：观察检查和用钢尺检查。

检查数量：按《建筑装饰装修工程质量验收标准》（GB 50210—2018）第 3.0.21 条规定的检验批检查。

（5）水泥砂浆面层的允许偏差应符合《建筑装饰装修工程质量验收标准》（GB 50210—2018）表 5.1.7 的规定。

检验方法：按《建筑装饰装修工程质量验收标准》（GB 50210—2018）表 5.1.7 中的检验方法检验。

检查数量：按《建筑装饰装修工程质量验收标准》（GB 50210—2018）第 3.0.22 条规定的检验批检查。

三、 板块面层铺设工程质量控制与验收

地面板块面层的种类很多，常见的有砖面层、大理石和花岗岩面层、预制板块面层、料石面层、塑料板面层、活动地板面层、金属板面层、地毯面层、地面辐射供暖的板块面层等，以下主要介绍大理石面层和花岗岩面层工程质量控制与验收。

（一） 大理石面层和花岗岩面层工程质量控制

（1）大理石、花岗石面层采用天然大理石、花岗石（或碎拼大理石、碎拼花岗石）板材应在结合层上铺设。

（2）板材有裂缝、掉角、翘曲和表面有缺陷时应予剔除，品种不同的板材不得混杂使

用；在铺设前，应根据石材的颜色、花纹、图案、纹理等按设计要求，试拼编号。

（3）铺设大理石、花岗石面层前，板材应浸湿、晾干；结合层与板材应分段同时铺设。

（4）铺设板块面层时，其水泥类基层的抗压强度不得小于1.2MPa。

（5）铺设板块面层的接合层和板块间的填缝采用水泥砂浆时，应符合下列规定：

① 配制水泥砂浆应采用硅酸盐水泥，普通硅酸盐水泥或矿渣硅酸盐水泥。

② 配制水泥砂浆的砂应符合《普通混凝土用砂、石质量及检验方法标准》（JGJ 52—2006）的有关规定。

③ 水泥砂浆的体积比（或强度等级）应符合设计要求。

（6）接合层和板块面层填缝的胶结材料应符合国家现行有关标准的规定和设计要求。

（7）大面积板块面层的伸缩缝及分格缝应符合设计要求。

（8）在板块铺前，放在铺设位置上的板块对好纵横缝后，用皮锤或木槌轻轻敲击板块中间，使砂浆振密实，锤到铺贴高度。板块试铺合格后，搬起板块检查砂浆接合层是否平整、密实。增补砂浆，浇一层水灰比为0.5左右的素水泥砂浆后，在铺放原板块，使其四角同时落下，用皮锤轻敲，并用水平尺找平。

（9）铺设大理石、花岗岩等面层的接合层和填缝材料采用水泥砂浆时，在面层铺设后，表面应覆盖、湿润，养护时间不应少于7d，当板块面层的水泥砂浆接合层的抗压强度达到设计要求后，方可正常使用。

（10）板块类踢脚线施工时，不得采用混合砂浆打底。

（11）板块面层的允许偏差和检验方法应符合表8-23的规定。

表8-23　板块面层的允许偏差和检验方法

项次	项目	允许偏差/mm					检验方法
		陶瓷锦砖面层、陶瓷地砖面层	红砖面层	水磨石板块面层	大理石面层、花岗石面层、人造石面层、金属板面层	塑料板面层	
1	表面平整度	2.0	4.0	3.0	1.0	2.0	用2m靠尺和楔形尺检查
2	缝格平直	3.0	3.0	3.0	2.0	3.0	拉5m线和用钢尺检查
3	接缝高低差	0.5	1.5	1.0	0.5	0.5	用钢尺和楔形塞尺检查
4	踢脚线上口平直	3.0	4.0	4.0	1.0	2.0	拉5m线和用钢尺检查
5	板块间隙宽度	2.0	2.0	2.0	1.0	—	用钢尺检查

（二）大理石和花岗石面层工程质量验收

1. 主控项目

（1）大理石、花岗石面层所用板块产品应符合设计要求和国家现行有关标准的规定。

检验方法：观察检查和检查质量合格证明文件。

检查数量：同一工程、同一材料、同一生产厂家、同一型号、同一规格、同一批号检查一次。

（2）大理石、花岗石面层所用板块产品进入现场时，应有放射性限量合格的检测报告。

检验方法：检查检测报告。

检查数量：同一工程、同一材料、同一生产厂家、同一型号、同一规格、同一批号检查一次。

（3）面层与下一层应接合牢固，无空鼓（单块板块边角允许有局部空鼓，但每自然间或标准间的空鼓板块不应超过总数的 5%）。

检验方法：用小锤轻击检查。

检查数量：按《建筑装饰装修工程质量验收标准》（GB 50210—2018）第 3.0.21 条规定的检验批检查。

2. 一般项目

（1）大理石、花岗石面层铺设前，板块的背面和侧面应进行防碱处理。

检验方法：观察检查和检查施工记录。

检查数量：按《建筑装饰装修工程质量验收标准》（GB 50210—2018）第 3.0.21 条规定的检验批检查。

（2）大理石、花岗石面层的表面应洁净、平整、无磨痕，且应图案清晰、色泽一致，接缝均匀，周边顺直，镶嵌正确，板块应无裂纹、掉角、缺棱等缺陷。

检验方法：观察检查。

检查数量：按《建筑装饰装修工程质量验收标准》（GB 50210—2018）第 3.0.21 条规定的检验批检查。

（3）踢脚线表面应洁净，与柱、墙的接合应牢固。踢脚线高度及出柱、墙厚度应符合设计要求，且均匀一致。

检验方法：观察检查和用小锤轻击及钢尺检查。

检查数量：按《建筑装饰装修工程质量验收标准》（GB 50210—2018）第 3.0.21 条规定的检验批检查。

（4）楼梯、台阶踏步的宽度、高度应符合设计要求。踏步板块的缝隙宽度应一致；楼层梯段相邻踏步高度差不应大于 10mm；每踏步两端宽度差不应大于 10mm，旋转楼梯段的每踏步两端宽度的允许偏差不应大于 5mm，踏步面层应做防滑处理，齿角应整齐。防滑条应硬直、牢固。

检验方法：观察检查和用钢尺检查。

检查数量：按《建筑装饰装修工程质量验收标准》（GB 50210—2018）第 3.0.21 条规定的检验批检查。

（5）面层表面的坡度应符合设计要求，不倒泛水、无积水；与地漏、管道接合处应严密牢固，无渗漏。

检验方法：观察检查或用坡度尺及蓄水、泼水检查。

检查数量：按《建筑装饰装修工程质量验收标准》（GB 50210—2018）第 3.0.21 条规定的检验批检查。

（6）大理石面层和花岗石面层（或碎拼大理石面层、碎拼花岗石面层）的允许偏差应符合《建筑装饰装修工程质量验收标准》（GB 50210—2018）表 6.1.8 的规定。

检验方法：按《建筑装饰装修工程质量验收标准》（GB 50210—2018）表 6.1.8 中的检验方法检验。

检查数量：按《建筑装饰装修工程质量验收标准》（GB 50210—2018）第 3.0.21 条规定的检验批和第 3.0.22 条的规定检查。

四、 木竹面层铺设工程质量控制与验收

木竹面层铺设是最常见的地面形式，根据所用材料不同，主要有实木地板面层、实木复合地板面层、中密度（强化）复合地板面层和竹地板面层等。以下主要介绍实木地板面层质量控制与验收。

（一）实木地板面层工程质量控制

（1）木、竹地板面层下的木格栅、垫木、垫层地板等采用木材的树种、选材标准和铺设时木材含水率及防腐、防蛀处理等，均应符合《木结构工程施工质量验收规范》（GB 50206—2012）的有关规定。所选用的材料应符合设计要求，进场时应对其断面尺寸、含水率等主要技术指标进行抽检，抽检数量应符合国家现行有关标准的规定。

（2）用于固定和加固用的金属零部件应采用不锈蚀或经过防锈处理的金属件。

（3）与厕浴间、厨房等防潮湿场所相邻的木、竹面层的连接处应做防水（防潮）处理。

（4）木、竹面层铺设在水泥类基层上，及基层表面应坚硬、平整、洁净、不起砂，表面含水率不应大于8%。

（5）建筑地面工程的木、竹面层格栅下架空结构层（或构造层）的质量检验，应符合国家相应现行标准的规定。

（6）木、竹面层的通风构造层包括室内通风沟、地面通风口、室外通风窗等，均应符合设计要求。

（7）木、竹面层的允许偏差和检验方法应符合表 8-24 的规定。

（8）实木地板、实木集成地板、竹地板面层应采用条材或块材或拼花，以空铺或实铺方式在基层上铺设。

（9）实木地板、实木集成地板、竹地板面层可采用双层面层和单层面层铺设，其厚度应符合设计要求；其选材应符合国家现行有关标准的规定。

表 8-24　木、竹面层的允许偏差和检验方法

项次	项目	允许偏差/mm			检验方法
		实木地板、实木集成地板、竹地板面层			
		松木地板	硬木地板、竹地板	拼花地板	
1	板面缝隙宽度	1.0	0.5	0.5	用钢尺检查
2	表面平整度	3.0	2.0	2.0	用 2m 靠尺和楔形塞尺检查
3	踢脚线上口平齐	3.0	3.0	3.0	拉 5m 通线和用钢尺检查
4	板面拼接平齐	3.0	3.0	3.0	
5	相邻板面高差	0.5	0.5	0.5	用钢尺和楔形塞尺检查
6	踢脚线与面层的接缝	1.0			用楔形塞尺检查

（10）铺设实木地板、实木集成地板、竹地板面层时，其木格栅的截面尺寸、间距和稳固方法等均应符合设计要求。木格栅固定时，不得损坏基层和预埋管线，木格栅应垫实钉牢，与柱、墙之间留出 20mm 的缝隙，表面应平直，其间距不应大于 300mm。

（11）当面层下铺设垫层地板时，垫层地板的髓心应向上，板间缝隙不应大于 3mm，与柱、墙之间应留 8~12mm 的空隙，表面应刨平。

（12）铺设实木地板、实木集成地板、竹地板面层时，相邻板材接头位置应错开不小于 300mm 的距离，与柱、墙之间应留 8~12mm 的空隙。

（13）采用实木制作的踢脚线，背面应抽槽并做防腐处理。

（14）席纹实木地板面层、拼花实木地板面层的铺设应符合《建筑装饰装修工程质量验收标准》(GB 50210—2018) 的有关要求。

（二）实木地板面层工程质量验收

1. 主控项目

（1）实木地板、实木集成地板、竹地板面层采用的地板铺设时的木（竹）材含水率、胶黏剂等应符合设计要求和国家现行有关标准的规定。

检验方法：观察检查和检查型式检验报告、出厂检验报告、出厂合格证。

检查数量：同一工程、同一材料、同一生产厂家、同一型号、同一规格、同一批号检查一次。

（2）实木地板、实木集成地板，竹地板面层采用的材料进入施工现场时，应有以下有害物质限量合格的检测报告：

① 地板中的游离甲醛（释放量或含量）；

② 溶剂型胶黏剂中的挥发性有机化合物（VOC）、苯、甲苯＋二甲苯；

③ 水性胶黏剂中的挥发性有机化合物（VOC）和游离的甲醛。

检验方法：检查检测报告。

检查数量：同一工程、同一材料、同一生产厂家、同一型号、同一规格、同一批号检查一次。

（3）木搁栅、垫木和垫层地板等应做防腐、防蛀处理。

检验方法：观察检查和检查验收记录。

检查数量：按《建筑装饰装修工程质量验收标准》（GB 50210—2018）第 3.0.21 条规定的检验批检查。

（4）木搁栅安装应牢固、平直。

检验方法：观察，行走检查，用钢尺测量等检查和检查验收记录。

检查数量：按《建筑装饰装修工程质量验收标准》（GB 50210—2018）第 3.0.21 条规定的检验批检查。

（5）面层铺设应牢固；黏结应不空鼓、松动。

检验方法：观察，行走检查或用小锤轻击检查。

检查数量：按《建筑装饰装修工程质量验收标准》（GB 50210—2018）第 3.0.21 条规定的检验批检查。

2. 一般项目

（1）实木地板、实木集成地板面层应刨平、磨光，无明显刨痕和毛刺等现象；图案应清晰。

检验方法：观察、手摸和行走检查。

检查数量，按《建筑装饰装修工程质量验收标准》(GB 50210—2018) 第 3.0.21 条规定的检验批检查。

（2）面层缝隙应严密；机头位置应错开，表面应平整、洁净。

检验方法：观察检查。

检查数量：按《建筑装饰装修工程质量验收标准》(GB 50210—2018) 第 3.0.21 条规定

的检验批检查。

（3）面层采用粘、钉工艺时，接缝应对齐，粘、钉应严密；缝隙宽度应均匀一致；表面应洁净、无溢胶现象。

检验方法：观察检查。

检查数量：按《建筑装饰装修工程质量验收标准》（GB 50210—2018）第 3.0.21 条规定的检验批检查。

（4）踢脚线应表面光滑，接缝严密，高度一致。

检验方法：观察检查和用钢尺检查。

检查数量：按《建筑装饰装修工程质量验收标准》（GB 50210—2018）第 3.0.21 条规定的检验批检查。

（5）实木地板、实木集成地板、竹地板面层的允许偏差应符合《建筑装饰装修工程质量验收标准》（GB 50210—2018）表 7.1.8 的规定。

检验方法：按《建筑装饰装修工程质量验收标准》（GB 50210—2018）表 7.1.8 中的检验方法检验。

检验数量：按《建筑装饰装修工程质量验收标准》（GB 50210—2018）第 3.0.21 条规定的检验批和第 3.0.22 条的规定检查。

五、 建筑地面子分部工程质量验收

（一） 基本规定

（1）从事建筑地面工程施工的建筑施工企业，应具有质量管理体系和相应的施工工艺技术标准。

（2）建筑地面工程采用的材料或产品，应符合设计要求和国家现行有关标准的规定。无国家现行标准的，应具有省级住房和城乡建设行政主管部门的技术认可文件。材料或产品进场时还应符合下列规定：

① 应有质量合格证明文件；

② 应对型号、规格、外观等进行验收，对重要材料或产品应抽样进行复检。

（3）建筑地面工程采用的大理石、花岗石、料石等天然石材，以及砖、预制板块、地毯、人造板材、胶黏剂、涂料、水泥、砂石、外加剂等材料或产品，应符合国际现行有关室内环境污染和放射性、有害物质限量标准的规定，材料进场时应具有检测报告。

（4）厕所、浴室间和有防滑要求的建筑地面应符合设计防滑的要求。

（5）建筑地面的沟槽、暗管、保温、隔热、隔声等工程完工后，应经检验合格并做隐藏记录，方可进行建筑地面工程的施工。

（6）建筑地面基层（各构造层）和面层铺设，均应带齐相关专业的分部（子分部）工程、分项工程及设备管道安装工程之间，应进行交接检验。

（7）在进行建筑地面施工时，各层环境温度的控制应符合材料或产品的技术要求，并应符合下列规定：

① 采用掺有水泥、石灰的拌和铺设及用石油沥青胶结料铺设时，不应低于 5℃；

② 采用有机胶黏剂粘贴时，不应低于 10℃；

③ 采用砂、石材料铺设时，不应低于 0℃。

（8）铺设有坡度的地面应采用基土高差达到设计要求的坡度；铺设应有坡度的楼面（或

架空地面），应采用在结构楼层板上变更填充层（或找平层）铺设的厚度或以结构进行起坡面达到设计要求的坡度。

（9）建筑物室内接触基土的首层地面施工应符合设计要求，并符合下列规定：在冻胀性土上铺设地面时，应按设计要求做好防冻胀土的处理后方可施工，并不得在冻胀土层上进行填土施工；在永冻土上铺设地面时，应按建筑节能要求进行隔热，保温处理后方可施工。

（10）建筑室外散水，明沟、踏步、台阶和坡道等，其面层和基层（各构造层）均应符合设计要求。施工时按《建筑地面工程施工质量验收》（GB 50209—2010）的基层铺设中基土和相应垫层及表面层的规定执行。

（11）水泥混凝土散水、明沟应设置伸缩缝，其延长米间距不得大于10m，对日晒强烈且昼夜温差超过15％的地区，其延长米间距为4～6m。水泥混凝土散水、明沟和台阶等与建筑物连接处，以及房屋转角处应设置缝处理。上述缝的宽度为15～20mm，缝内应填充柔性密封材料。

（12）建筑地面的变形缝应按设计要求设置，并符合下列规定：

① 建筑地面的沉降缝、伸缩和防震缝，应与结构相应的缝位置一致，且应贯通建筑地面的各构件层。

② 沉降缝合防震缝的宽度应符合设计要求，缝内清理干净后，以柔性密封材料填充后用板封盖，并应与面层齐平。

（13）厕所、浴室、厨房和有排水（或其他液体）要求的建筑地面面层与连接各类面层的标高应符合设计要求。

（14）检验同一施工批次、同一个配合比水泥混凝土和水泥砂浆强度的试块，应按每一层（或检验批）建筑地面工程面积大于1000m²时，每增加1000m²应增做1组试块，小于1000m²时按1000m²计算，取1组；检验同一施工批次，同一个配合比水泥混凝土的散水、明沟、踏步、道破、台阶的水泥混凝土、水泥砂浆的试块，应按每150延长米不少于1组。

（15）各类面层的铺设应在室内装饰工程基本完工或进行。竹木面层、塑料板面层、活动地板面层、地毯面层的铺设，应待抹灰工程、管道试压等完工后进行。

（16）建筑地面工程施工质量的检验应符合下列规定［即《建筑装饰装修工程质量验收标准》（GB 50210—2018）第3.0.21条规定］：

① 基层（各构造层）和各类面层的分项工程的施工质量验收按每一层或每一层段（或变形缝）划分检验批，高层建筑的标准层可按每3层（不足3层按3层计）划分检验批。

② 每检验批应以各子分部工程的基层（各构造层）和各类面层所划分的分项工程按自然间（或标准间）检验，抽样数量应随机检验，并且应不少于3间，不足3间，应全数检查，其中走廊（过道），应以10延长米为1间，工厂房（按单跨计）、礼堂、门厅应以两个轴线为1间。

③ 有防水要求的建筑地面分部工程的分项工程施工质量，每检验批抽查数量应按其房间总数随机检验应不少于4间，不足4间的应全数检查。

（17）建筑地面工程的风向工程施工质量检验的主控项目，应达到《建筑地面工程质量验收规范》（GB 50209—2010）中规定的质量标准，认定为合格；一般项目80％以上的检查点处符合规定的质量要求，其他检查点不得有明显影响使用，且最大偏差不超过允许偏差值的50％为合格。凡达不到质量标准建筑工程施工质量验收统一标准时应按《建筑工程施工质量验收同一标准》（GB 50300—2013）中的规定处理。

（18）建筑地面工程的施工质量验收，应在建筑施工企业之间合格的基础上，由监理单位或建设单位组织有关单位对分项工程、分子部工程进行检验。

（19）检验方法应符合下列规定：

① 检查建筑地面的允许偏差，应采用钢尺、10m 直尺、2m 直尺、3m 直尺、2m 靠尺、楔形尺、坡度尺、游标卡尺和水准仪检查；

② 检查建筑地面空鼓应采用敲击的方法；

③ 检查防水隔离层应采用蓄水方法，蓄水深度最浅处不得小于 10mm，蓄水时间不得少于 24h，检查有防水要求的建筑地面的面层采用泼水的方法；

④ 检查各类面层（含不需要铺设部分或局部面层）表面的裂纹、脱皮、麻面和起砂等质量缺陷，应采用观感的方法。

（20）建筑地面完工后，应对面层采取措施加以保护。

（二）具体要求

（1）建筑地面工程施工质量中各类面层子分部工程的面层铺设与其相应的基层铺设的分项工程施工质量检验应全部合格。

（2）建筑电工程子分部工程质量验收应检查下列工程质量文件和记录：

① 建筑地面工程设计图纸和变更文件等；

② 原材料的质量合格证明文件、重要材料或产品的进场抽样复验报告；

③ 各层的强度等级、密实度等试验报告和测定记录；

④ 各类建筑地面工程施工质量控制文件；

⑤ 各构造层的隐蔽验收及其他相关验收文件。

（3）建筑地面工程子分部工程质量验收应检查下列安全和功能项目：

① 有防水要求的建筑地面子分部工程的风向工程施工质量蓄水检验记录，并抽查复检；

② 建筑地面板块面层铺设子分部工程和木、竹面层铺设子分部工程采用的砖、天然石材、预制板块、地毯、人造板材及胶黏剂、胶结料、涂料等材料证明及环保资料。

（4）建筑地面工程子分部工程观感质量综合评价应检查下列项目：

① 变形缝、面层分格缝的位置和宽度及填缝质量应符合规定；

② 室内建筑地面工程按各子分部工程经抽查分别做出评价；

③ 楼梯、踏步灯工程项目经抽查分别做出评价。

任务八　装饰装修工程常见质量问题分析

一、装饰抹灰工程

1. 抹灰层空鼓

（1）原因　抹灰层空鼓表现为面层与基层，或基层与底层不同程度的空鼓。

（2）措施

① 抹灰前必须将脚手眼、支模孔洞填堵密实，对混凝土表面凸出较大的部分要凿平。

② 必须将底层、基层表面清理干净，并于施工前一天将准备抹灰的面浇水润湿。

③ 对表面较光滑的混凝土表面，抹底灰前应先凿毛，或用掺 108 胶水泥浆，或用界面处理剂处理。

④ 抹灰层之间的材料强度要接近。

2. 抹灰层裂缝

（1）原因　抹灰层裂缝是指非结构性面层的各种裂缝，墙、柱表面的不规则裂缝、龟裂，窗套侧面的裂缝等。

（2）措施

① 抹灰用的材料必须符合质量要求，例如，水泥的强度与安定性应符合标准；砂不能过细，宜采用中砂，含泥量不大于 3％；石灰要熟透，过滤要认真。

② 基层要分层抹灰，一次抹灰不能厚；各层抹灰间隔时间要视材料与气温不同而合理选定。

③ 为防止窗台中间或窗角裂缝，一般可在底层窗台设一道钢筋混凝土梁，或设 3φ6 的钢筋砖反梁，伸出窗洞各 330mm。

④ 夏季要避免在日光曝晒下进行抹灰，对重要部位与曝晒的部分应在抹灰后的第二天洒水养护 7d。

⑤ 对基层由两种以上材料组合拼接部位，在抹灰前应视材料情况，采用粘贴胶带纸、布条，或钉钢丝网或留缝嵌条子等方法处理。

⑥ 对抹灰面积较大的墙、柱、槽口等，要设置分格缝，以防抹灰面积过大而引起收缩裂缝。

3. 抹灰层不平整

（1）原因　抹灰层表面接槎明显，或大面呈波浪形，或明显凹凸不平整。

（2）措施

① 基层刮糙前应弹线出柱头或做塌饼，如果刮糙厚度过大，应掌握"去高、填低、取中间"的原则，适当调整柱头或塌饼的厚度。

② 应严格控制基层的平整度，一般可选用大于 2m 的刮尺，操作时使刮尺作上下、左右方向转动，使抹灰面（层）平整度的允许偏差为最小。

③ 纸筋灰墙面，应尽量采用熟化（熟透）的纸筋；抹灰前，须将纸筋灰放入砂浆拌和机中反复搅拌，力求打烂、打细。可先刮一层毛纸筋灰，厚为 15mm 左右，用铁板抹平，吸水后刮衬光纸筋灰，厚为 5～10mm，用铁板反复抹平、压光。

4. 阴阳角不方正

（1）原因　外墙大角，内墙阴角，特别是平顶与墙面的阴角四周不平顺、不方正；窗台八字角（仿古建筑例外）。

（2）措施

① 抹灰前应在阴阳角处（上部）吊线，以 1.5m 左右相间做塌饼找方，作为粉阴阳角的"基准点"；阳角护角线必须粉成"燕尾形"，其厚度按粉刷要求定，宽度为 50～70mm，且小于 60°。

② 阴阳角抹灰过程中，必须以基准点或护角线为标准，并用阴阳角器作辅助操作；阳角抹灰时，两边墙的抹灰材料应与护角线紧密吻合，但不得将角线覆盖。

③ 水泥砂浆粉门窗套，有的可不粉护角线，直接在两边靠直尺找方，但要在砂浆初凝前运用转角抹面的手法，并用阳角器抽光，以预防阳角线不吻合。

④ 平顶粉刷前，应根据弹在墙上的基准线，往上引出平顶四个角的水平基准点，然后拉通线，弹出平顶水平线；以此为标准，对凸出部分应凿掉，对凹进部分应用 1：3 水泥砂浆（内掺 108 胶）先刮平，使平顶大面大致平整，阴角通顺。

二、 门窗工程

1. 木门窗工程

木门、窗框变形，木门、窗扇翘曲。

（1）原因

① 门框不在同一个平面内，门框接触的抹灰层挤裂，或与抹灰层离开，造成开关不灵。

② 门、窗扇不在同一个平面内，关不严。

（2）措施

① 用含水率达到规定数值的木材制作。

② 选用树种一般为一级、二级杉木、红松，掌握木材的变形规律，合理下锯，不用易变形的木材。对于较长的门框边梃，选用锯割料中靠心材部位。对于较高、较宽的门窗扇，设计时应适当加大断面。

③ 门框边梃、上槛料较宽时，靠墙面边应推凹槽以减少反翘，其边梃的翘曲应将凸面向外，靠墙顶住，使其无法再变形。对于有中贯档、下槛牵制的门框边梃，其翘曲方向应与成品同在一个平面内，以便牵制其变形。

④ 提高门扇制作质量，刮料要方正，打眼不偏斜，榫头肩膀要方正，拼装台要平正，拼装时掌握其偏扭情况，加木楔校正，做到不翘曲，当门扇偏差在 3mm 以内时可在现场修整。

⑤ 门窗料进场后应及时涂上底子油，安装后应及时涂上油漆，门窗成品堆放时，应使底面支承在一个平面内，表面要覆盖防雨布，防止发生再次变形。

2. 塑钢门窗安装工程

（1）门窗框松动，四周边嵌填材料不正确

① 原因：门窗安装后经使用产生松动。

② 措施：

a. 门窗应预留洞口，框边的固定片位置距离角、中竖框、中横框 150～200mm，固定片之间距离小于或等于 600mm，固定片的安装位置应与铰链位置一致。门窗框周边与墙体连接件用的螺钉需要穿过衬加的增强型材，以保证门窗的整体稳定性。

b. 框与混凝土洞口应采用电锤在墙上打孔装入尼龙膨胀管，当门窗安装校正后，用木螺丝将镀锌连接件固定在膨胀管内，或采用射钉固定。

c. 当门窗框周边是砖墙或轻质墙时，砌墙时可砌入混凝土预制块以便与连接件连接。

d. 推广使用聚氨酯发泡剂填充料（但不得用含沥青的软质材料，以免 PVC 腐蚀）。

（2）门窗框外形不符合要求

① 原因：门、窗框变形，门、窗扇翘曲。

② 措施：

a. 门、窗采用的异型材、原材料应符合《门、窗用未增塑聚氯乙烯（PVC-U）型材》（GB/T 8814—2004）等有关国家标准的规定。

b. 衬钢材料断面及壁厚应符合设计规定（型材壁厚不低于 1.2mm），衬钢应与 PVC 型材配合，以达到共同组合受力目的，每根构件装配螺钉数量不少于 3 个，其间距不超过 500mm。

c. 四个角应在自动焊机上进行焊接，准确掌握焊接参数和焊接技术，保证节点强度达到要求，做到平整、光洁、不翘曲。

d. 门窗存放时应立放，与地面夹角大于 70°，距热源应不少于 1m，环境温度低于 50℃，每扇门窗应用非金属软质材料隔开。

（3）门窗开启不灵活

① 原因：装配间隙不符合要求，或有下垂等现象，妨碍开启。

② 措施：

a. 铰链的连接件应穿过 PVC 腔壁，并要同增强型材连接。

b. 窗扇高度、宽度不能超过摩擦铰链所能承受的重量。

c. 门窗框料抄平对中，校正好后用木楔固定，当框与墙体连接牢固后应再次吊线及对角线检查，符合要求后才能进行门窗扇安装。

（4）雨水渗漏

① 原因：使用中门窗出现渗漏。

② 措施：

a. 密封条质量应符合《塑料门窗用密封条》（GB 12002—89）的有关规定，密封条的装配用小压轮直接嵌入槽中，使用无"抗回缩"的密封条应放宽尺寸，以保证不缩回。

b. 玻璃进场应加强检查，不合格者不得使用。

c. 窗框上设有排水孔，同时窗扇上也应设排水孔，窗台处应留有 50mm 空隙，向外做排水坡。

d. 产品进场必须检查抗风压、空气渗透、雨水渗漏三项性能指标，合格后方可安装。

e. 框与墙体缝隙应用聚氨酯发泡剂嵌填，以形成弹性连接并嵌填密实。

3. 玻璃幕墙工程

（1）后置埋件强度达不到设计要求，后置埋件漏放、歪斜、偏移

① 原因：后置埋件变形、松动，土建施工时漏埋后置埋件，后置埋件位置进出不一、偏位。

② 措施：

a. 后置埋件变形、松动。

后置埋件应进行承载力计算，一般承载力的取值为计算的 5 倍。

后置埋件钢板宜采用热镀锌的 HPB300 级钢，其材质应符合国家有关标准。

旧建筑安装幕墙时，原有房屋的主体结构混凝土强度不宜低于 C30。

b. 后置埋件漏放。

幕墙施工单位应在主体结构施工前确定。

后置埋件必须有设计的后置埋件位置图。

旧建筑安装幕墙，不宜全部采用膨胀螺栓与主体结构连接，应每隔 3～4 层加一层锚固件连接。膨胀螺栓只能作为局部附加连接措施，使用的膨胀螺栓应处于受剪力状态。

c. 后置埋件歪斜、偏移。

后置埋件焊接固定，应在模板安装结束并通过验收后方可进行。

后置埋件安装时，应进行专项技术交底，并有专业人员负责埋设。埋件应牢固，位置准确，并有隐蔽验收记录。

后置埋件钢板应紧贴于模板侧面，宜将锚筋点焊在主钢筋上，予以固定。埋件的标高偏

差不应大于 10mm，埋件位置与设计位置的偏差不应大于 20mm。

（2）连接件与后置埋件之间锚固或焊接不符合要求

① 原因：

a. 连接件与后置埋件节点处理不符合要求。

b. 连接件与空心砖砌体及其他轻质墙体连接强度差。

② 措施：

a. 幕墙设计应由有资质的设计部门承担，或厂家进行二次设计后，经有资质的设计部门进行审核。

b. 幕墙设计时，要对各连接部位画出 1：1 的节点大样图；对材料的规格、型号、焊缝等要求应注明。

c. 连接件与后置埋件之间的锚固或焊接时，应严格按现行规范进行；焊缝应通过计算，焊工应持证上岗，焊接的焊缝应饱满、平整。

d. 施工空心砖砌体及轻质墙体时，宜在连接件部位的墙体现浇埋有后置埋钢板的 C30 混凝土枕头梁，其截面应不小于 250mm×500mm，或连接件穿过墙体，在墙体背面加横扁担铁加强。

（3）连接件与立柱、立柱与横梁之间未按规范要求安装垫片

① 原因：

a. 连接件与立柱之间无垫片。

b. 立柱与横梁之间未按弹性连接处理。

② 措施：

a. 为防止不同金属材料相接触产生电化学腐蚀，须在其接触部位设置 1mm 厚的绝缘耐热硬质有机材料垫片。

b. 幕墙立柱与横梁之间为解决横向温度变形和隔声的问题，在连接处宜加设一边有胶一边无胶的弹性橡胶垫片，或尼龙垫；弹性橡胶垫应有 20%～35% 的压缩性，一般用邵尔 A 型 75～80，有胶的垫片的一面贴于立柱上。

（4）芯管安装长度和安装质量不符合要求

① 原因：

a. 芯管插入长度不规范。

b. 伸缩缝处未用胶嵌填。

② 措施：

a. 芯管节点应有设计大样图和计算书。

b. 芯管计算必须满足以下要求：

立柱的惯性矩小于或等于连接芯管的惯性矩。

芯管每端的插入量应大于 200mm，且大于或等于 $2h$（h 为立柱的截面高度）。

立柱与芯管之间应为可动配合；立柱芯管应与下层立柱固定，上端为自由端。

立管与芯管的接触面积应大于 80%。

c. 伸缩接头处的缝隙应用密封胶嵌填。

（5）幕墙渗漏

① 原因：

a. 幕墙安装后出现渗漏水。

b. 开启窗部位有渗水现象。

② 措施：

a. 幕墙构件的面板与边框所形成的空腔应采用等压原理设计，可能产生渗漏水和冷凝水的部位应预留泄水通道，集水后由管道排出。

b. 注耐候胶前，对胶缝处用二甲苯或丙酮进行两次以上清洁。

c. 二次注耐候胶前，按以上办法进行清洗，使密封胶在长期压力下保持弹性。

d. 严格按设计要求使用泡沫条，以保证耐候胶缝厚度的一致。一般耐候胶宽深比为2：1（不可小于1：1）。胶缝应横平竖直，缝宽均匀。

e. 开启窗安装的玻璃应与玻璃幕墙在同一平面。

（6）防火隔层设计安装不符合要求

① 原因：

a. 幕墙安装后无防火隔层。

b. 安装的防火隔层用木质材料封闭。

② 措施：

a. 在初步设计时，外立面分割应同步考虑防火安全设计，设计应符合现行防火规范要求，并应有1：6大样图和设计要求。

b. 幕墙设计时，横梁的布置要与层高相协调，通常每一个楼层都是一个独立的防火分区，所以在楼面处应设横梁，以便设置防火隔层。

c. 玻璃幕墙与每层楼层处、隔墙处的缝隙应用防火棉等不燃烧材料严密填实。但防火层用的隔断材料等不能与幕墙玻璃直接接触，其缝隙用防火保温材料填塞，面缝用密封胶连接密封。

（7）玻璃爆裂

① 原因：玻璃产生爆裂。

② 措施：

a. 选材：应选用国家定点生产厂家的幕墙玻璃，优先采用特级品和一级品的安全玻璃。

b. 玻璃要用磨边机磨边，否则在安装过程中和安装后，易产生应力集中。安装后的钢化玻璃表面不应有伤痕。钢化玻璃应提前加工，让其先通过自爆考验。

c. 立柱安装标高偏差不应大于3mm，轴线前后偏差不应大于2mm，左右偏差不应大于3mm。横梁同高度相邻的两根横向构件安装在同一高度，其端部允许高差为1mm。

d. 玻璃安装的下构件框槽中应设不少于两块弹性定位橡胶垫块，长度不应小于100mm，以消除变形对玻璃的影响。

（8）幕墙没有防雷体系

① 原因：

a. 幕墙没有安装防雷体系。

b. 安装的防雷体系不符合要求。

② 措施：

a. 幕墙防雷设计必须与幕墙设计同步进行。幕墙的防雷设计应符合《建筑物防雷设计规范》（GB 50057—2010）的有关规定。

b. 幕墙应每隔三层设30mm×3mm的扁钢压环的防雷体系，并与主体结构防雷系统相接，使幕墙形成自身的防雷体系。

c. 安装后的垂直防雷通路应保证符合要求，接地电阻不得大于 10Ω。

三、 吊顶工程

1. 整体紧缝吊顶质量缺陷

（1）原因

① 接槎明显。

② 吊顶面层裂缝，特别是拼接处裂缝。

③ 面层挠度大，不平整，甚至变形。

（2）措施

① 接槎明显：吊杆与主龙骨、主龙骨与次龙骨拼接应平整。

吊顶面层板材拼接也应平整，在拼接处面板边缘如无构造接口，应事先刨去 2mm 左右，以便接缝处粘贴胶带纸（布）后使接口与大面相平。

批刮腻子须平整，拼接缝处更应精心批刮密实、平整，打砂皮一定要到位，可将砂皮钉在木蟹（木抹子）上做均匀打磨，以确保其平整，消除接槎。

② 面层裂缝：吊杆与龙骨安装应平整，受力节点结合应严密牢固，可用砂袋等重物试吊，使其受力后不产生位移变形，方能安装面板。

湿度较大的空间不得用吸水率较大的石膏板等作面板；FC 板等材料应经收缩相对稳定后方能使用。

使用纸面石膏板时，自攻螺钉与板边或板端的距离不得小于 10mm，也不宜大于 16mm；板中螺钉的间距不得大于 200mm。

整体紧缝平顶其板材拼缝处要统一留缝 2mm 左右，宜用弹性腻子批嵌，也可用 108 胶或木工白胶拌白水泥掺入适量石膏粉作腻子批嵌拼缝至密实，并外贴拉结带纸或布条 1～2 层，拉结带宜用的确良布或编织网带，然后批平顶大面。

③ 面层挠度大，不平整：吊顶施工应按规程操作，事先以基准线为标准，在四周墙面上弹出水平线；同时在安装吊顶过程中要做到横平、竖直，连接紧密，并按规范起拱。

2. 分格缝吊顶质量缺陷

（1）原因

① 分格缝不均匀，纵横线条不平直、不光洁。

② ⌐形分格板块呈锅底状变形，木夹板板块见钉印。

③ 底面不平整，中部下坠。

（2）措施

① 分格缝不均匀，纵横线条不平直：吊顶安装前应按吊顶平面尺寸统一规划，合理分块，准确分格。

吊顶安装过程中必须纵横拉线与弹线；装钉板块时，应严格按基准线拼缝、分格与找方，竖线以左线为准，横线以上线为准。

吊顶板块必须尺寸统一与方正，周边平直与光洁。

② ⌐形分格板块呈锅底状变形，夹板板块见钉印：分格板块材质应符合质量要求，优选变形小的材料。

分格板块必须与环境相适应，如地下室或湿度较大的环境与门厅外大雨篷底均不应采用石膏板等吸水率较大的板材。

分格板块装钉必须牢固，分格面积应视板材的刚度与强度确定。

夹板板块的固定以胶黏结构为宜（可配合用少量钉子）；用金属钉（无头钉）时，钉打入夹板深度应大于1mm，且用腻子批嵌，不得显露用钉子的痕迹。

③ 使用可调吊筋，在装分格板前调平并预留起拱。

3. 扣板式吊顶质量缺陷

（1）原因

① 扣板拼缝与接缝明显。

② 板面变形或挠度大，扣板脱落。

（2）措施

① 扣板拼缝与接缝明显：板材裁剪口必须方正、整齐与光洁。

铝合金等扣板接口处如变形，安装时应校正，其接口应紧密。

扣板色泽应一致，拼接与接缝应平顺，拼接要到位。

② 板面变形，扣板脱落：扣板材质应符合质量要求，须妥善保管，预防变形；铝合金等薄扣板不宜做在室外与雨篷底，否则易变形、脱落。

扣板接缝应保持一定的搭接长度，一般不应小于30mm，其连接应牢固。

扣板吊顶一般跨度不能过大，其跨度应视扣板刚度与强度而合理确定，否则易变形、脱落。

四、 隔墙工程

1. 接槎明显，拼接处裂缝

（1）原因　石膏板、FC板（纤维水泥板）等板材配置轻钢龙骨或铝合金龙骨组成的隔断墙，其板材拼接处接槎明显，或出现裂缝，FC板尤为严重。

（2）措施

① 板材拼接应选择合理的接点构造。一般有两种做法：一是在板材拼接前先倒角，或沿板边20mm刨去宽40mm，厚3mm左右；在拼接时板材间应保持一定的间距，一般以2～3mm为宜，清除缝内杂物，将腻子批嵌至倒角边，待腻子初凝时，再刮一层较稀的厚约1mm的腻子，随即贴布条或贴网状纸带，贴好后应相隔一段时间，待其终凝硬结后再刮一层腻子，将纸带或布条罩住，然后把接缝板面找平；二是在板材拼缝处嵌装饰条或勾缝、嵌缝腻子，用特制小工具把接缝勾成光洁清晰的明缝。

② 选用合适的勾缝、嵌缝材料。勾缝、嵌缝材料应与板材成分一致或相近，以减少其收缩变形。

③ 采用质量好、制作尺寸准确、收缩变形小、厚薄一致的侧角板材，同时应严格操作程序，确保拼接严密、平整，连接牢固。

④ 房屋底层做石膏板隔断墙，在地面上应先砌三皮砖（1/2砖），再安装石膏板，这样既可防潮，又可方便粘贴各类踢脚线。

2. 门框固定不牢固

（1）原因　门框安装后出现松动或镶嵌的灰浆腻子脱落。

（2）措施

① 门框安装前，应将槽内杂物清理干净，刷108胶稀溶液1～2道；槽内放小木条以防粘接材料下坠；安装门框后，沿门框高度钉3枚钉子，以防外力碰撞门框导致错位。

② 尽量不采用后塞门框的做法，应先把门框临时固定，龙骨与门框连接，门框边应增

设加强筋，固定牢固。

③ 为使墙板与结构连接牢固，边龙骨预粘木块时，应控制其厚度不得超过龙骨翼缘；安装边龙骨时，翼缘边部顶端应满涂掺 108 胶水的水泥砂浆，使其粘接牢固；梁底或楼板底应按墙板放线位置增贴 92mm 宽石膏垫板，以确保墙面顶端密实。

3. 细部做法不妥

（1）原因　隔断墙与原墙、平顶交接处不顺直，门框与墙板面不交圈，接头不严、不平；装饰压条、贴面制作粗糙，见钉子印。

（2）措施

① 施工前质量交底应明确，严格要求操作人员做好装饰细部工程。

② 门框与隔墙板面构造处理应根据墙面厚度而定，墙厚等于门框厚度时，可钉贴面；小于门框厚度时应加压条；贴面与压条应制作精细，切实起到装饰条的作用。

③ 为防止墙板边沿翘起，应在墙板四周接缝处加钉盖缝条，或根据不同板材，采取四周留缝的做法，缝宽 10mm 左右。

五、 饰面板（砖）工程

1. 粘贴瓷砖与条形面砖的质量缺陷

（1）原因

① 粘贴不牢固、空鼓甚至脱落。

② 排缝不均匀，非整砖，不规范。

③ 勾缝不密实、不光洁、深浅不统一。

④ 面砖不平整、色泽不一致。

⑤ 玻化砖表面污染、不洁净。

（2）措施

① 粘接不牢固、空鼓、脱落：面砖粘贴方法分软贴与硬贴两种。软贴法是将水泥砂浆刮在面砖底上，厚度为 3~4mm，粘贴在基层上；硬贴法是用 108 胶水、水泥与适量水拌合，将水泥浆刮在面砖底上，厚度为 2mm，此法适用于面砖尺寸较小的；无论采用哪种贴法，面砖与基层必须粘接牢固。

粘贴砂浆的配合比应准确，稠度适当；对高层建筑或尺寸较大的面砖其粘贴材料应采用专用粘接材料。

外墙面砖的含水率应符合质量标准，粘贴砂浆须饱满，勾缝严实，以防雨水侵蚀与酷暑高温及严寒冰冻胀缩引起空鼓脱落。

② 排缝不均匀，非整砖不规范：外墙刮糙应与面砖尺寸事先作统筹考虑，尽量采用整砖模数，其尺寸可在窗宽度与高度上作适当调整。在无法避免非整砖的情况下，应取用大于 1/3 非整砖。

准确的排砖方法应是"取中"，划控制线进行排砖。例如：外墙粘贴平面横或竖向总长度可排 80 块面砖（面砖+缝宽），其第一控制线应划在总长度的 1/2 处，即 40 块的部位；第二控制线应划在 40 块的 1/2 处，即 20 块的部位；第三控制线应划在 20 块的 1/2 处，即 10 块的部位，依此类推。这种方法可基本消除累计误差。

摆门、窗框位置应考虑外门窗套，贴面砖的模数取 1~2 块面砖的尺寸数，不要机械地摆在墙中，以免割砖的麻烦。

面砖的压向与排水的坡向必须正确。对窗套上滴水线面砖的压向为"大面罩小面"或拼角（45°）两种贴法；墙、柱阳角一般采用拼角（45°）的贴法；作为滴水线的面砖其根部粘贴总厚度应大于1cm，并呈鹰嘴状。女儿墙、阳台栏板压顶应贴成明显向内泛水的坡向；窗台面砖应贴成内高外低2cm，用水泥砂浆勾成小半圆弧形，窗台口再落低2cm作为排水坡向，该尺寸应在排砖时统一考虑，以达到横、竖线条全部贯通的要求。

粘贴面砖时，水平缝以面砖上口为准，竖缝以面砖左边为准。

③ 勾缝不密实、不光洁、深浅不统一：勾缝必须作为一道工序认真对待，砂浆配合比一般为1:1，稠度适中，砂浆镶嵌应密实，勾缝抽光时间应适当（即初凝前）。

勾缝应自制统一的勾缝工具（视缝宽选定勾缝筋或勾缝条大小），并应规范操作，其缝深度一般为2mm或面砖小圆角下；缝形状可勾成平缝或微凹缝（半圆弧形）勾缝深度与形状必须统一，勾缝应光洁，特别在"十字路口"应通畅（平顺）。

④ 面砖不平整、色泽不一致：粘贴面砖操作方法应规范化，随时自查，发现问题在初凝前纠正，保持面砖粘贴的平整度与垂直度。

粘贴面砖应严格选砖，力求同批产品、同一色泽；可模拟摆砖（将面砖铺在场地上），有关人员站在一定距离俯视面砖色泽是否一致，若发现色差明显或翘曲变形的面砖，当场就予剔除。

用草绳或色纸盒包装的面砖在运输、保管与施工期间要防止雨淋与受潮，以免污染面砖。

⑤ 玻化面砖表面污染、不洁净：玻化面砖在粘贴前，可在其表面先用有机硅（万可涂）涂刷一遍，待其干后再放箱内供粘贴使用。涂刷一道有机硅，其目的是在面砖表面形成一层无色膜（堵塞毛细孔），砂浆污染在面砖上易清理干净。

玻化面砖粘贴与勾缝中，应尽量减少与避免灰浆污染面砖，面砖勾缝应自上而下进行，一旦污染，应及时清理干净。

2. 粘贴大理石与花岗岩的质量缺陷

（1）原因

① 大理石或花岗岩固定不牢固。

② 大理石或花岗岩饰面空鼓。

③ 接缝不平，嵌缝不实。

④ 大理石纹理不顺，花岗岩色泽不一致。

（2）措施

① 粘贴前必须在基层按规定后置埋声6钢筋接头或打膨胀螺栓与钢筋连接，第一道横筋在地面以上100mm上与竖筋扎牢，作为绑扎第一皮板材下口固定铜丝。

② 在板材上应事先钻孔或开槽，第一皮板材上下两面钻孔（4个连接点），第二皮及其以上板材只在上面钻孔（2个连接点），髓脸板材应三面钻孔（6个连接点），孔位一般距板宽两端1/4处，孔径5mm，深度12mm，孔位中心距板背面8mm为宜。

③ 外墙砌贴（筑）花岗石，必须做到基底灌浆饱满，结顶封口严密。

④ 安装板材前，应将板材背面灰尘用湿布擦净；灌浆前，基层先用水湿润。

⑤ 灌浆用1:2.5水泥砂浆，稠度适中，分层灌浆，每次灌注高度一般为200mm左右，每皮板材最后一次灌浆高度要比板材上口低50~100mm，作为与上皮板材的结合层。

⑥ 灌浆时，应边灌边用橡皮锤轻击板面或用短钢筋插入轻捣，既要捣密实，又要防止碰撞板材而引起位移与空鼓。

⑦ 板材安装必须用托线板找垂直、平整，用水平尺找上口平直，用角尺找阴阳角方正；板缝宽为1～2mm，排缝应用统一垫片，使每皮板材上口保持平直，接缝均匀，用糯糊状熟石膏粘贴在板材接缝处，使其硬化结成整体。

⑧ 板材全部安装完毕后，须清除表面石膏和残余痕迹，调制与板材颜色相同的色浆，边嵌缝边擦洗干净，使接缝嵌得密实、均匀、颜色一致。

⑨ 对重要装饰面，特别是纹理密集的大理石，必须做好镶贴试拼工作，一般可在地坪上或草坪上进行。应对好颜色、调整花纹，使板与板之间上下左右纹理通顺、色调一致，形成一幅自然花纹与色彩的风景画面（安装饰面应由上至下逐块编制镶贴顺序号）。

⑩ 在安装过程中对色差明显的石材，应及时调整，以体现装饰面的整体效果。

3. 干挂大理石与花岗岩的质量缺陷

（1）原因

① 干挂大理石或花岗岩固定不牢固。

② 接缝不平整，嵌缝不密实、不均匀、不平直。

（2）措施

① 干挂大理石或花岗岩前，应事先在基层按规定后置埋铁件。

② 根据干挂板材的规格大小，选定竖向与横向组成钢构架的规格与质量，例如：25mm×600mm×1200mm的板材，可选竖向用6～8号槽钢，横向用3～4号角钢，竖向按1200mm分格，横向按600mm分格。

③ 板材上、下两端应准确切割连接槽两条，并分别安装不锈钢挂件与其连接。

④ 严格按打胶工艺嵌实密封胶。

4. 砖石饰面泛碱

（1）原因　面砖、大理石与花岗岩饰面沿板缝泛白色结晶物，污染饰面。

（2）措施

① 如果发现早期粘贴的面砖、大理石、花岗岩饰面泛碱，只要选择一个好天气，即有太阳的晴天，先用草酸将饰面泛碱等污物洗掉，然后用清水冲刷干净，最好晒一天后，在饰面上喷涂有机硅（万可涂）两遍，即可收到表面洁净与有光泽的良好效果。

② 新粘贴的饰面待粘接牢固后，将饰面清理干净，采用上述方法喷涂有机硅两度，可以预防饰面泛碱。

六、 涂料工程

1. 漆膜皱纹与流坠

（1）原因　油漆饰面上漆膜干燥后收缩，形成皱纹，出现流坠现象。

（2）措施

① 重视漆料、催干剂、稀释剂的选择。选用含桐油或树脂适量的调合漆；催干剂、稀释剂的掺入要适当，宜采用含锌的催干剂。

② 要注意施工环境温度和湿度的变化，高温、日光曝晒或寒冷，以及湿度过大一般不宜涂刷油漆；最好在温度15～25℃，相对湿度50%～70%条件下施工。

③ 要严格控制每次涂刷油漆的漆膜厚度，一般油漆为50～70μm，喷涂油漆应比刷漆要薄一些；要避免在长油度漆膜上加涂短油度漆料，或底漆未完全干透的情况下涂刷面漆。

④ 对于黏度较大的漆料，可以适当加入稀释剂；对黏度较大而又不宜稀释的漆料，要选用刷毛短而硬，且弹性好的油刷进行涂刷。

⑤ 对已产生漆膜皱纹或油漆流坠的现象，应待漆膜完全干燥后，用水砂纸轻轻将皱纹或流坠油漆打磨平整；对皱纹较严重不能磨平的，需在凹陷处刮腻子找平；在油漆流坠面积较大时，应用铲刀铲除干净，修补腻子后打磨平整，然后再分别满刷一遍面漆。

2. 漆面不光滑，色泽不一致

（1）原因　漆面粗糙，漆膜中颗粒较多，色泽深浅不一致。

（2）措施

① 涂刷油漆前，物体表面打磨必须到位并光滑，灰尘、砂粒等应清除干净。

② 要选用优良的漆料；调制搅拌应均匀，并过筛将混入的杂物滤净；严禁将两种以上不同型号、性能的漆料混合使用。

③ "漆清水"即浅色的物体本色，应事先做好造材工作，力求材料本身色泽一致；否则只能"漆混水"即深色，同时也要制好腻子使色泽一致。

对于高级装饰的油漆，应用水砂纸或砂蜡打磨平整光洁，最后上光蜡或进行抛光，提高漆膜的光滑度与柔和感。

3. 涂层裂缝、脱皮

（1）原因　漆面开裂、脱皮。

（2）措施　物体表面特别是木门表面必须用油腻子批嵌，严禁用水性腻子。

4. 涂层不均匀，刷纹明显

（1）原因　涂层厚薄、深浅不均匀，刷纹明显，表面手感不平整，不光洁。

（2）措施

① 遇基层材料差异较大的装饰面，其底层特别要清理干净，批刮腻子厚度要适中；须先做一块样板，力求涂料涂层均匀。

② 使用涂料时须搅拌均匀，涂料稠度要适中；涂料加水应严格按出厂说明书要求，不得任意加水稀释。

③ 涂料涂层厚度要适中，厚薄一致；毛刷软硬程度应与涂料品种适应；涂刷操作时用力要均匀、顺直，刚中带柔。

5. 装饰线与分色线不平直、不清晰、涂料污染

（1）原因

① 阳台底面涂料与墙面阴角等相邻不同饰面的分色线不平直、不清晰。

② 墙面、台垛、踢脚线等不同颜色的装饰线、分色线不平直、不清晰。

③ 不同颜色的涂料分别（先后）涂刷时，污染相邻的不同饰取或部件。

（2）措施

① 必须加强对涂料涂刷人员教育，增强质量意识，提高操作技术水平，克服涂刷的随意性与涂料污染。

② 涂料涂刷必须严格执行操作程序与施工规范，采用粘贴胶带纸技术措施，确保装饰线与分色线平直与清晰。

③ 加强对涂料工程各涂刷工序质量交底与质量检查，尽量减少与预防涂料污染，发现涂料污染，立即制止与纠正。

七、地面工程

1. 水泥地面

（1）地面起砂

① 原因　地面表面粗糙，不坚固，使用后表面出现水泥灰粉，随走动次数增多，砂粒逐步松动，露出松散的砂子和水泥灰。

② 措施

a. 严格控制水灰比，用水泥砂浆作面层时，稠度不应大于 35mm，如果用混凝土作面层，其坍落度不应大于 30mm。

b. 水泥地面的压光一般为三遍：第一遍应随铺随拍实，抹平；第二遍压光，应在水泥初凝后进行（以人踩上去有脚印但不下陷为宜）；第三遍压光要在水泥终凝前完成（以人踩上去脚印不明显为宜）。

c. 面层压光 24h 后，可用湿锯末或草帘子覆盖，每天洒水 2 次，养护不少于 7d。

d. 面层完成后应避免过早上人走动或堆放重物，严禁在地面上直接搅拌或倾倒砂浆。

e. 水泥宜采用硅酸盐水泥和普遍硅酸盐水泥，强度等级一般不应低于 32.5 级，严禁使用过期水泥或将不同品种、等级的水泥混用；砂子应用粗砂或中砂，含泥量不大于 3%。

f. 小面积起砂且不严重时，可用磨石子机或手工将起砂部分水磨，磨至露出坚硬表面。也可把松散的水泥灰和砂子冲洗干净，铺刮纯水泥浆 1~2mm，然后分三遍压光。

g. 对严重起砂的地面，应把面层铲除后，重新铺设水泥砂浆面层。

（2）地面、踢脚板空鼓

① 原因：地面与踢脚板产生空鼓，用小锤敲击有空鼓声，严重时会开裂甚至剥落，影响使用。

② 措施

a. 做好基层清理工作。认真清除浮灰、白灰砂浆、浆膜等污物，粉刷踢脚板处的墙面前应用钢丝刷清洗干净，地面基层过于光滑的应凿毛或刷界面处理剂。

b. 施工前认真洒水湿润，使施工时达到润湿饱和但无积水。

c. 地面和踢脚板施工前应在基层上均匀涂刷素水泥浆结合层，素水泥浆水灰比为 0.4~0.5。地面不宜用先撒水泥后浇水的扫浆方法。涂刷素水泥浆应与地面铺设或踢脚板抹灰紧密配合，做到随刷随抹。如果素水泥浆已结硬，一定要铲去重新涂刷。

d. 踢脚板不得用石灰砂浆或混合砂浆抹底灰，一般可用 1:3 水泥砂浆。

e. 踢脚板抹灰应控制分层厚度，每层宜控制在 5~7mm。

f. 对于空鼓面积不大于 400cm²，且无裂纹，以及人员活动不频繁的房间边、角部位，一般可不做处理。当空鼓超出以上范围应局部翻修，可用混凝土切割机沿空鼓部位四周切割，切割面积稍大于空鼓面积，并切割成较规则的形状。然后剔除空鼓的面层，适当凿毛底层表面，冲洗干净。修补时先在底面及四周刷素水泥浆一遍，随后用与面层相同的拌合物铺设，分三次抹光。如地面有多处大面积空鼓，应将整个面层凿去，重新铺设面层。

g. 如踢脚板局部空鼓长度不大于 40cm，一般可不做处理。当空鼓长度较长或产生裂缝、剥落时，应凿去空鼓处踢脚板，重新抹灰修整好。

（3）地面不规则裂缝

① 原因：这种裂缝在底层回填土的地面上以及预制板楼地面或整浇板楼地面上都会出现，裂缝的部位不固定，形状也不一，有的为表面裂缝，也有贯穿裂缝。

② 措施

a. 室内回填土前要清除积水、淤泥、树根等杂物，选用合格土分层夯实。靠墙边、墙角、柱边等机械夯不到的地方，要人工夯实。

b. 面层铺设前，应检查基层表面的平整度，如有高低不平，应先找平，使面层厚薄一致。局部埋设管道时，管道顶面至地面距离不得小于 10mm。当多根管道并列埋设时，应铺设钢丝网片，防止面层裂缝。

c. 严格控制面层水泥拌合物用水量，水泥砂浆的稠度不大于 35mm，混凝土坍落度不大于 30mm，如表面水分大、难以压光时，可均匀撒一些 1∶1 干水泥砂，不宜撒干水泥。

d. 面层完成 24h 后，及时铺湿草帘或湿锯末，洒水养护 7～10d。

e. 面积较大地面应按设计或地面规范要求，设置分格缝。

f. 对宽度细小，无空鼓现象的裂缝，如果楼面平时无液体流淌，一般可不做处理。对宽度在 0.5mm 以上的裂缝，可用水泥浆封闭处理。

g. 如果裂缝涉及结构变形，应结合结构是否需加固一并考虑处理办法。对于还在继续开展的裂缝，可继续观察，待裂缝稳定后再处理。如已经使用且经常有液体流淌的，可先用柔性密封材料做临时封闭处理。

（4）楼梯踏步高度、宽度不一

① 原因：楼梯踏步的高度或宽度不一致，最常发生在梯段的首级或末级。

② 措施

a. 加强主体施工中梯段支模、浇制时的尺寸复核，使踏步的每级高度和宽度保持一致。

b. 踏步抹面前，应根据平台标高和楼面标高，在楼梯侧面墙上弹一条标准斜线，然后根据踏步级数等分斜线，斜线上的等分点即为踏步抹面阳角位置。对于首级和末级踏步尚应考虑因楼面面层做法不同引起的高差。

c. 如楼梯踏步高度或宽度不一，人行走时感觉明显，可根据情况做如下处理：

如偏差级数较多或偏差值较大，应将面层全部凿除，弹线等分后重新抹面。

当仅有首级或末级偏差时，也可仅凿去有偏差处几级面层，适当修凿偏差大的踏步，然后在这几级中平均等分抹面，这样虽不能使全部踏步高、宽完全一致，但也可减少偏差值，同时避免整个梯段返工损失。

（5）散水坡下沉、断裂

① 原因：建筑物四周散水坡沿外墙开裂、下沉，在房屋转角处或较长散水坡的中间断裂。

② 措施：

a. 基槽、基坑回填土应分层夯实，散水坡垫层也应认真夯实平整。

b. 散水坡与外墙相连处应设缝分开，沿散水坡长度方向间距不大于 6m 应设一分格缝，房屋转角处亦应设置缝宽为 20mm 的 45°斜向分格缝。注意不要把分格缝设置在水落口位置。缝内填嵌沥青胶结料。

c. 散水坡浇制完成后，要认真覆盖草帘等浇水养护。

d. 如散水坡有较大下沉或断裂较多，应把下沉和断裂部位凿除，夯实后重新浇制。

e. 如仅有少数断裂，可在断裂处凿开一条 20mm 宽，约 20mm 深的槽口，槽内填嵌沥青胶结料。

2. 板块地面（地砖、大理石、花岗石）

（1）地面空鼓、脱壳

① 原因：用小锤轻击地面有空鼓声，严重处板块与基层脱离。

② 措施：

a. 确保基层平整、洁净、湿润。

b. 板块应提前浸水，地砖应提前 2～3h 浸水，如背面有灰尘应洗干净，待表面晾干无明水后方可铺贴。

c. 先刷建筑胶水泥浆一遍（水泥、建筑胶、水之比为 1：0.1：0.4），15～30min 后，铺 1：2 干硬性水泥砂浆结合层，然后将板块背面刮一层薄水泥砂浆，铺贴时要求板块四角同时下落，用木锤或橡皮锤垫木块轻击，使砂浆振实，并敲至与旁边板块平齐。也可采用黏结剂做结合层。

d. 铺贴大理石、花岗岩时，按前述要求试铺，合适后，将板块掀起检查结合层，如有空隙，则用砂浆补实，再浇一层水灰比为 0.45 的素水泥浆，板块背面也刮一层素水泥浆，最后正式铺贴。

e. 铺好的地面应及时洒水养护，一般不少于 7d，在此期间不准上人。

f. 地砖空鼓、脱壳严重时，可将地砖掀开，凿除原结合层砂浆，冲洗干净晾干后，按照本条防治措施之 c. 的方法重新铺贴，最后用水泥砂浆灌缝、擦缝。

（2）接缝不平，缝口宽度不均

① 原因：相邻板块接缝高差大，板块缝口宽度不一。

② 措施：

a. 施工前要认真检查板块材料质量是否符合有关标准的规定，不符合标准要求的不能使用。

b. 从走廊统一往房间引测标高，并按操作规程进行预排、弹控制线等，铺贴时纵、横接缝宽度应一致，经常用靠尺检查表面平整度。

c. 铺贴大理石、花岗石时，应在房内四边取中，在地面上弹出十字线，先铺设十字线交叉处一块为标准块，用角尺和水平尺仔细校正。然后由房间中间向两侧和后退方向顺序铺设，随时用水平尺和直尺找准。缝口必须拉通长线，板缝宽度一般不大于 1mm。

d. 地面铺贴好后，注意成品保护，在养护期内禁止人员通行。

e. 对接缝高差过大或接缝宽度严重不一致的地方，应返工重新铺贴。

（3）带地漏地面倒泛水

① 原因：地漏处地面偏高，造成地面积水和外流。

② 措施：

a. 主体工程施工时，卫生间、阳台地面标高一般应比室内地面低 20mm。

b. 安装地漏应控制好标高，使地漏盖板低于周围地面 5mm。

c. 地面施工时，应以地漏为中心向四周辐射冲筋，找好坡度。铺贴前要试水检查找平层坡度，无积水才能铺贴。

d. 对于倒泛水的地面应将面层凿除，拉好坡线，用水泥砂浆重新找坡，然后重新铺贴。如因主体工程施工时楼面未留设高差而无法找坡时，也可在卫生间门口设一拦水坎，以保证地面有一定的泛水坡度。

3. 木质地面

（1）木板松动或起拱

① 原因：木地板使用后产生松动，踏上去有响声或木地板局部拱起。

② 措施：

a. 搁栅、毛地板、面层等木材的材质、规格以及含水率应符合设计要求和有关规范的规定。

b. 铺设木质面层，应尽量避免在气候潮湿时施工。

c. 木搁栅、地板底面应作防腐防潮处理。

d. 铺钉地板用的钉，其长度应为木板厚度的 2～2.5 倍。

e. 搁栅与墙之间应留出 30mm 的缝隙，毛地板和木质面层与墙之间应留 10～20mm 的缝隙，面层与墙的间隙用木踢脚板封盖。

f. 当木地板面层严重松动或起拱，影响使用时，应拆除重新铺设。

g. 对于面层局部起拱，可卸下起拱的地板，把板刨窄一点，然后铺钉平整。如面层仅有轻度起拱时，可采用表面刨削的办法整治。对局部木板松动，可更换少量木板重新钉牢。

（2）拼缝不严

① 原因：木质板块拼缝不严密，缝隙偏大，影响使用和外观。

② 措施：

a. 应选用不易变形开裂、经过干燥处理的木材。木搁栅、剪刀撑等木材的含水率不应超过 20%，毛地板和面层木地板的含水率不应大于 12%。

b. 铺设地板面层时，从墙的一边开始逐块排紧铺钉，板的排紧可在木搁栅上钉扒钉，在扒钉与板之间用对拔楔打紧。然后用钉从侧边斜向钉牢，使木板缝隙严密。

c. 如地面大多数缝隙过大时，需返工重新铺设。

d. 如仅有个别较大缝隙时，也可采用塞缝的办法修理，刨一根与缝隙大小相当的梯形木条，两侧涂胶，小面朝下塞入缝内，待胶干后将高出地板面部分刨平。

e. 当有个别小于 2mm 的缝隙时，可用填刮腻子的办法修理。

4. 楼地面渗漏

（1）穿楼板管根部渗漏

① 原因：楼面的积水通过厨房、卫生间楼板与管道的接缝处渗漏。

② 措施：

a. 穿管周围的混凝土填充前要清除酥松的砂、石，并刷洗干净，浇捣要密实，预留 10mm×10mm（深×宽）的密封槽，未预留密封槽时，应重新剔槽，用柔性密封胶嵌填。

b. 在楼板上面无法处理时，亦可在楼板下面的管根周边凿槽 25mm×25mm（深×宽），用遇水膨胀橡胶条嵌填深 20mm，表面再用聚合物砂浆抹平。

c. 蒸汽管穿越楼板的部位应先后置埋套管，套管应高出楼地面 100mm，套管外侧根部也应设槽，嵌填密封材料。

（2）地面渗漏

① 原因：厨房、卫生间地面的楼板，在板下或板端承载墙面出现渗漏水。地面是钢筋混凝土现浇板时，也会出现渗漏水现象。

② 措施：厨房、卫生间楼板应用整体现浇钢筋混凝土楼板，在板边同时浇筑上翻不小于 60mm 的挡水板。浇筑混凝土时应用平板振动器振实。

技能训练

一、单选题

1. 普通抹灰的表面平整度允许偏差为 4mm，检查验收时，应采用（　　）检查。

A. 2m垂直检测尺   B. 直角检测尺   C. 2m靠尺和塞尺   D. 拉5m通线

2. 不属于抹灰工程质量检查验收主控项目的是（   ）。

A. 基层表面   B. 表面质量

C. 操作要求   D. 层黏结及层质量

3. 一般抹灰工程质量控制中，室内每个检验批不得少于（   ）间。

A. 3   B. 5   C. 7   D. 9

4. "表面光滑、洁净、颜色均匀、无抹纹，分格缝和灰线清晰美观"是（   ）的合格质量标准。

A. 装饰抹灰   B. 一般抹灰

C. 高级抹灰   D. 中级抹灰

5. 一般抹灰前基层表面的尘土、污垢、油渍等应清除干净，并应洒水湿润，其检验方法为（   ）。

A. 观察检查   B. 手摸检查

C. 检查施工记录   D. 检查隐藏工程验收记录

6. 一般抹灰工程中，普通抹灰的表面垂度允许误差为4mm，其检验方法为（   ）。

A. 用2m垂直检测尺检查   B. 用2m靠尺和塞尺检查

C. 用直尺检查   D. 用钢尺检查

7. 在装饰抹灰中，各抹灰层之间及抹灰层与基体之间必须黏结牢固，抹灰层应无脱层、空鼓和缝隙，其检验方法不正确的是（   ）。

A. 观察检查   B. 用小锤轻击检查

C. 尺量检查   D. 检查施工记录

8. 门、窗工程中，木门、窗框安装必须牢固，预埋木砖的防腐处理，木门窗框固定点的数量、位置及固定方法应符合设计要求，其检验方法错误的是（   ）。

A. 观察检查   B. 手扳检查

C. 开启和关闭检查   D. 检查隐蔽工程验收记录

9. 下列选项中，不属于木门、窗安装与制作一般项目的是（   ）。

A. 木门、窗表面应洁净，不得有刨痕

B. 木门、窗的割角，拼缝应严密平整，门窗框、扇裁口应顺直，刨面应平整

C. 木门、窗与墙体间缝隙的填嵌材料应符合设计要求，填嵌应饱满；寒冷地区外门窗（或门窗框）与砌体间的空隙应填充保温材料

D. 木门、窗扇必须安装牢靠，并应开关灵活，关闭严密，无倒翘

10. 木门窗安装质量的检查与验收检验批应至少抽查5%并不得少于（   ）樘。

A. 3   B. 4   C. 5   D. 6

11. 同一品种、类型和规格的金属门窗及门窗玻璃一个检验批为（   ）樘。

A. 30   B. 100   C. 120   D. 150

12. 门、窗工程中，金属门、窗配件的型号、规格、数量应符合设计要求，安装应牢固，位置应正确，功能应满足使用要求，其检验方法错误的是（   ）。

A. 观察检查   B. 用弹簧秤检查

C. 开启和关闭检查   D. 手扳检查

13. 铝合金门、窗推拉窗开关力应不大于100N，其检验方法正确的是（   ）。

A. 用弹簧秤检查   B. 手扳检查

C. 观察检查   D. 轻敲门窗框检查

14. 门、窗玻璃表面应洁净，不得有腻子、密封条、涂料等污渍，其检验方法是（   ）。

A. 手扳检查   B. 轻敲检查

C. 检查产品合格证明书   D. 观察检查

15. 下列选项中，不属于暗龙骨吊顶工程主控项目的是（   ）。

A. 吊顶标高、尺寸、起拱和造型应符合设计要求

B. 饰面材料表面应洁净、色泽一致、不得有翘曲、裂缝及缺损，压条应平直、宽窄一致

C. 饰面材料的材质、品种、规格、图案和颜色应符合设计要求

D. 暗龙骨吊顶工程的吊杆、龙骨和饰面材料的安装必须牢固

16. 暗龙骨吊顶内填充吸声材料的品种和铺设厚度应符合设计要求，并应有防散落措施，其检验方法正确的是（　　）。

A. 观察检查　　　　　　　　　　B. 检查隐藏工程验收记录

C. 尺量检查　　　　　　　　　　D. 手扳检查

17. 下列选项中，不属于暗龙骨吊顶工程骨架隔墙工程一般项目的是（　　）。

A. 骨架隔墙表面应平整光滑、色泽一致、洁净、无裂缝，接缝应均匀、顺直

B. 骨架隔墙上的孔洞、槽、盒应位置正确、套割吻合、边缘整齐

C. 骨架隔墙内的填充材料应干燥，填充应密实、均匀、无下坠

D. 墙面板所用接缝材料的接缝方法应符合设计要求

18. 骨架隔墙的墙面板应安装牢固，无脱层、翘曲、折裂及缺损，其检验方法正确的是（　　）。

A. 手扳检查　　　　　　　　　　B. 尺量检查

C. 检查产品合格证明书　　　　　D. 检查隐藏工程验收记录

19. 饰面工程中，饰面板上的孔洞应套割吻合，边缘应整齐，其检验方法正确的是（　　）。

A. 尺量检查　　　B. 检查施工记录　　　C. 用小锤轻击检查　　　D. 观察检查

20. 下列选项中，关于饰面砖粘贴工程，说法错误的是（　　）。

A. 饰面砖粘贴工程有主控项目和一般项目

B. 适用于外墙饰面砖粘贴工程

C. 高度不大于100m，抗震设防烈度不大于8度

D. 采用满粘法施工的外墙饰面砖粘贴工程的质量验收

21. 饰面工程中，饰面砖粘贴必须牢固，其检验方法是（　　）。

A. 观察检查　　　　　　　　　　B. 手摸检查

C. 检查样板件黏结强度检测报告　D. 脚踩检测

22. 涂料施工中，基层腻子应平整、坚实、牢固、（　　）、起皮和裂缝，黏结度应符合有关规定。

A. 无粉化　　　B. 色泽均匀　　　C. 光泽　　　D. 不掉色

23. 粘贴室内面砖时，如无设计规定，面砖的接缝宽度为（　　）mm。

A. ＜1　　　B. 1～1.5　　　C. ＞1.5　　　D. 10～15

24. 基土表面的厚度偏差允许在个别地方不大于设计厚度的1/10，其检验方法是（　　）。

A. 观察检查　　　B. 用水准仪检查　　　C. 用坡度尺检查　　　D. 用钢尺检查

25. 找平层与其下一层接合牢固，不得有空鼓，其检验方法正确的是（　　）。

A. 观察检查　　　B. 用水准仪检查　　　C. 用小锤轻击检查　　　D. 用坡度尺检查

26. 找平层面密实，不得有起砂、蜂窝和裂缝等缺陷，其检验方法正确的是（　　）。

A. 观察检查　　　　　　　　　　B. 蓄水、泼水检验

C. 检查配合比通知单　　　　　　D. 检查检验报告

27. 大理石、花岗岩面层的表面应洁净、平整、无磨痕，且应图案清晰、色泽一致，接缝均匀，周边顺直，镶嵌正确，板块无裂纹、掉角、缺棱等缺陷，其检验方法是（　　）。

A. 观察检查　　　　　　　　　　B. 用小锤轻击检查

C. 用钢尺检查　　　　　　　　　D. 蓄水检查

二、多选题

1. 一般抹灰工程质量检查与验收中，主控项目的检验包括（　　）。

A. 基层表面　　　　　　　　　　B. 材料品种性能

C. 操作要求 D. 表面质量

2. 关于抹灰工程的检验批的规定，正确的有（　　）。

A. 相同材料、工艺和施工条件的室外抹灰工程每 500～1000m² 分成一个检验批

B. 相同材料、工艺和施工条件的室内抹灰每 50 个自然间的面积划成一个检验批

C. 大面积房间和走廊按抹灰面积 30m² 为一间，以相当于 50 个自然间的面积划成一个检验批

D. 不足 50 间不检验

3. 一般抹灰所用材料的品种和性能应符合设计要求。水泥的凝结时间和安定性复验应合格。砂浆的配合比应符合设计要求，这些设计要求检验方法有（　　）。

A. 检查产品合格证书 B. 检查进场验收报告

C. 检查隐藏工程验收记录 D. 检查复验报告

4. 一般抹灰中，抹灰层与基层之间及各抹灰层之间必须黏结牢固，抹灰层应无脱层、空鼓，面层应无爆灰和裂缝，其检验方法有（　　）。

A. 观察检查 B. 手摸检查

C. 用小锤轻击检查 D. 检查施工记录

E. 检查产品合格证书

5. 装饰抹灰工程所有材料的品种和性能应符合设计要求、水泥的凝结时间和安定性复验合格、砂浆的配合比应符合设计要求，这些要求的检验方法有（　　）。

A. 观察检查 B. 检查产品合格证书

C. 检查施工记录 D. 检查复验记录

6. 装饰抹灰的主控项目有（　　）。

A. 操作要求 B. 层黏结和面层质量

C. 表面质量 D. 材料品种和性能

7. 木门、窗批水、盖口条、压缝条、密封条的安装应顺直，与门窗接合应牢固、严密，其检验方法正确的是（　　）。

A. 观察检验 B. 检查材料进场检收记录

C. 手扳检查 D. 开启关闭检查

E. 检查复验报告

8. 塑料门、窗框与墙体间缝隙应采用闭孔弹材料填嵌饱满，表面应采用密封胶密封。密封胶应粘接牢固，表面光滑、顺直、无裂纹，其检验方法正确的是（　　）。

A. 尺量检查 B. 观察检查

C. 手扳检查 D. 检查隐藏工程验收记录

9. 下列属于门、窗玻璃安装主控项目的是（　　）。

A. 门、窗玻璃裁割尺寸应正确。安装后的玻璃应牢固，不得有裂纹、损伤的松动

B. 玻璃的安装方法应符合设计要求

C. 镶钉木压条接触玻璃处，应与裁口边缘平齐，缘紧贴，割角应整齐

D. 门窗玻璃不应直接接触型材

E. 腻子应填抹饱满、黏结牢固，腻子边缘与裁口应平齐，固定玻璃的卡子不应在腻子表面显露

10. 暗龙骨吊顶标高、尺寸、起拱和造型应符合设计要求，其检查方法正确的是（　　）。

A. 观察检查 B. 手扳检查

C. 检查施工记录 D. 尺量检查

E. 检查产品合格证明书

11. 明龙骨吊顶工程的吊杆和龙骨安装必须牢固，其检验方法正确的是（　　）。

A. 检查产品 B. 检查观察

C. 手扳检查 D. 检查隐藏工程验收记录

E. 检查施工记录

12. 板材隔墙表面应平整光滑、色泽一致、洁净，接缝应均匀、顺直，其检查方法正确的是（　　）。

A. 观察检查　　　　　　　　　B. 手摸检查

C. 尺量检查　　　　　　　　　D. 检查产品合格证明书

13. 骨架隔墙工程边框龙骨必须与基体结构连接牢固，并应平整、垂直、位置正确，其检验方法正确的是（　　）。

A. 观察检查　　　　　　　　　B. 手扳检查

C. 尺量检查　　　　　　　　　D. 检查隐藏工具验收记录

E. 检查产品合格证明

14. 门窗附件安装必须在（　　）等抹灰完成后进行。

A. 地墙面　　　　B. 顶棚　　　　C. 屋面　　　　D. 窗台

15. 属于溶剂型涂料涂饰工程质量检查与验收的主控项目是（　　）。

A. 涂料质量　　　　B. 颜色、光泽、质量　　　　C. 基层处理　　　　D. 清漆涂饰质量

16. 基土严禁用淤泥、繁殖土、冻土、耕织土、膨胀土和含有有机物质大于8％的土作为基土，其检验方法是（　　）。

A. 观察检查　　　　　　　　　B. 检查试验记录

C. 检查土质记录　　　　　　　D. 用水准仪检查

E. 用钢尺检查

17. 基土应均匀密实，压实系数应符合设计要求，设计无要求时，不应小于0.90，其检验方法是（　　）。

A. 观察检查　　　　　　　　　B. 检查土质记录

C. 用2m靠尺和楔形塞尺检查　　D. 检查试验记录

E. 用坡度尺检查

18. 大理石、花岗石面层表面的坡度应符合设计要求，不倒泛水，无积水，与地漏、管道接合处严密牢固，无渗漏，其检验方法是（　　）。

A. 观察，泼水检查　　　　　　B. 用3mm厚，10mm高的玻璃条检查

C. 脚踢　　　　　　　　　　　D. 蓄水检查

E. 用水准仪检查

19. 水性涂料涂饰工程涂饰均匀，黏结牢固，不得漏涂、透底、起皮和掉粉，其检验方法正确的是（　　）。

A. 观察检查　　　　　　　　　B. 手摸检查

C. 脚踩检查　　　　　　　　　D. 检查施工记录

E. 检查产品合格证明书

20. 下列选项中，属于实木地板面层主控项目的是（　　）。

A. 实木地板面层所采用的材质和铺设时的木材含水率必须符合设计要求

B. 格栅安装应牢固、平直

C. 面层铺设应牢固，黏结无空鼓

D. 实木地板面层应刨平、磨光，无明显刨痕和毛刺等现象，图案清晰，颜色均匀一致

E. 面层缝隙应严密，接头位置应错开，表面洁净

21. 实木地板面层应刨平、磨光，无明显刨痕和毛刺等现象，图案清晰，颜色均匀一致，其检验方法有（　　）。

A. 观察检查　　　　　　　　　B. 手摸检查

C. 用小锤轻击检查　　　　　　D. 脚踩检查

E. 用钢尺检查

三、案例分析题

某宾馆大堂改造工程，业主与承包单位签订了工程施工合同。施工内容包括：结构拆除改造，墙面干挂西班牙米黄石材，局部木饰面板，天花为轻钢暗龙骨石膏板造型天花，地面湿贴西班牙米黄石材及配套的灯具、烟感、设备检验口、风口安装等，二层跑马廊距地面6m高，护栏采用玻璃。

根据以上内容，回答下列问题：

（1）暗龙骨吊顶工程安装允许偏差和检验方式应符合什么规定？

（2）请问在吊顶工程施工时应对哪些项目进行隐蔽验收？

建筑节能工程

【学习目标】

通过本项目内容的学习，使学生了解节能工程质量控制要点，了解节能工程质量验收标准及检验方法。为学生将来从事相关节能工作奠定良好的基础。

【学习要求】

（1）要了解墙体、门窗、屋面和地面节能工程质量控制要点及验收项目和验收标准。

（2）能够对节能工程进行质量验收。

建筑节能工程是指在墙体、门窗、屋面、地面等部位采取了建筑节能措施，达到建筑节能效果的新建、改建和扩建的民用建筑工程。根据《建筑节能工程施工质量验收规范》（GB 50411—2007）的规定，建筑节能工程为单位建筑工程的一个分部工程；建筑节能工程中采用的工程技术文件、承包合同文件对工程质量的要求不得低于节能规范的规定；建筑节能工程施工质量的验收除应遵守节能规范外，尚应遵守《建筑工程施工质量验收统一标准》（GB 50300—2013）、各专业工程施工质量验收规范和国家现行有关标准的规定；单位工程竣工验收应在建筑节能部分工程验收合格后进行。建筑节能部分工程共划分为 10 个分项工程，以下重点介绍墙体节能工程、门窗节能工程、屋面节能工程、地面节能工程的质量控制和验收。

任务一　墙体节能工程质量控制与验收

墙体节能工程，是指墙体采用板材、浆材、块材及预制复合墙板等墙体保温材料或构件的节能工程。墙体节能工程验收的检验批划分应符合下列规定：

（1）采用相同的材料、做法和工艺的墙面，每 $500\sim1000m^2$ 面积划分为一个检验批，不足 $500m^2$ 按一个检验批验收。

（2）检验批的划分也可根据与施工流程相一致且方便施工与验收的原则，由施工单位与监理（建设）单位共同商定。

一、墙体节能工程质量控制

（1）主体结构完成后进行施工的墙体节能工程，应在基层质量验收合格后施工，施工过程中应及时进行质量检查、隐蔽工程验收和检验批验收，施工完成后应进行墙体节能分项工程验收。

（2）墙体节能工程的验收程序

① 一种情况是墙体节能工程在主体结构完成后施工。对此类工程验收的程序为：在施工过程中应及时进行质量检查、隐蔽工程验收、相关检验批和分项工程验收，施工完成后应进行墙体节能子部分工程验收。大多数墙体节能工程都是在主体结构内侧或外侧表面层做保温层，故大多数墙体节能工程都属于这种情况。

② 另一种情况是与主体结构同时施工的墙体节能工程，如现浇夹心复合保温墙板等，对于此种施工工艺当然无法将节能工程和主体工程分开验收，只能与主体结构一同验收。验收时结构部分应符合相应的结构验收要求，而节能部分应符合节能规范要求。

③ 墙体节能工程当采用外保温定型产品或成套技术时，其形式检验报告中应包括安全性和耐候性检验。

④ 墙体节能工程对应下列部位或内容进行隐蔽工程验收，并应有详细的文字记录和必要的图像资料：

a. 保温层附着的基层及其表面处理；

b. 保温板黏结或固定；

c. 锚固件；

d. 增强网铺设；

e. 墙体热桥部位处理；

f. 预制保温板或预制保温墙板的板缝及构造节点；

g. 现场喷涂或浇注有机类保温材料的界面；

h. 被封闭的保温材料厚度；

i. 保温隔热砌块填充墙；

j. 墙体节能工程的保温材料在施工过程中应采取防潮、防水等保护措施。

二、 墙体节能工程质量验收

1. 主控项目

（1）用于墙体节能工程的材料、构件等，其品种、规格应符合设计要求和相关标准的规定。

检验方法：观察，尺量检查；核查质量证明文件。

检查数量：按进场批次，每批随机抽取 3 个试样进行检查。

质量证明文件应按照其出厂检验批进行核查。

（2）墙体节能工程使用的保温隔热材料，其热导率、密度、抗压强度或压缩强度、燃烧性能应符合设计要求。

检验方法：核查质量证明文件级进场复验报告。

检查数量：全数检查。

（3）墙体节能工程采用的保温材料和黏结材料，进场时应对其下列性能进行复验，复验应为见证取样送检：

① 保温板材的热导率、材料密度、抗压强度或压缩强度；

② 黏结材料的黏结强度；

③ 增强网的力学性能、抗腐蚀性能。

检验方法：随机抽样送检，核查复验报告。

检查数量：同一厂家、同一品种的产品，当单位工程建筑面积在 $20000m^2$ 以下时各抽查不少于 3 次；当单位工程建筑面积 20000m² 以上时各抽查不少于 6 次。

（4）严寒和寒冷地区外保温使用的黏结材料，其冻融试验结果应符合该地区最低气温环境的使用要求。

检验方法：检查质量证明文件。

检查数量：全数检查。

（5）墙体节能工程施工前应按照设计和施工方案的要求对基层进行处理，处理后的基层应符合保温层施工方案的要求。

检验方法：对照设计和施工方案观察检查；核查隐蔽工程验收记录。

检查数量：全数检查。

（6）墙体节能工程各层构造做法应符合设计要求，并应按照经过审批的施工方案施工。

检验方法：对照设计和施工方案观察检查；核查隐蔽工程验收记录。

检查数量：全数检查。

（7）墙体节能工程的施工，应符合下列规定：

① 保温隔热材料的厚度必须符合设计要求。

② 保温板与基层及各构造层之间的黏结或连接必须牢固。黏结强度和连接方式应符合设计要求。保温板材与基层的黏结强度应做现场拉拔试验。

③ 保温浆料应分层施工。当采用保温浆材做外保温时，保温层与基层之间及各层之间的黏结必须牢固，不应脱层、空鼓和开裂。

④ 当墙体节能工程的保温层采用预埋或后置锚固件固定时，锚固件数量、位置、锚固深度和拉拔力应符合设计要求。后置锚固件应进行锚固力现场拉拔试验。

检验方法：观察；手板检查；保温材料厚度采用钢针插入或剖开尺量检查；黏结强度和锚固力核查试验报告；核查隐蔽工程验收记录。

检查数量：每个检验批抽查不少于 3 处。

（8）外墙采用预制保温板现场浇筑混凝土墙体时，保温板的验收应符合规范的规定；保温板的安装应位置正确、接缝严密，保温板在浇筑混凝土过程中不得移动、变形，保温板表面应采取界面处理措施，与混凝土黏结应牢固。

混凝土和模板的验收，应按《混凝土结构工程施工质量验收规范》（GB 50204—2015）的相关规定执行。

检验方法：观察检查；核查隐蔽工程验收记录。

检查数量：全数检查。

（9）当外墙采用保温浆料做保温层时，应在施工中制作同条件养护试件，检测其热导率、干密度和压缩强度。保温浆料的同条件养护试件应见证取样送检。

检验方法：核查试验报告。

检查数量：每个检验批应抽样制作同条件养护试块不少于 3 组。

（10）墙体节能工程各类饰面层的基层及面层施工，应符合设计和《建筑装饰装修工程质量验收规范》（GB 50210—2001）的要求，并应符合下列规定：

① 饰面层施工的基层应无脱层、空鼓和裂缝，基层应平整、洁净，含水率应符合饰面层施工要求。

② 外墙外保温工程不宜采用粘贴饰面砖做饰面层。当采用时，其安全与耐久性必须符合设计要求。饰面砖应做黏结强度拉拔试验，试验结果应符合设计和有关标准的规定。

③ 外墙外保温工程的饰面层不得渗漏。当外墙外保温工程的饰面层采用饰面板开缝安

装时，保温层表面应具有防水功能或采用其他防水措施。

④ 外墙外保温层及饰面层与其他部位交接的收口处，应采取密封措施。

检验方法：观察检查。核查试验报告和隐蔽工程验收记录。

检查数量：全数检查。

（11）保温砌块砌筑的墙体，应采用具有保温功能的砂浆砌筑。砌筑砂浆的强度等级应符合设计要求。砌体的水平灰缝饱满度不应低于 90%，竖直灰缝饱满度不应低于 80%。

检验方法：对照设计核查施工方案和砌筑砂浆强度试验报告。用百格网检查灰缝砂浆饱满度。

检查数量：每楼层的每个施工段至少抽查一次，每次抽查 5 处。每处不少于 3 个砌块。

（12）采用预制保温墙板现场安装的墙体，应符合下列规定：

① 保温墙板应有型式检验报告，型式检验报告中应包含安装性能的检验；

② 保温墙板的结构性能、热工性能及与主体结构的连接方法应符合设计要求，与主体结构连接必须牢固；

③ 保温板的板缝处理、构造节点及嵌缝做法应符合设计要求；

④ 保温墙板板缝不得渗漏。

检查方法：核查型式检验报告、出厂检验报告、对照设计观察和淋水试验检查；核查隐蔽工程验收记录。

检查数量：型式检验报告、出厂检验报告全数检查；其他项目每个检验批抽查 5%，并不少于 3 块（处）。

（13）当设计要求在墙体内设置隔汽层时，隔汽层的位置、使用的材料及构造做法应符合设计要求和相关标准的规定。隔汽层应完整、严密，穿透隔汽层处应采取密封措施。隔汽层冷凝水排水构造应符合设计要求。

检验方法：对照设计观察检查，核查质量证明文件和隐蔽工程验收记录。

检查数量：每个检验批应抽查 5%，并不少于 3 处。

（14）外墙和毗邻不采暖空间墙体上的门窗洞口四周墙侧面、墙体上凸窗四周的侧面，应按设计要求采取节能保温措施。

检验方法：对照设计观察检查，必要时抽样剖开检查；核查隐蔽工程验收记录。

检查数量：每个检验批应抽查 5%，并不少于 5 个洞口。

（15）严寒和寒冷地区外墙热桥部位，应按设计要求采取节能保温等隔断热桥措施。

检验方法：对照设计和施工方案观察检查。核查隐蔽工程验收记录。

检查数量：按不同热桥种类，每种抽查 20%，并不少于 5 处。

2. 一般项目

（1）进场节能保温材料与构件的外观和包装应完整无破损，符合设计要求和产品标准的规定。

检验方法：观察检查。

检查数量：全数检查。

（2）当采用加强网作防止开裂的措施时，加强网的铺贴和搭接应符合设计和施工方案的要求。砂浆抹压应密实，不得空鼓，加强网不得褶皱、外露。

检验方法：观察检查；核查隐蔽工程验收记录。

检查数量：每个检验批抽查不少于 5 处，每处不少于 2m²。

（3）设置空调的房间，其外墙热桥部位应按设计采取隔断热桥措施。

检验方法：对照设计和施工方案观察检查。核查隐蔽工程验收记录。

检查数量：按不同热桥种类，每种抽查 10%，并不少于 5 处。

（4）施工产生的墙体缺陷，如穿墙套管、脚手眼、空洞等，应按照施工方案采取隔断热桥措施，不得影响墙体热工性能。

检验方法：对照施工方案观察检查。

检查数量：全数检查。

（5）墙体保温板材接缝方法应符合施工方案要求。保温板接缝应平整、严密。

检验方法：观察检查。

检查数量：每个检验批抽查 10%，并不少于 5 处。

（6）墙体采用保温浆料时，保温浆料层宜连续施工；保温浆料厚度应均匀、接槎应平顺、密实。

检验方法：观察、尺量检查。

检查数量：每个检验批抽查 10%，并不少于 10 处。

（7）墙体上容易碰撞的阳角、门窗洞口及不同材料基体的交接处等特殊部位，其保温层应采取防止开裂和破损的加强措施。

检验方法：观察检查；检查隐蔽工程验收记录。

检查数量：按不同部位，每个抽查 10%，并不少于 5 处。

（8）采用现场喷涂或模板浇注的有机类保温材料做外保温时，有几类保温材料应达到陈化时间后方可进行下道工序施工。

检验方法：对照施工方案和产品说明书进行检查。

检查数量：全数检查。

任务二　门窗节能工程质量控制与验收

门窗节能工程，是指建筑外门窗的节能工程，包括金属门窗、塑料门窗、木质门窗、各种复合门窗、特种门窗、天窗及门窗玻璃安装等节能工程。

建筑外门窗节能工程的检验批，应按下列规定划分：

（1）同一厂家的同一品种、类型、规格的门窗及门窗玻璃每 100 樘划分为一个检验批，不足 100 樘按一个检验批验收。

（2）同一厂家的同一品种类型和规格的特种门每 50 樘划分为一个检验批，不足 50 樘按一个检验批验收。

（3）对于异型或有特殊要求的门窗，检验批的划分应根据其特点和数量，由监理（建设）单位和施工单位协商确定。

一、　门窗节能工程质量控制

（1）建筑门窗进场后，应对其外观、品种、规格及附件等进行检查验收，对质量证明文件进行核查。

（2）建筑外门窗工程施工中，应对门窗框与墙体接缝处的保温填充做法进行隐蔽工程验收，并应有隐蔽工程验收记录和必要的图像资料。

（3）建筑外门窗工程的检查数量应符合下列规定：

① 建筑门窗每个检验批应抽查 5%，并不少于 3 樘，不足 3 樘时应全数检查；高层建筑的外窗，每个检验批应抽查 10%，并不少于 6 樘，不足 6 樘时应全数检查。

② 特殊门每个检验批应抽查 10%，并不少于 10 樘，不足 10 樘时应全数检查。

二、 门窗节能工程质量验收

1. 主控项目

（1）建筑外门窗的品种、规格应符合设计要求和相关标准的规定。

检验方法：观察、尺量检查；核查质量证明文件。

检查数量：按《建筑节能工程施工质量验收规范》（GB 50411—2007）中第 6.1.5 条执行；质量证明文件应按照其出厂检验批进行核查。

（2）建筑外窗的气密性、保温性能、中空玻璃露点、玻璃遮阳系数和可见光透射比应符合设计要求。

检验方法：核查质量证明文件和复验报告。

检查数量：全数检查。

（3）建筑外窗进入施工现场时，应按地区类别对其下列性能进行复检，复检应为见证取样送检：

① 严寒、寒冷地区：气密性、传热系数和中空玻璃露点；

② 夏热冬冷地区：气密性、传热系数玻璃遮阳系数、可见光透射比、中空玻璃露点；

③ 夏热冬冷地区：气密性、玻璃遮阳系数、可见光透射比、中空玻璃露点。

检验方法：随机抽样送检；核查复验报告。

检查数量：同一厂家的同一品种、同一类型的产品抽查不少于 3 樘（件）。

（4）建筑门窗采用的玻璃品种应符合设计要求，中空玻璃应采用双道密封。

检验方法：观察检查；核查质量证明文件。

检查数量：按《建筑节能工程施工质量验收规范》（GB 50411—2007）中第 6.1.5 条执行。

（5）金属外门窗隔断热桥措施应符合设计要求和产品标准的规定，金属副框的隔断热桥措施应与门窗框的隔断热桥措施相当。

检验方法：随机抽样，对照产品设计图纸，剖开或拆开检查。

检查数量：同一厂家的同一品种、类型的产品各抽查不少于 1 樘。金属副框的隔断热桥措施按检验批抽查 30%。

（6）严寒、寒冷、夏热冬冷地区的建筑外窗，应对其气密性做现场实体检验，检测结果应满足设计要求。

检验方法：随机抽样现场检验。

检查数量：同一厂家的同一品种、同一类型的产品抽查不少于 3 樘。

（7）外门窗框或副框与洞口之间的间隙应采取弹性闭孔材料填充爆满，并使用密封胶密封；外门窗与副框之间的缝隙应使用密封胶密封。

检验方法：观察检查；核查隐蔽工程验收记录。

检查数量：全数检查。

（8）严寒、寒冷地区的外门安装，应按照设计要求采取保温、密封等节能措施。

检验方法：观察检查。

检查数量：全数检查。

（9）外窗遮阳设施的性能、尺寸应符合设计和产品标准要求；遮阳设施的安装应位置正确、牢固，满足安全和使用功能的要求。

检验方法：核查质量证明文件；观察、尺量、手扳检查。

检查数量：按《建筑节能工程施工质量验收规范》（GB 50411—2007）中第 6.1.5 条执行；安装牢固程度全数检查。

（10）特殊门的性能应符合设计和产品标准要求；特种门安装中的节能措施，应符合设计要求。

检验方法：核查质量证明文件；观察、尺量检查。

检查数量：全数检查。

（11）天窗安装的位置、坡度应正确，密封严密、嵌缝处不得渗漏。

检验方法：观察、尺量检查；淋水检查。

检查数量：按《建筑节能工程施工质量验收规范》（GB 50411—2007）中第 6.1.5 条执行。

2. 一般项目

（1）门窗扇密封条和玻璃镶嵌的密封条，其物理性能应符合相关标准的规定，密封条安装位置应正确，镶嵌牢固，不得脱槽，接头处不得开裂。关闭门窗时密封条应接触严密。

检验方法：观察检查。

检查数量：全数检查。

（2）门窗镀（贴）膜玻璃的安装方向应正确，中空玻璃的均压管应密封处理。

检验方法：观察检查。

检查数量：全数检查。

（3）外门窗遮阳设施调节应灵活，能调节到位。

检验方法：现场调节试验检查。

检查数量：全数检查。

任务三　屋面节能工程质量控制与验收

屋面节能工程，是指屋面采用松散保温材料、现浇保温材料、喷涂保温材料、板材、块材等保温隔热材料的节能工程。

一、屋面节能工程质量控制

（1）屋面保温隔热工程的施工，应在基层质量验收合格后进行。施工过程中应及时进行质量检查、隐蔽工程验收和检验批验收，施工完成后应进行屋面节能分项工程验收。

（2）屋面保温隔热工程应对下列部位进行隐蔽工程验收，并应有详细的文字记录和必要的图像资料：

① 基层；

② 保温层的敷设方式、厚度，板材缝隙填充质量；

③ 屋面热桥部位；

④ 隔汽层。

（3）屋面保温隔热层施工完成后，应及时进行找平层和防水层的施工，避免保温隔热层受潮、浸泡或受损。

二、屋面节能工程质量验收

1. 主控项目

（1）用于屋面节能工程的保温隔热材料，其品种、规格应符合设计要求和相关标准的规定。

检验方法：观察、尺量检查；核查质量证明文件。

检查数量：按进场批次，每批随机抽取 3 个试样进行检查。

质量证明文件应按照其出厂检验批进行核查。

（2）屋面节能工程使用的保温隔热材料，其热导率、密度、抗压强度或压缩强度、燃烧性能应符合设计要求。

检验方法：核查质量证明文件及进场复验报告。

检查数量：全数检查。

（3）屋面节能工程使用的保温隔热材料，进场时应对其热导率、密度、抗压强度或压缩强度、燃烧性能进行复验，复验应为见证取样送检。

检验方法：随机抽取送检，核查复验报告。

检验数量：同一厂家、同一品种的产品各抽查不少于 3 组。

（4）屋面保温隔热层的敷设方式、厚度、缝隙填充质量及屋面热桥部位的保温隔热做法，必须符合设计要求和有关标准的规定。

检验方法：观察、尺量检验。

检验数量：每 $100m^2$ 抽查一处，每处 $10m^2$，整个屋面抽查不得少于 3 处。

（5）屋面的通风隔热架空层，其架空高度、安装方式、通风口位置及尺寸应符合设计和有关标准的要求。架空层内不得有杂物。架空面层应完整，不得有断裂和露筋等缺陷。

检验方法：观察、尺量检查。

检查数量：每 $100m^2$ 抽查一处，每处 $10m^2$，整个屋面抽查不得少于 3 处。

（6）采光屋面的传热系数、遮阳系数、可见光透射比、气密性应符合设计要求。节点的构造做法应符合设计和相关标准的要求。采光屋面的可开启部分应按《建筑节能工程施工质量验收规范》（GB 50411—2007）的要求验收。

检验方法：核查质量证明文件；观察检查。

检验数量：全数检查。

（7）采光屋面的安装应牢固，坡度正确，封闭严密，嵌缝处不得渗漏。

检验方法：观察、尺量检查；淋水检查；核查隐蔽工程验收记录。

检验数量：全数检查。

（8）屋面额隔汽层位置应符合设计要求，隔汽层应完整、严密。

检验方法：对照设计观察检验；核查隐蔽工程验收记录。

检验数量：每 $100m^2$ 抽查一处，每处 $10m^2$，整个屋面抽查不得少于 3 处。

2. 一般项目

（1）屋面保温隔热层应按施工方案施工，并应符合下列规定：

① 松散材料应分层敷设，按要求压实，表面平整，坡向正确。

② 现场采用喷、浇、抹等工艺施工的保温层，其配合比应计量准确，搅拌均匀，分层连续施工，表面平整，坡向正确。

③ 板材应粘贴牢固、缝隙严密、平整。

检验方法：观察、尺量、称重检查。

检查数量：每 $100m^2$ 抽查一处，每处 $10m^2$，整个屋面抽查不得少于 3 处。

（2）金属板保温夹芯屋面应铺装牢固、接口严密、表面洁净、坡向正确。

检验方法：观察、尺量检查；核查隐蔽工程验收记录。

检查数量：全数检查。

（3）坡屋面、内架空屋面当采用敷设于屋面内侧的保温材料做保温隔热层时，保温隔热层应有防潮措施，其表面应有保护层，保护层的做法应符合设计要求。

检验方法：观察检查；核查隐蔽工程验收记录。

检查数量：每 100m² 抽查一处，每处 10m²，整个屋面抽查不得少于 3 处。

任务四　地面节能工程质量控制与验收

地面节能工程，是指地面底面接触室外空气、土壤或毗邻不采暖空间的节能工程，底面节能分项工程检验批划分应符合下列规定：

（1）检验批可按施工段或变形缝划分。

（2）当面积超过 200m² 时，每 200m² 可划分为一个检验批，不足 200m² 按一个检验批验收。

（3）不同构造做法的地面节能工程应单独划分检验批。

一、地面节能工程质量控制

（1）地面节能工程的施工，应在主体或基层质量验收合格后进行。施工过程中应及时进行质量检查、隐蔽工程验收和检验批验收，施工完成后应进行地面节能分项工程验收。

（2）地面节能工程应对下列部位进行隐蔽工程验收，并应有详细的文字记录和必要的图像资料：

① 基层；

② 被封闭的保温材料厚度；

③ 保温材料黏结；

④ 隔断热桥部位；

二、地面节能工程质量验收

1. 主控项目

（1）用于地面节能工程的保温材料，其品种、规格应符合设计要求和相关标准的规定。

检验方法：观察、尺量或称重检查；核查质量证明文件。

检查数量：按进场批次，每批次随机抽取 3 个试样进行检查。

质量证明文件应按其出厂检验批次进行检查。

（2）地面节能工程使用的保温材料，其热导率、密度、抗压强度或压缩强度、燃烧性能应符合设计要求。

检验方法：核查质量证明文件和复验报告。

检验数量：全数检查。

（3）地面节能工程采用的保温材料，进场时应对其热导率、密度、抗压强度或压缩强度、燃烧性能进行复验，复验应为见证取样送检。

检验方法：随机抽取送检，核查复验报告。

检验数量：同一厂家、同一品种的产品各抽查不少于 3 组。

（4）地面节能工程施工前，应对基层进行处理，使其达到设计和施工方案的要求。

检验方法：对照设计和施工方案观察检查。

检查数量：全数检查。

（5）地面保温层、隔离层、保护层等各层的设置和构造做法及保温层的厚度应符合设计要求，并应按施工方案施工。

检验方法：对照设计和施工方案观察检查；尺量检查。

检查数量：全数检查。

（6）地面节能工程的施工质量应符合下列规定：

① 保温板与基体之间、各构造层之间的黏结应牢固，缝隙应严密。

② 保温浆料应分层施工。

③ 穿越地面直接接触室外空气的各种金属管道应按设计要求，采取隔断热桥的保温措施。

检验方法：观察检查；核查隐蔽工程验收记录。

检查数量：每个检验批抽查 2 处，每处 $10m^2$，穿越地面的金属管道处全数检查。

（7）有防水要求的地面，其节能保温做法不得影响地面排水坡度，保温层面层不得渗漏。

检验方法：用长度 500mm 水平尺检查；观察检查。

检查数量：全数检查。

（8）严寒、寒冷地区的建筑首层直接与土壤接触的地面、采暖地下室与土壤接触的外墙，毗邻不采暖空间的地面，以及地面直接接触室外空气的地面应按设计要求采取保温措施。

检验方法：对照设计观察检查。

检查数量：全数检查。

（9）保温层的表面防潮层、保护层应符合设计要求。

检验方法：观察检查。

检查数量：全数检查。

2. 一般项目

采用地面辐射供暖的工程，其地面节能做法应符合设计要求，并应符合《辐射供暖供冷技术规程》（JGJ 142）的规定。

检验方法：观察检查。

检查数量：全数检查。

技能训练

一、单选题

1. 建筑节能验收（　　）。

A. 是单位工程验收的条件之一

B. 是单位工程验收的先决条件，具有"一票否决权"

C. 不具有"一票否决权"

D. 可以与其他部分一起同步进行验收

2. 门窗洞口四角处保温板不得拼接，应采用整块切割成形，保温板接缝应离开角部至少（　　）。

A. 100mm　　　　B. 200mm　　　　C. 250mm　　　　D. 300mm

3. 下列不属于建筑节能措施的是（　　）。

A. 围护结构保温措施 　　　　　　　　B. 围护结构隔热措施

C. 结构内侧采用重质材料 　　　　　　D. 围护结构防潮措施

4. 民用建筑节能工程质量验收时原材料的型式检验报告应包括产品标准的（　　）。

A. 主要质量指标 　　　　　　　　　　B. 规程要求复验的指标

C. 产品出厂检验的指标 　　　　　　　D. 全部性能指标

5. 建筑节能工程采用的原材料在施工进场后应进行（　　）。

A. 见证取样检测 　　B. 产品性能检测 　　C. 型式检验 　　D. 现场抽样复检

6. 建筑节能工程专项验收合格应是其（　　）验收合格。

A. 检验批 　　B. 各分项目 　　C. 各工序 　　D. 各子分部工程

7. 相同材料和做法的屋面，每（　　）m² 为一个检验批。

A. 100 　　B. 300 　　C. 500 　　D. 1000

8. 屋面保温层的厚度应进行现场抽样检验，其厚度偏差不应大于（　　）mm。

A. 2 　　B. 5 　　C. 8 　　D. 10

9. 机械固定系统的金属锚固件、网片和承托架等，应满足设计要求，并进行（　　）处理。

A. 防水 　　B. 防锈 　　C. 防火 　　D. 防腐

10. 锚固件与加强网的连接应符合设计要求，当设计无要求时，锚固件与加强网应可靠连接。在现场抽取（　　）个有代表性的锚固件进行现场锚固件抗拔试验。

A. 1 　　B. 3 　　C. 5 　　D. 8

11. 增强网搭接长度必须符合设计要求，当设计无要求时，左右不得小于（　　）mm，上下不得小于100mm，加强部位的增强网做法应符合设计要求。

A. 60 　　B. 80 　　C. 100 　　D. 120

12. 热工性能现场检测应由（　　）委托法定检测单位具体实施。

A. 建设单位 　　B. 施工单位 　　C. 监理单位 　　D. 设计单位

13. 热工性能现场检测抽样比例不低于样本总数的（　　），至少1幢；不同结构体系建筑，不同保温措施的建筑物应分别抽样检测。

A. 5％ 　　B. 10％ 　　C. 15％ 　　D. 20％

14. 在（　　）条件下，保温层厚度判定符合设计要求。

A. 当实测芯样厚度的平均值达到设计厚度的95％以上且最小值不低于设计厚度的90％

B. 当实测芯样厚度的平均值达到设计厚度的95％以上或最小值不低于设计厚度的90％

C. 当实测芯样厚度的平均值达到设计厚度的95％以上且最小值不低于设计厚度的85％

D. 当实测芯样厚度的平均值达到设计厚度的95％以上或最小值不低于设计厚度的85％

15. 墙体节能工程验收的检验划分，采用相同材料，工艺和施工做法的墙面，每（　　）m² 面积划分一个检验批；不足（　　）m² 按一个检验批验收。

A. 500～1000；500 　　　　　　　　C. 400～800；400

C. 600～1200；500 　　　　　　　　D. 1000～1500；1000

16. 屋面节能工程使用的保温隔热材料，其热导率、密度、（　　）或压缩强度、燃烧性能应符合设计要求。

A. 厚度 　　B. 抗拉强度 　　C. 抗压强度 　　D. 抗冲击性能

二、多选题

1. 建筑节能分项工程中墙体节能工程主要验收内容有（　　）。

A. 主体结构基层 　　B. 保温材料 　　C. 饰面层 　　D. 防水层

2.《建筑节能工程施工质量验收规范》（GB 50411—2007）规定，建筑外窗的（　　）应符合设计要求。

A. 气密性 　　　　　　　　　　　　　B. 保温性能

C. 中空玻璃露点　　　　　　　　　　D. 玻璃遮阳系数

E. 可见光透射比

3. 外墙节能构造的现场实体检验的目的是（　　）。

A. 检验墙体保温材料的种类是否符合设计要求

B. 检验保温层厚度是否符合设计要求

C. 检查保温层构造方法是否符合设计和施工方案要求

D. 检验保温层的保温性能是否符合要求

4. 幕墙节能工程使用的保温隔热材料，其（　　）应符合设计要求。

A. 热导率　　　　B. 密度　　　　C. 燃烧性能　　　　D. 传热系数

5. 墙体节能工程进场材料和设备的复验项目有（　　）。

A. 保温材料的热导率、密度、抗压强度或压缩强度

B. 黏结材料的黏结强度

C. 增强网的力学性能、抗腐蚀性能

D. 保温材料的传热系数、密度、抗压强度或压缩强度

6. EPS（XPS）板抹灰外墙外保温系统所用材料和半成品、成品进场后，应做质量检查和验收，其品种、规格、性能必须符合设计要求和有关标准的要求。检验时进场（　　）。

A. 产品合格证　　　　　　　　　B. 出厂检验报告

C. 有效期内的型式检验报告　　　　D. 有见证取样检测报告

7. 水泥基复合保温砂浆系统的验收项目为（　　）。

A. 基层处理　　　　　　　　　　B. 抹（喷）复合保温砂浆保温层

C. 抹面层　　　　　　　　　　　D. 变形缝

E. 饰面层

8. 屋面节能工程所用主要材料技术指标应符合国家现行产品标准及设计要求。现场抽样复验的材料为（　　）等。

A. 保温材料　　　　B. 胶黏剂　　　　C. 面层饰面材料　　　　D. 锚固件

9. EPS（XPS）板抹灰外墙外保温系统所用材料和半成品、成品进场后，应做质量检查和验收，其品种、规格、性能必须符合设计要求和有关标准的要求。现场抽样复验材料有（　　）等。

A. EPS（XPS）板　　　　　　　　B. 胶黏剂

C. 界面砂浆　　　　　　　　　　D. 抗裂砂浆

E. 增强网

10. 增强网应辅压严实，不得有（　　）等现象。

A. 空鼓　　　　B. 褶皱　　　　C. 翘曲　　　　D. 裂缝（外露）

11. 保温层与墙体以及各构造层之间必须黏结牢固，（　　）。

A. 无脱层　　　B. 无空鼓　　　C. 无起皮、裂缝　　　D. 并应平整

12. 水泥基符合保温砂浆外墙保温系统所用材料和半成品，成品进场后，应做质量检查和验收，其品种、性能必须符合设计和有关标准的要求，应检查（　　）。

A. 产品合格证　　　　　　　　　B. 出厂检测报告

C. 和有效期内的型式检验报告　　　D. 现场抽样复验报告

13. 遮阳设施的（　　）等应符合设计要求，并应符合国家现行产品标准。

A. 品种规格　　　　B. 等级　　　　C. 性能　　　　D. 价格

14. 民用建筑节能工程竣工后，应进行热工性能现场抽检。现场检验（　　）。

A. 屋面、墙体传热系数　　　　　B. 隔热性能

C. 门窗气密性　　　　　　　　　D. 门窗抗风压性

15. 民用建筑工程质量验收时应有（　　）的验收记录。

A. 各检验批　　　B. 分项　　　C. 分部　　　D. 专项

三、案例分析题

某住宅楼项目工程，建设单位为某房地产开发有限公司，建设地点为黄河路右侧地块，建筑面积为12190.7m²，高度为81.89m，地上26层（带阁楼）。建筑结构类型均为剪力墙结构，填充墙体为轻集料混凝土小型空心砌块。外墙外保温工程采用胶粉聚苯颗粒保温砂浆系统，外墙饰面采用氟碳漆饰面层，保温厚度按设计要求。

根据以上内容，回答下列问题：

（1）墙体节能工程验收的检验批是如何划分的？

（2）墙体节能工程应对哪些部位或内容进行隐蔽工程验收，并应有详细的文字记录和必要的图像资料？

参考文献

［1］程小兵，王冀豫．建设工程质量控制［M］．北京：中国建材工业出版社，2014.

［2］郑惠虹．建筑工程施工质量控制与验收［M］．北京：机械工业出版社，2011.

［3］杨凡．建筑工程质量案例分析与处理［M］．北京：科学出版社，2004.

［4］赵艳敏．建筑工程质量管理［M］．北京：北京出版社，2014.

［5］张瑞生．建筑工程质量与安全管理实训［M］．北京：中国建筑工业出版社，2014.

［6］郑文新．建筑工程质量事故分析［M］．北京：北京大学出版社，2013.

［7］王先恕．建筑工程质量控制［M］．北京：化学工业出版社，2016.